KB100309

누구나 쉽게
계산을 배울 수 있는

Numeracy for All

계산 자신감

개정판

1

직산과 수량의 인지/수끼리의 관계

저자 소개

정재석

서울아이정신건강의학과 원장, 소아정신과 전문의, 의학박사
서울대학교 의과대학 및 대학원 졸업
서울대학교병원 정신건강의학과 전문의
서울대학교병원 소아정신과 임상강사
역서 : 『난독증의 재능』, 『비언어성 학습장애, 아스퍼거 장애 아동을 잘 키우는 방법』,
『난독증의 진단과 치료』, 『난독증 심리학』, 『수학부진아 지도프로그램, 매스리커버리』
저서 : 『읽기 자신감』(세트 전 6권)

김유원

학습을 어려워하는 아이들에 대한 안타까운 마음에 좋은 교사 운동 '배움 찬찬이' 연구 모임을 시작하였고 누구나 쉽게 수학을 이해하며 배울 수 있는 방법에 대해 꾸준히 연구하고 있습니다. 현재 인천 소재 초등학교에 근무 중이며 기초학력 전문가 과정 수학 강사로 활동하고 있습니다. 연구한 내용을 좀 더 체계적으로 많은 사람들과 나누고자 교재 개발에 참여하였습니다.

계산 자신감 1 직산과 수량의 인지/수끼리의 관계 개정판

3판 발행일 2020년 5월 22일 **2판 발행일** 2019년 11월 20일
초판 발행일 2017년 9월 29일

지은이 정재석, 김유원
펴낸이 손형국
펴낸곳 ㈜북랩
편집인 선일영
편집 강대건, 최예은, 최승헌, 김경무, 이예지
디자인 디자인산책
일러스트 정선은, 권노은, 정수현
제작 박기성, 황동현, 구성우, 장홍석
마케팅 김회란, 박진관, 장은별
출판등록 2004. 12. 1(제2012-000051호)
주소 서울시 금천구 가산디지털 1로 168, 우림라이온스밸리 B동 B113, 114호, C동 B101호
홈페이지 www.book.co.kr
전화번호 (02)2026-5777
팩스 (02)2026-5747
ISBN 979-11-6539-189-8 64410 (종이책)
979-11-6539-190-4 65410 (전자책)
979-11-6539-188-1 64410 (세트)

수학이 어려운 아이들을 위해

2007년부터 병원을 열어 한글을 배우기 힘들어하는 학생들의 치료를 시작했습니다. 외국 난독증 프로그램을 우리나라에 맞게 바꾸고 부족한 부분은 외국인을 위한 한국어 교재로 보충했습니다. 그 결과 좋아지는 아이들이 점점 많아졌습니다. 하지만 수학을 힘들어하는 아이들이 여전히 많았습니다.

아이들에게 도움이 될 만한 수학 프로그램 중에서 맥그로우힐(McGraw-Hill)의 '넘버 월드(Number Worlds)'와 호주와 뉴질랜드에서 사용되고 있는 '매스리커버리(Math Recovery)'가 눈에 들어왔고 이 둘 중에 더 근거가 많아 보이는 '매스리커버리'를 선택했습니다. 김하종 신부님이 김시욱이라는 학생을 소개시켜 주었는데 그는 놀라운 속도와 실력으로 '매스리커버리'를 초벌 번역해 주었습니다. 그의 원고를 바탕으로 2011년, 『수학부진아 지도프로그램 매스리커버리』(시그마프레스)를 번역·출판했습니다. 『수학부진아 지도프로그램 매스리커버리』가 나온 후 두 가지 피드백을 받았습니다. 첫째는 왜 '수학 부진아'라는 제목을 사용해서 책을 들고 다니는 아이들을 부끄럽게 만드느냐 하는 것이었고 둘째는 무엇보다 실제 수업에 사용하기는 어렵다는 것이었습니다. 그래서 실제 수업에 적용할 수 있는 워크북 작업을 시작했습니다. 김하종 신부님의 인도로 반포 성당의 대학생 자원 봉사자인 김미성, 선우동혁, 원선혜, 유재호, 윤여옥, 이영우, 이재한, 이효선 8명은 『수학부진아 지도프로그램 매스리커버리』가 워크북이 되도록 많은 문서 작업을 해 주었습니다.

이렇게 만들어진 워크북을 사용하던 중에 2014년 클레멘츠(Douglas H. Clements)와 사라마(Julie Sarama)의 『Learning and Teaching Early Math: The Learning Trajectories Approach』 2판을 접하게 되었고 아동의 수학 발달 단계는 아이를 평가하고 지도할 때 가장 믿을 만한 내비게이션이 될 것으로 보였습니다. 그래서 학교 현장에서 수학을 가르치고 있는 좋은교사운동 배움찬찬이연구회 선생님들과 함께 클레멘츠의 러닝 트라젝토리(The Learning Trajectories) 이론에 맞추어 『수학부진아 지도프로그램 매스리커버리』를 참고로 재구성하였습니다. 그리고 발달단계상에서 필요하지만 『수학부진아 지도프로그램 매스리커버리』에서 다루지 않은 부분이 발견되면 기존의 수감각 교재를 참고로 과제를 다시 개발하였습니다. 이 책이 수학 부진을 예방하고 싶은 6~7살 아동, 기초학력을 보정하려는 초등학교 저학년, 자연수와 사칙연산을 배우고 싶은 모든 아이들을 위한 책이 되길 기대합니다.

감사의 말씀을 드리고 싶은 사람들이 더 있습니다. 더 늦기 전에 부모님에게 감사의 말을 전하고 싶습니다. 제 부모님(정현구, 서창옥)은 수학을 좋아하셨습니다. 또 책을 읽고 쓰는 작업에 시간을 많이 쓰는 남편에게 한 번도 불평하지 않고 지원해준 아내에게도 고맙다고 말하고 싶습니다.

2020년 5월

저자 정 재 석

책을 어떻게 사용할까?

발달경로(Learning Trajectories)이론에 따른 교재 구성

본 교재는 학년 군에 따른 초등수학의 교육과정이 아닌 발달경로 이론에 따라 과제가 구성되어 있습니다. 발달경로는 아동의 현재 수준을 진단하고 현재 수준에서 다음 단계로 향상시키기 위해서 필요한 과제를 알려줍니다. 진단평가에서 80% 이상 맞힌 경우 통과한 것으로 간주합니다. 충분히 학습한 후에는 재평가를 실시하여 통과 여부를 결정합니다.

기존의 연산 교재와 본 교재의 차이점

구 분	기존 교재	계산 자신감
직산 능력	강조되지 않음	최우선 강조
수 세기	별도로 제시하지 않고 연산 상황에서 암묵적으로 나타냄	단계별로 명시적으로 교육
실생활 상황	스토리에 기반하여 글로 제시	도형이나 점을 이용해서 가리거나 더하면서 반구체물 상황으로 제시
과제 형식	문제를 보며 숫자로 제시	교사와 소통하며 말로 불러주기 강조
연산 방법	하나의 방법인 표준 알고리즘을 숙달될 때까지 반복 연습	학생들이 만든 다양한 전략을 소개하고 이해하는 활동을 통해 연산마다 다양한 전략을 유연하게 선택하는 것을 강조

프로그램 구성

계산 자신감은 '이해하기-함께 하기-스스로 하기'로 구성되어 있습니다. '이해하기'에는 교사와 학생이 대화하며 문제를 푸는 방법이 소개되어 있습니다. '이해하기' 단계를 반드시 읽고, QR코드로 링크되어 있는 추가 자료도 활용하시기를 권합니다. 추가 자료에는 학습목표, 발달단계, 지도지침, 평가용 파워포인트, 지도방법 동영상, 정답지가 있습니다. '함께 하기'는 교사와 학생이 함께 활동하는 단계이며 '스스로 하기'는 위의 두 단계를 활용하여 혼자 연습하는 활동입니다.

네이버 '계산 자신감' 카페

책을 구매하신 분은 네이버 '계산 자신감' 카페에 가입하시길 권합니다. 게시판에는 QR 코드에 링크된 자료 뿐 아니라 매스리커버리 등 다양한 초등 수학 관련 자료가 있습니다. 또한 궁금한 점을 문의하거나 성공사례를 공유할 수 있고, 활동연습지를 더 내려받거나 향후 교재개발에 필요한 점을 올릴 수도 있습니다.

부록 카드 및 보조 도구의 사용

본 교재에는 540장의 부록 카드가 필요합니다. 1~4권까지 지속적으로 사용되므로 명함 정리함 등에 보관하여 사용하시거나 스마트폰에 그림 형태로 저장하여 사용하시면 편리합니다. 활동에 따라 연결큐브, 구슬틀(rekenrek) 수모형, 바둑돌 등 구체물을 그림 대신 사용하실 수 있고 교재에 제시된 앱이나 소프트웨어를 이용할 수 있습니다.

프로그램의 일반적 적용

아동의 수준	프로그램 진행 순서
6~7살 아동	1, 2권 A단계부터
초등학교 1학년	1, 2권 B단계부터
10 넘는 덧셈이 힘든 경우	1권, 2권부터
초등학교 2학년 1학기인 경우	1권 D단계, 2권 (다) E단계, 3권 (바) A단계, 4권 (사) A단계부터
두 자릿수 덧셈, 뺄셈을 처음부터 공부하고 싶은 경우	3권 (바) A단계부터
문장제 문제를 어려워 하는 경우	사칙연산의 연산감각 부문만
계산은 정확하게 하지만 속도가 느린 경우	사칙연산의 유창성 훈련만

사칙연산에서 학년 수준의 연산 정확도와 속도기준에 도달하면 이 프로그램을 끝내도 됩니다.

계산 자신감의 구성

권	영역	단계	단계
1권	가. 직산과 수량의 인지	A-1단계 한 자릿수 직산(5 이하의 수) B단계 20 이하 수 직산 D단계 세 자릿수 직산	A-2단계 한 자릿수 직산(10 이하의 수) C단계 두 자릿수 직산
	나. 수끼리의 관계	A단계 한 자릿수의 수끼리 관계 C단계 두 자릿수의 수끼리 관계	B단계 20 이하 수의 수끼리 관계 D단계 세 자릿수의 수끼리 관계
2권	다. 수 세기	A단계 일대일 대응 C단계 이중 세기	B단계 기수성 D단계 십진법
	라. 작은 덧셈	A단계 덧셈 감각	B단계 덧셈 전략
	마. 작은 뺄셈	A단계 뺄셈 감각	B단계 뺄셈 전략
3권	바. 큰 덧셈/뺄셈	A단계 두 자리 덧셈/뺄셈을 위한 기초 기술 B단계 두 자릿수 덧셈 D단계 세 자리 덧셈/뺄셈을 위한 기초 기술 E단계 세 자릿수 덧셈	C단계 두 자릿수 뺄셈 F단계 세 자릿수 뺄셈
4권	사. 곱셈	A단계 곱셈을 위한 수 세기 C단계 작은 곱셈 E단계 곱셈의 달인	B단계 곱셈 감각 D단계 큰 수 곱셈
	아. 나눗셈	A단계 나눗셈을 위한 수 세기 C단계 짧은 나눗셈	B단계 나눗셈 감각 D단계 긴 나눗셈

차례

Numeracy for All

계산 자신감

직산과 수량의 인지

직산과 수량의 인지 기초 기술 평가

직산과 수량의 인지 기초 기술 평가에 관한 안내

직산과 수량의 인지 기초 기술 평가에 관한 안내

1. 1권의 기초 기술 평가의 문항지는 PPTX 파일로 제시됩니다. (QR 코드로 연결)
   - 기초 기술 평가용 자료는 네이버 '계산자신감' 카페에서 확인하실 수 있습니다.
   - 학생은 문항지를 보며 대답하고 교사는 교사용 기록지에 학생의 반응을 기록합니다.
2. 기초 기술 평가 A, B
   - 기초 기술 평가 A-가, B-가부터 시작하여 미도달 시 A-나, B-나는 실시하지 않습니다.
   - 미도달 항목이 한 개라도 있는 경우 보충 지도를 실시합니다.
3. 각 단계 미도달 시 아래의 프로세스에 따라 지도해 주시기 바랍니다.

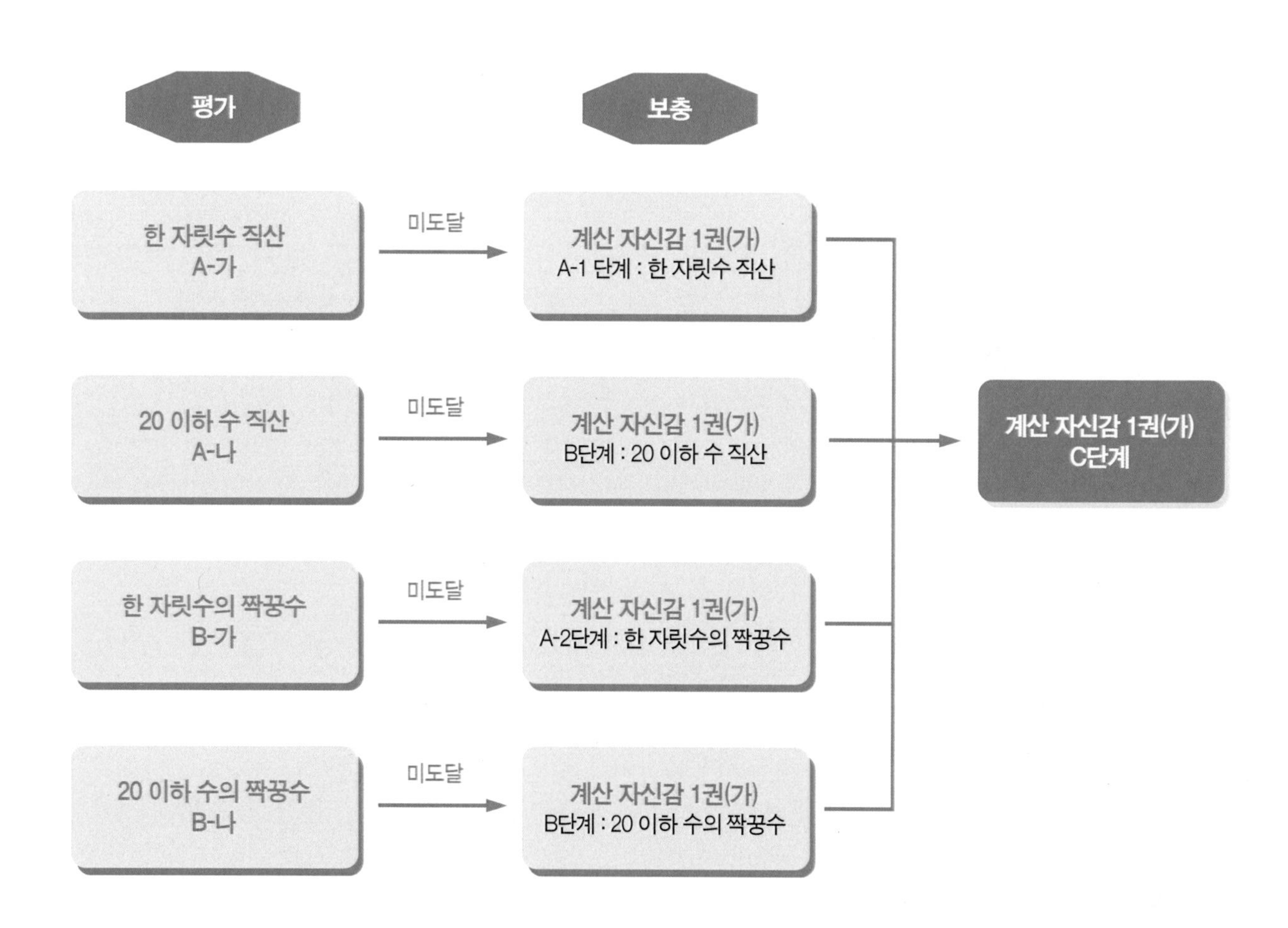

A-1단계

한 자릿수 직산(5 이하의 수)

1. 가린 부분 찾기
2. 세지 않고 몇 개인지 말하기
3. 카드 비교하기
4. 같은 카드 찾기
5. 손가락 직산
6. 손뼉 세기

1. 가린 부분 찾기

이해하기

선생님

점의 개수는 모두 몇인가요?

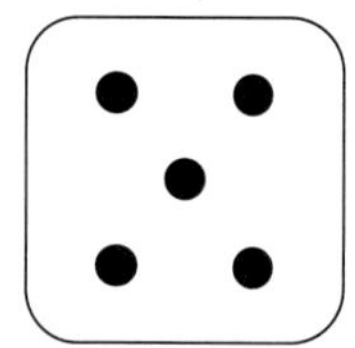

5예요.

하나

가린 부분의 점의 개수는?

2예요.

어떻게 알았나요?

5개 중 3개가 보여서 2개가
가려졌다고 생각했어요.

가린 부분의 점의 개수는?

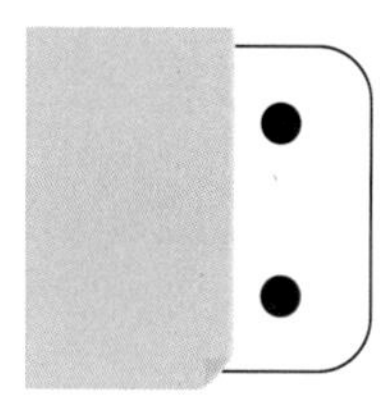

3이요.

어떻게 알았나요?

5개 중 2개가 보여서 3개가
가려졌다고 생각했어요.

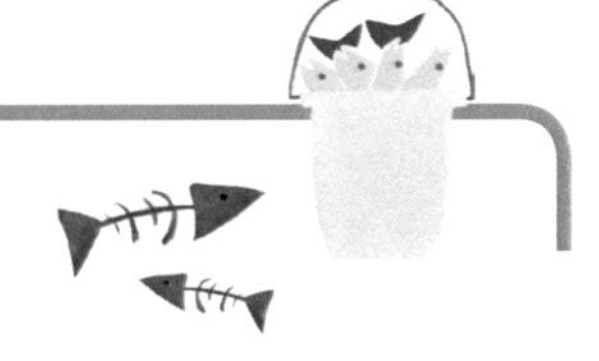

함께 하기 부록카드 51~55를 가지고 점마다 바둑돌을 놓아 봅시다.

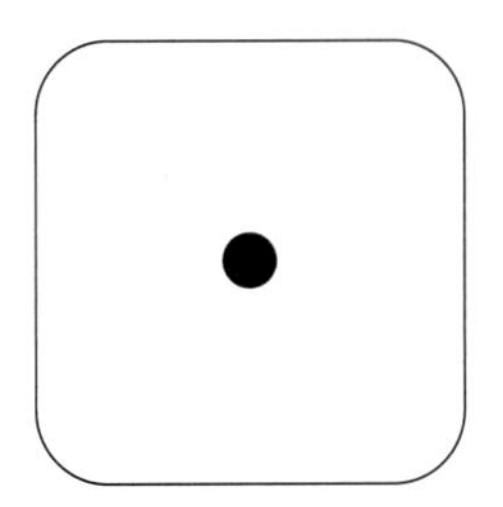
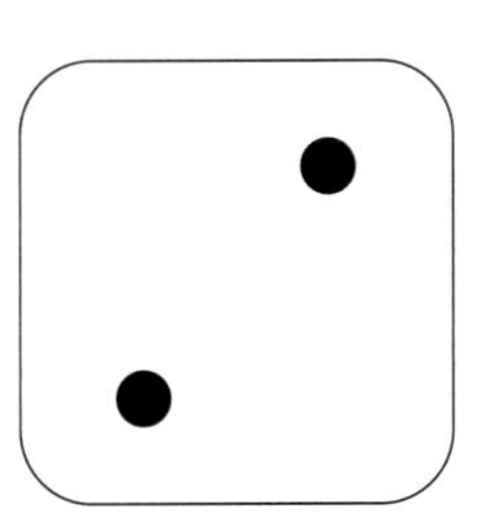
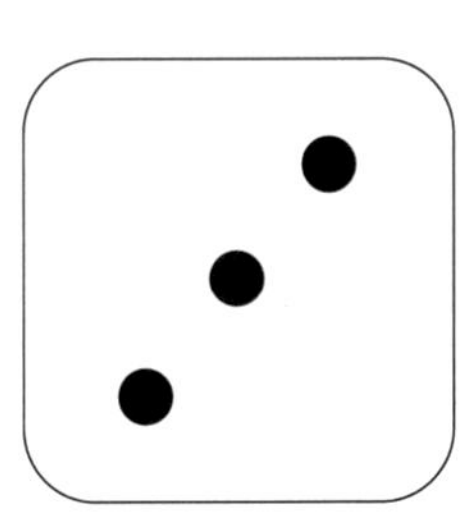
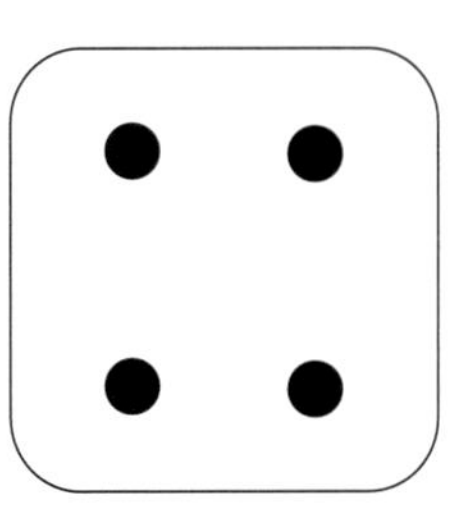
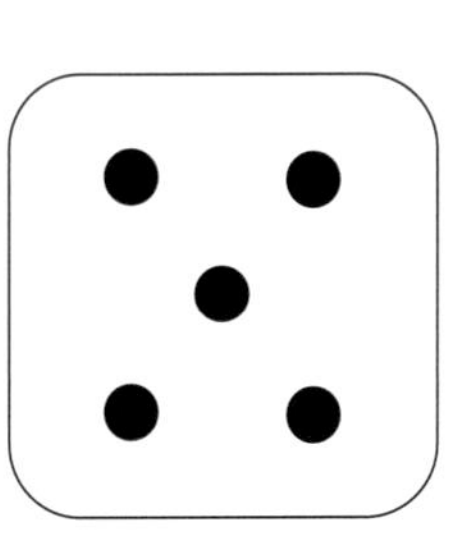

스스로 하기 〈보기〉처럼 카드를 '부분-전체'로 표현해 보세요.

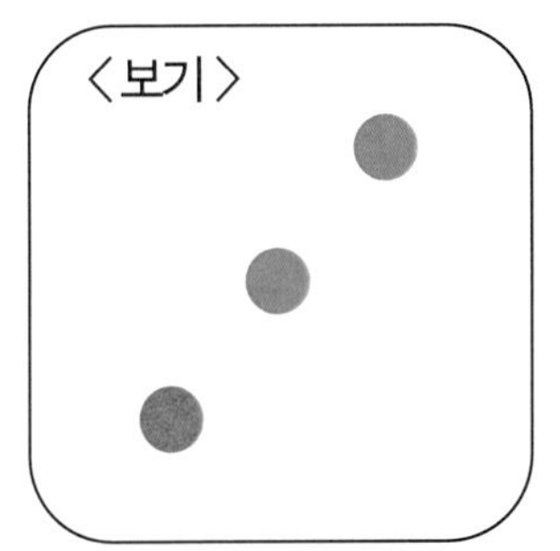

1개와 2개 모인 전체는 3개

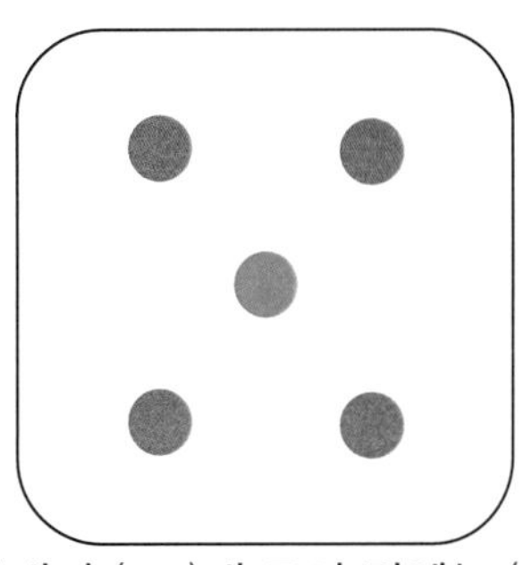

(　)개와 (　)개 모인 전체는 (　)개

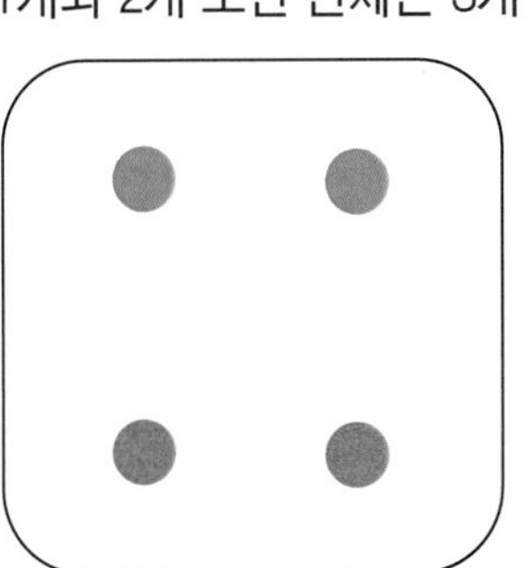

(　)개와 (　)개 모인 전체는 (　)개

(　)개와 (　)개 모인 전체는 (　)개

(　)개와 (　)개 모인 전체는 (　)개

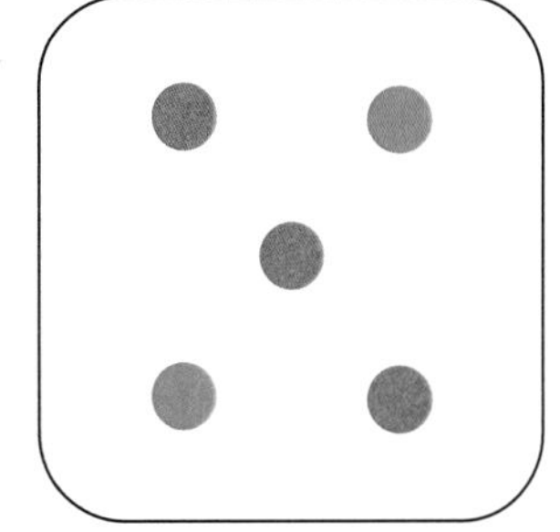

(　)개와 (　)개 모인 전체는 (　)개

A-1단계 2. 세지 않고 몇 개인지 말하기

이해하기 1) 도미노패턴 점의 개수 세지 않고 말하기

준비물 : 부록 51~55번

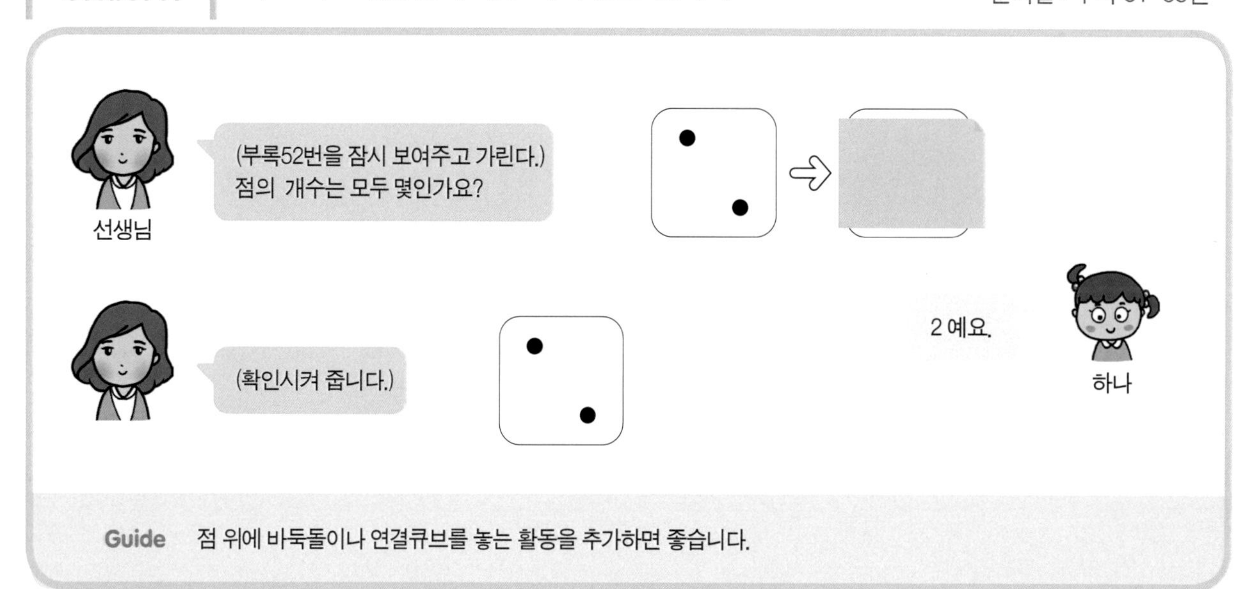

Guide 점 위에 바둑돌이나 연결큐브를 놓는 활동을 추가하면 좋습니다.

함께 하기 부록51~55번을 갖고 하나씩 세지 않고 점의 개수가 몇인지 말해봅시다.

이해하기 2) 격자패턴 점의 개수 세지 않고 말하기

준비물 : 부록 21~25번

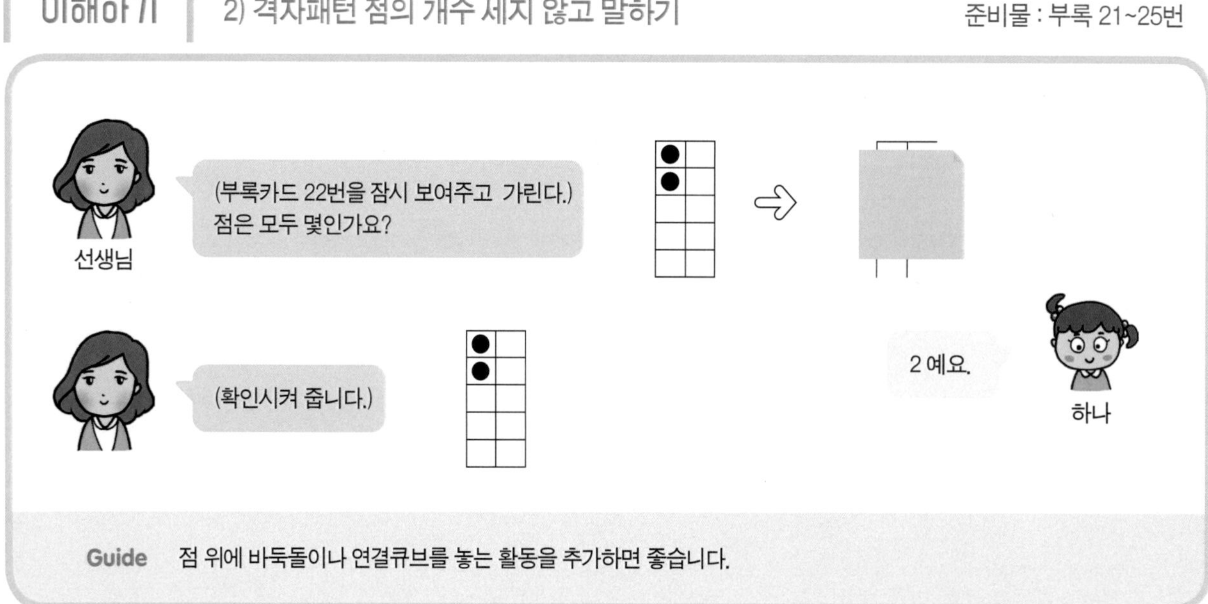

Guide 점 위에 바둑돌이나 연결큐브를 놓는 활동을 추가하면 좋습니다.

함께 하기 부록21~25번을 갖고 하나씩 세지 않고 점의 개수가 몇인지 말해 봅시다.

이해하기 3) 무작위패턴 점의 개수 세지 않고 말하기

준비물 : 부록 51~55번

선생님

(부록 53번 뒷면을 잠시 보여주고 가린다.)
점의 개수는 모두 몇인가요?

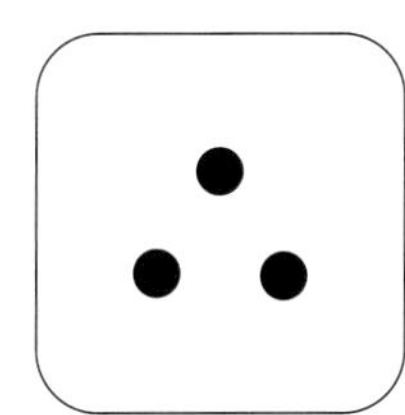

3이요.

하나

(부록 56번 뒷면을 잠시 보여주고 가린다.)
점의 개수는 모두 몇인가요?

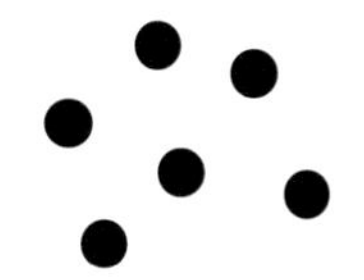

모르겠어요. 너무 빨리 가려져서요.

그래요. 우리는 5까지는 한 눈에 몇 개인지 알지만
6개 이상부터는 하나씩 세야 몇 개인지 알 수 있어요.
앞으로 6 이상의 수도 세지 않고 몇 개인지 알아내는
공부를 할 거예요.

Guide 점 위에 바둑돌이나 연결큐브를 놓는 활동을 추가하면 좋습니다. 무작위 패턴에서는 어떻게 알았는지 물어봅니다. 학생이 어떻게 알았는지 대답하지 못하면 교사가 "왼쪽 줄에 몇이었지? 오른쪽은?" 같은 단서를 줍니다.

함께 하기 부록51~55 뒷면을 가지고 세지 않은 상태에서 점의 개수가 몇인지 말해봅시다.

스스로 하기 세지 않고 점을 잠깐 보고 몇 개인지 괄호 안에 숫자를 쓰세요.

❶ (　　　　　)

❷ (　　　　　)

❸ (　　　　　)

❹ (　　　　　)

❺ (　　　　　)

❻ (　　　　　)

❼ (　　　　　)

❽ (　　　　　)

❾ (　　　　　)

❿ (　　　　　)

A-1단계 3. 카드 비교하기

이해하기

준비물 : 부록 21~25번

부록21번을 잠시 보여주고 가립니다.
연속해서 부록22번을 보여줍니다.
처음 카드와 다음 카드는 어떻게 다른가요?

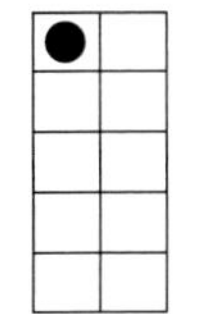

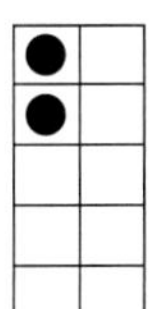

1이 많아졌어요.

(확인시켜 주며) 어떻게 알았나요?
손가락으로 표시하며 설명해 보세요.

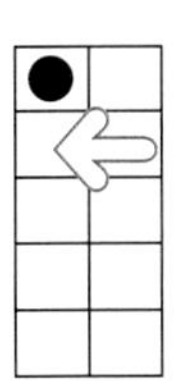

이렇게 1개까지는 같지만
여기 하나 더 있기 때문에요.

빈 10격자에 학생이 셈돌을
놓으면서 설명해보세요.

함께 하기

❶ 부록 21~25번을 갖고
비교하기 활동을 해봅시다.

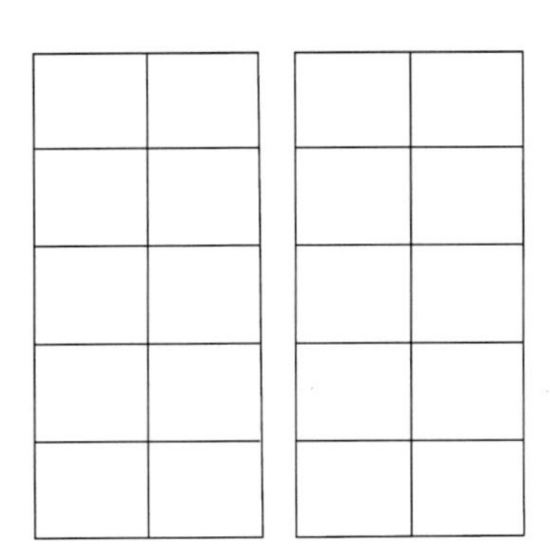

❷ 맨 왼쪽의 그림을 2초만 보고나서 가린 후
옆의 그림은 가린 그림과 어떻게 다른지 말해 봅시다.

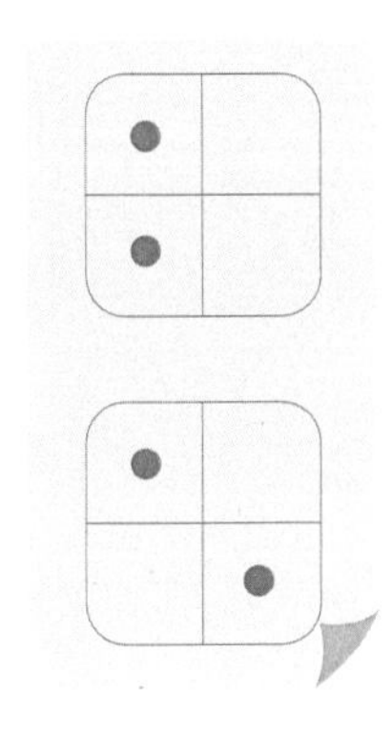
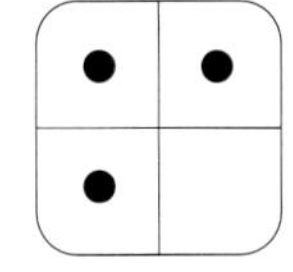
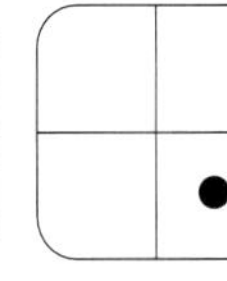
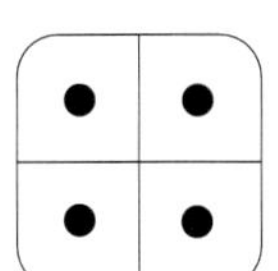
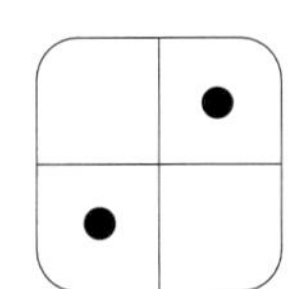
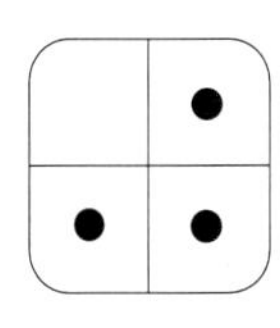
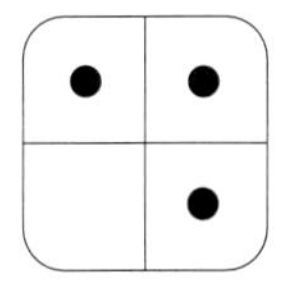

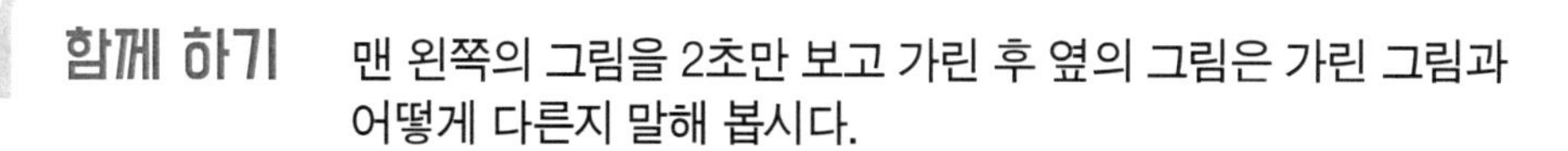

함께 하기 맨 왼쪽의 그림을 2초만 보고 가린 후 옆의 그림은 가린 그림과 어떻게 다른지 말해 봅시다.

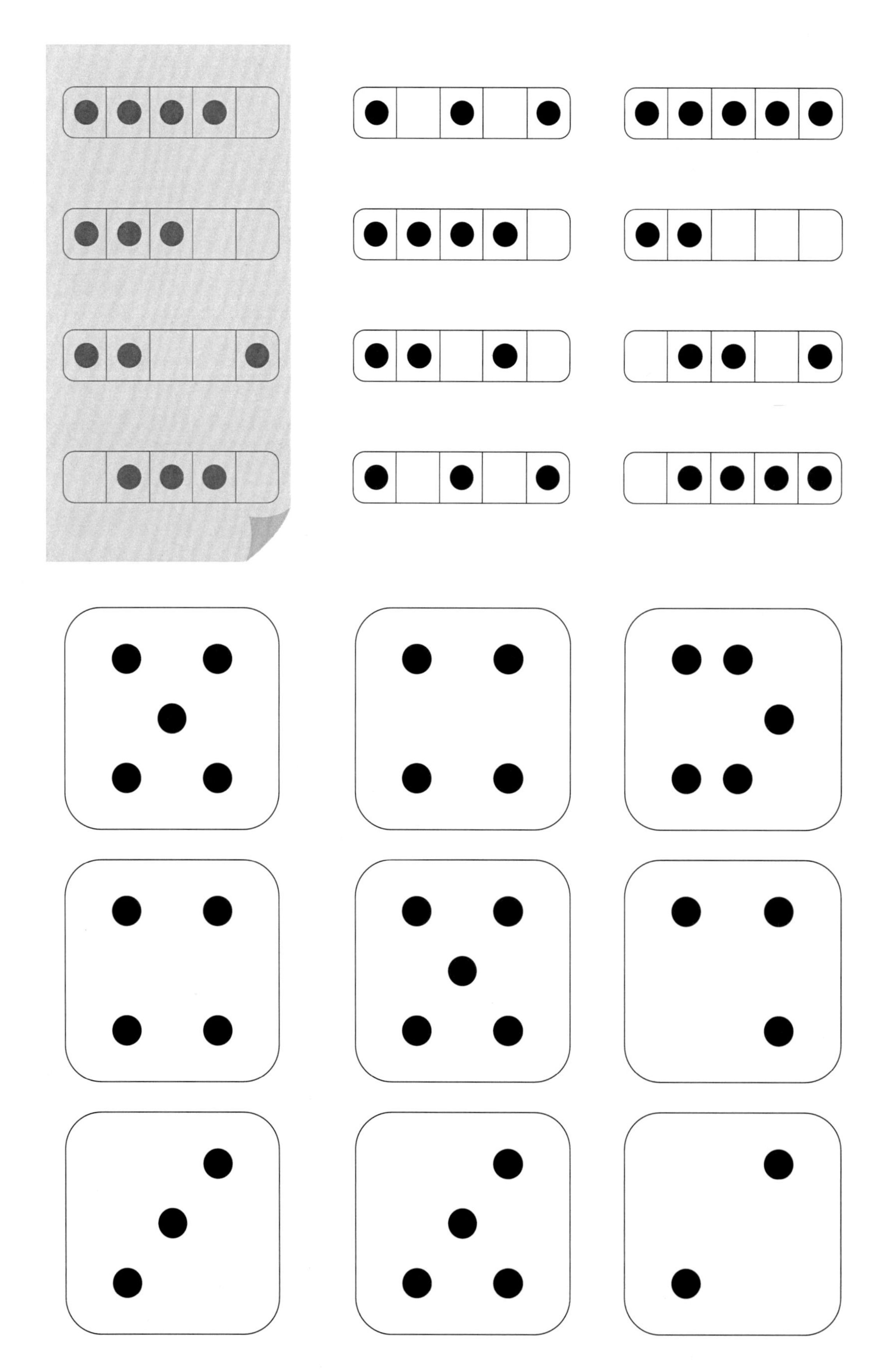

4. 같은 카드 찾기

이해하기

준비물 : 부록 51~55번

(부록 52번을 잠시 보여주고 가린다.)
선생님이 보여준 카드와 점의 개수가 같은 카드를 찾아보세요.

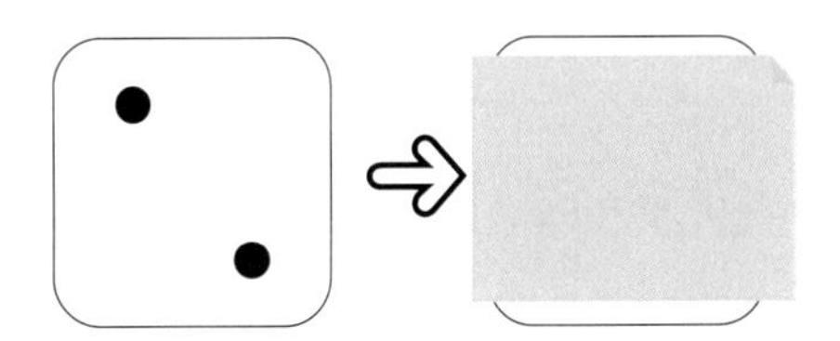

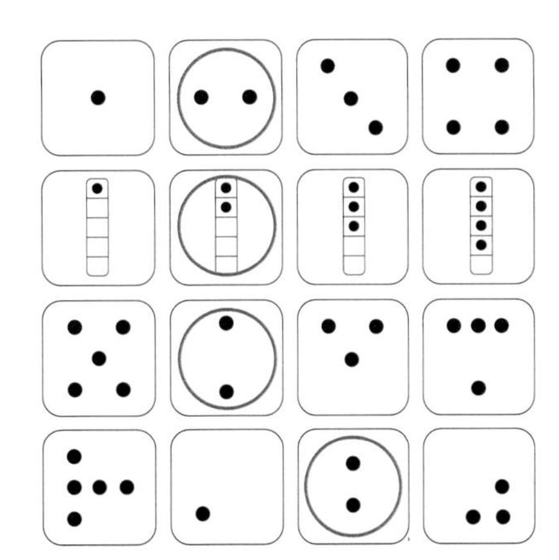

Guide 같은 모양을 찾는 것이 아니라 점의 개수가 같은 것을 찾는 활동입니다. 되도록 빨리 하도록 시간을 재면 좋습니다.

함께 하기

1) 맨 윗줄의 카드(또는 임의로 고른 부록 51~55의 카드)와 점의 개수가 같은 것을 모두 골라 보세요.

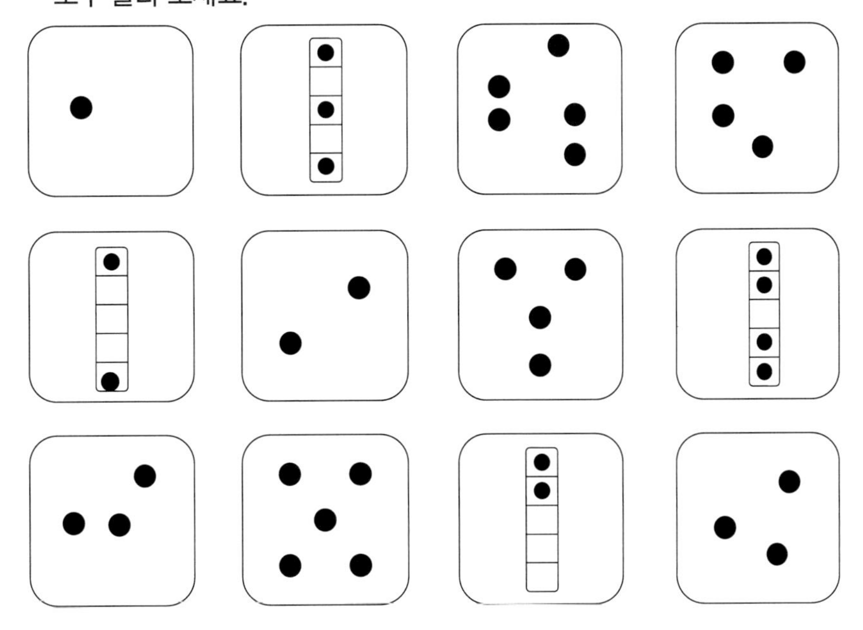

함께 하기 2) 맨 윗줄의 카드(또는 임의로 고른 부록 51~55의 카드)와 점의 개수가 같은 것을 아래에서 모두 골라 보세요.

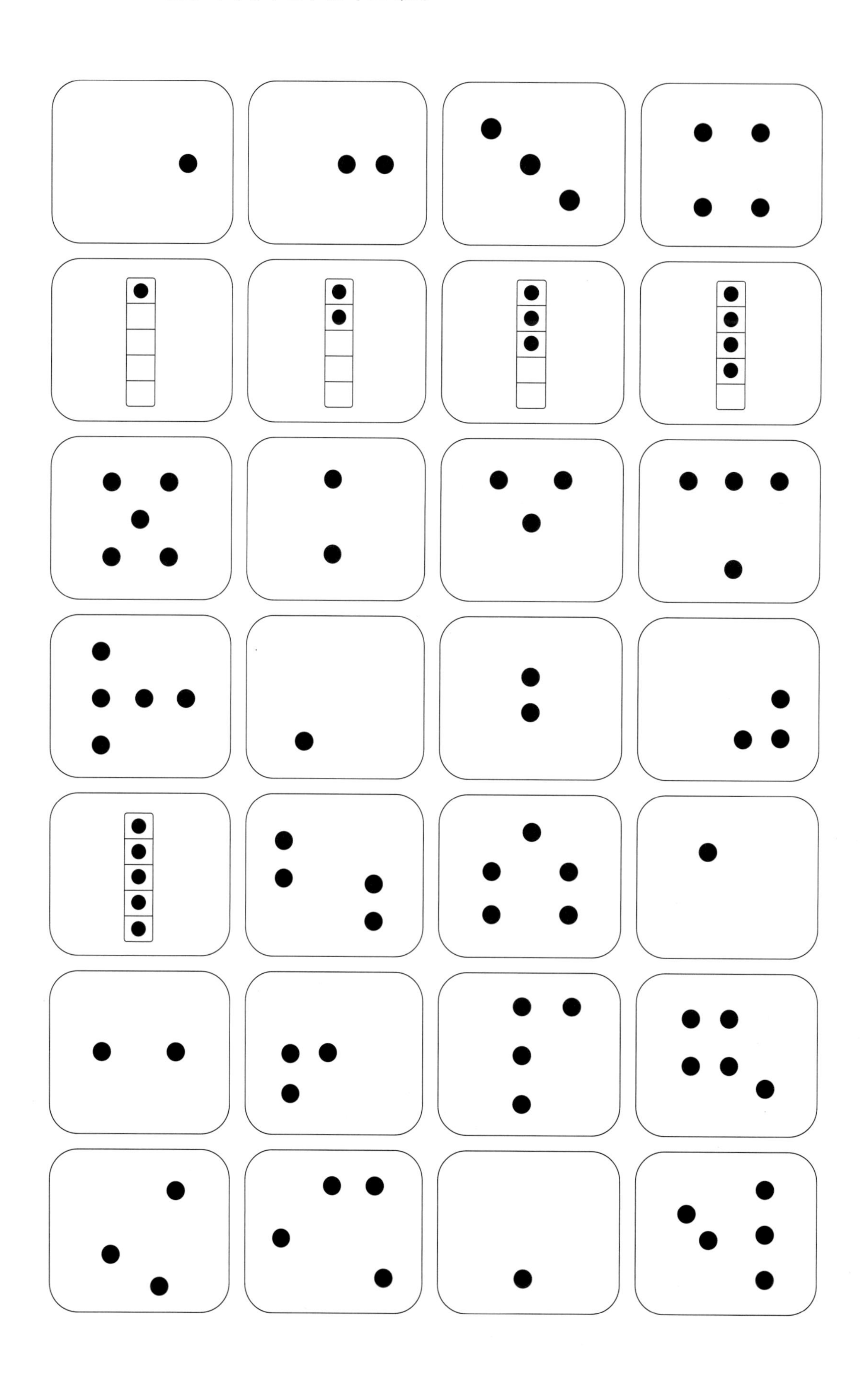

스스로 하기 왼쪽 그림과 점의 개수가 같은 것을 찾아 ◯ 표 하세요.

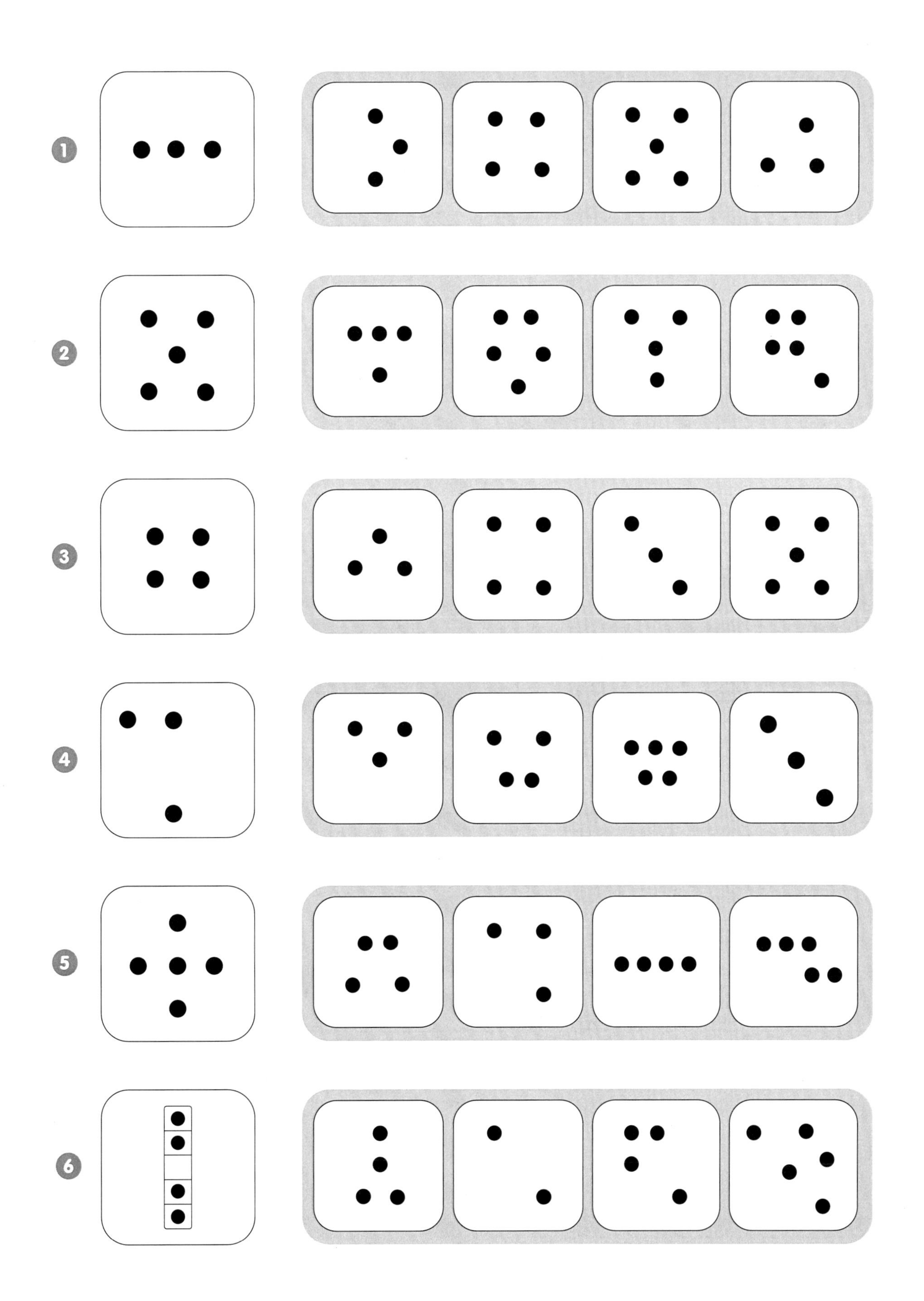

A-1단계 **5. 손가락 직산**

이해하기 1) 손가락 개수 세지 않고 말하기

선생님

(손가락으로 3을 만들어서 잠시 보여준다.)
손가락 개수는 모두 몇인가요?

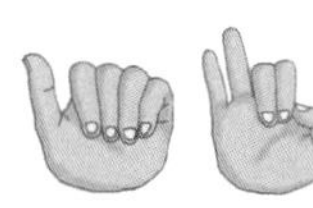

3이요.

하나

(다른 방법으로도 3을 만들어서 활동해 봅니다.)

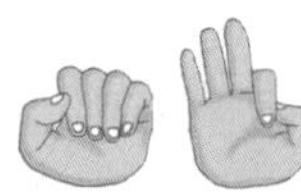

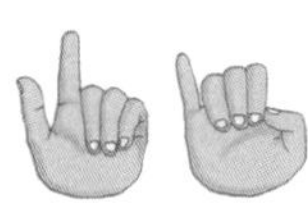

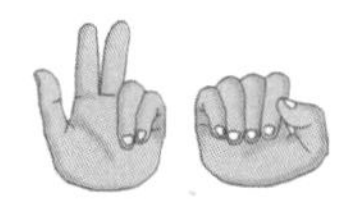

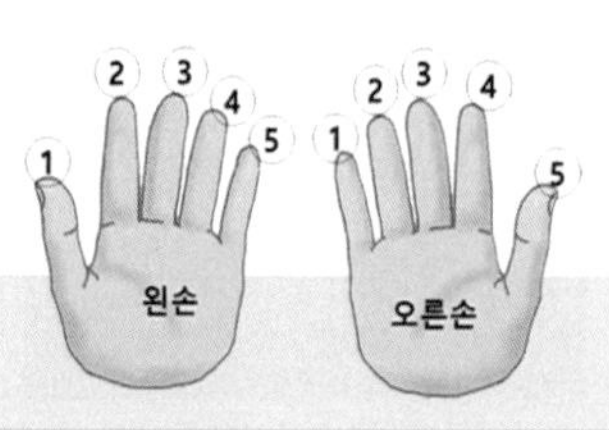

Guide 손가락을 펴는 순서를 아래 그림과 같이 정하고 연습을 합니다.

함께 하기 선생님이 보여주는 손가락 개수가 몇인지 말해봅시다.

이해하기 2) 불러주는 수를 손가락으로 나타내기

선생님

두 손을 머리 위로 올려서 3을 만들어 보세요.

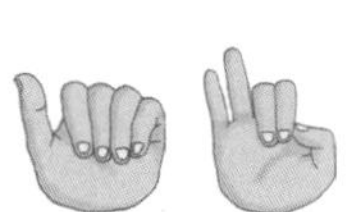

하나

손을 내려서 확인해 보세요.

(손을 내리고 확인해봅니다.)

Guide 어려워하면 손을 내리고 보면서 하도록 수를 만들어 보도록 합니다.

함께 하기 선생님이 불러주는 수를 손가락으로 만들어 봅시다.

스스로 하기 손가락 개수가 모두 몇인지 괄호 안에 숫자를 쓰세요.

❶ ( ) ❷ ( )

❸ ( ) ❹ ( )

❺ ( ) ❻ ( )

❼ ( ) ❽ ( )

❾ ( ) ❿ ( )

A-1단계 6. 손뼉 세기

이해하기 1) 손뼉 친 횟수 말하기

선생님: 선생님이 손뼉을 칠 때마다 손가락을 펴보세요.
(손뼉을 1~5번 일정 박자로 친다.)
(짝, 짝, 짝)

하나: (손뼉을 칠 때마다 손가락을 한 개씩 편다.)

선생님: 손뼉을 친 횟수는 몇인가요?

하나: 3이요.

Guide 처음에는 일정박자로 익숙해지면 패턴박자로 들려주세요.
일정박자 3번 : 짝 v 짝 v 짝 / 패턴박자 3번 : 짝짝 v 짝, 짝 v 짝짝
손뼉 세기는 수 세기 과제이지만 시각, 청각, 운동감각을 수의 표상과 연결하기 위해 편성하였습니다.

함께 하기 선생님이 손뼉을 몇 번 쳤는지 말해봅시다.(선생님만 교재를 봅니다.)

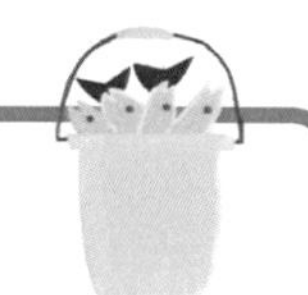

※V표시에서는 1초 정도 쉽니다.

❶ 짝 V 짝

❷ 짝 V 짝 V 짝

❸ 짝짝 V 짝

❹ 짝 V 짝 V 짝 V 짝

❺ 짝짝 V 짝짝

❻ 짝짝짝 V 짝

❼ 짝 V 짝 V 짝 V 짝 V 짝

❽ 짝짝 V 짝짝짝

❾ 짝짝 V 짝짝 V 짝

❿ 짝 V 짝 V 짝짝짝

이해하기 2) 손뼉 듣고 따라치기

선생님

(손뼉은 1~5번 만큼 일정 박자로 친다.)
선생님이 손뼉 친 것을 듣고 따라서 쳐 보세요.
(짝, 짝, 짝, 짝)

(짝, 짝, 짝, 짝)

하나

Guide 처음에는 일정박자로 익숙해지면 패턴박자로 들려주세요.

함께 하기 선생님이 손뼉 친 것을 듣고 따라쳐 봅시다.(선생님만 교재를 봅니다.)

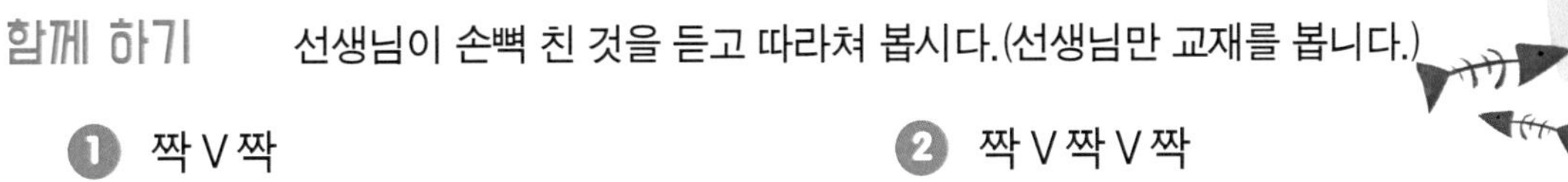

1. 짝 V 짝
2. 짝 V 짝 V 짝
3. 짝짝 V 짝
4. 짝 V 짝 V 짝 V 짝
5. 짝짝 V 짝짝
6. 짝짝짝 V 짝
7. 짝 V 짝 V 짝 V 짝 V 짝
8. 짝짝 V 짝짝짝
9. 짝짝 V 짝짝 V 짝
10. 짝 V 짝 V 짝짝짝

이해하기 3) 불러주는 수만큼 손뼉치기

준비물 : 부록 1~5번

선생님

(1~5 사이 수를 말한다.)
선생님이 불러준 수만큼 박수를 쳐 보세요. 3!

(짝, 짝, 짝)

하나

Guide 부록 1~5번을 활용하여 수를 제시해도 좋습니다.

함께 하기 선생님이 불러준(보여준) 수만큼 박수를 쳐 봅시다

1+2=?

A-2단계

한 자릿수 직산(10 이하의 수)

1. 패턴 찾기
2. 부분을 모아서 직산하기
3. 카드 비교하기
4. 같은 카드 찾기
5. 손가락 직산
6. 손뼉 세기
7. 짝꿍수 찾기(1)
8. 짝꿍수 찾기(2)
9. 짝꿍수 찾기(3)

이해하기

준비물 : 부록 51~60번

여기에 3이 있어요.
점들의 모습을 보니 곰 얼굴과 비슷하게 생겼네요.
이렇게 생긴 점을 곰 얼굴이라고 별명을 지어 줄게요.

아래의 그림에서 곰 얼굴을 모두 찾아서 ◯ 표 해보세요.

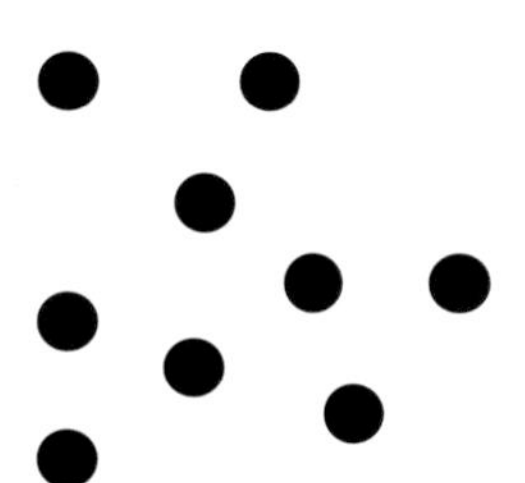

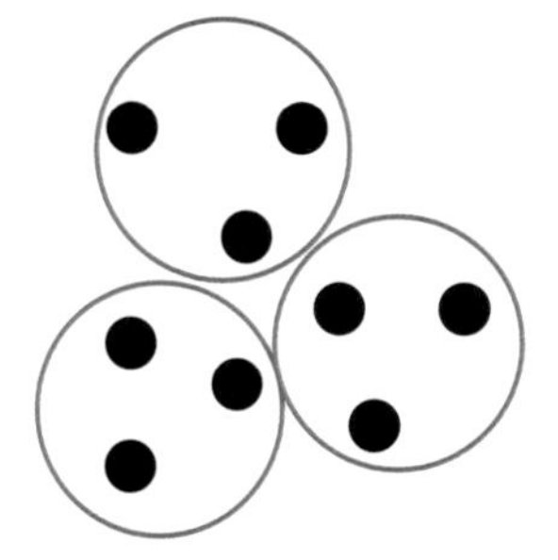

Guide 패턴에 언어적 단서를 주면 패턴을 더 잘 파악할 수 있게 됩니다. 교재에 제시된 패턴 이외에 다른 패턴에도 학생과 함께 친숙한 별명을 붙이고 파악하는 활동을 해보면 좋습니다. 점의 패턴이 교사가 제시한 그림과 완전하게 같은 것을 찾는 것이 아니라 비슷한 모양을 찾는 것이며 학생이 패턴으로 묶는 점의 개수는 반드시 3(별명을 붙여준 패턴의 점의 개수)이어야 합니다.

함께 하기

1) 그림에서 상자 모양(4)을 찾아서 ◯해 봅시다.

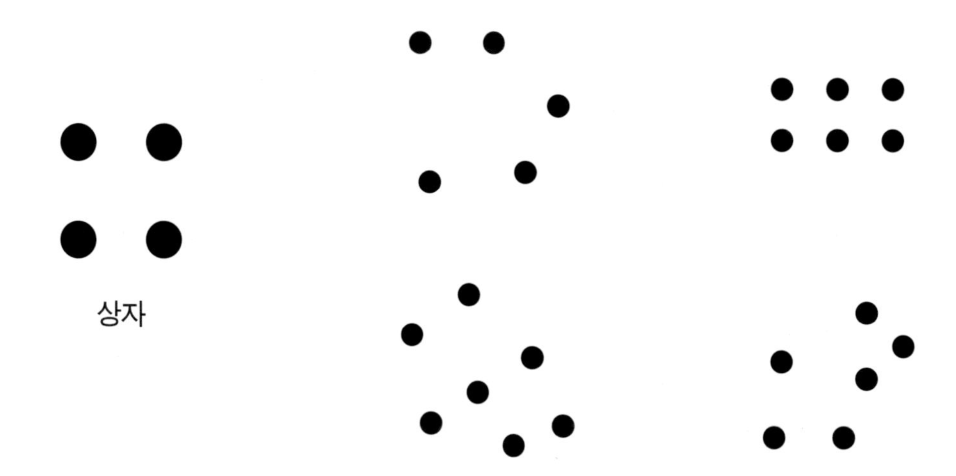

함께 하기 2) 그림에서 집 모양(5)을 찾아서 ◯해 봅시다.

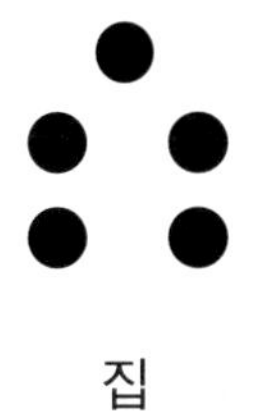

집

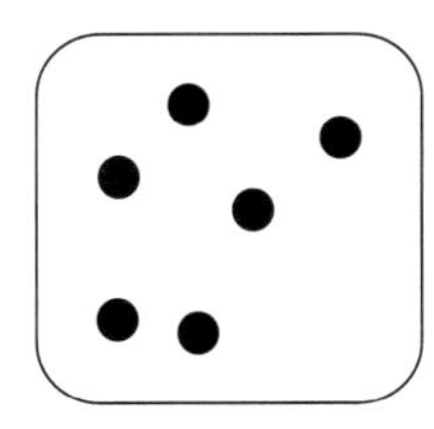
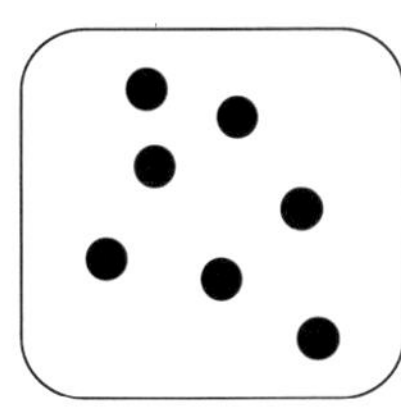
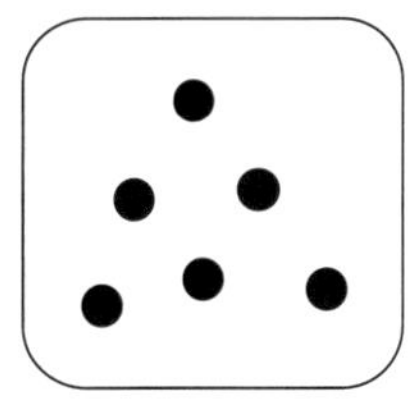
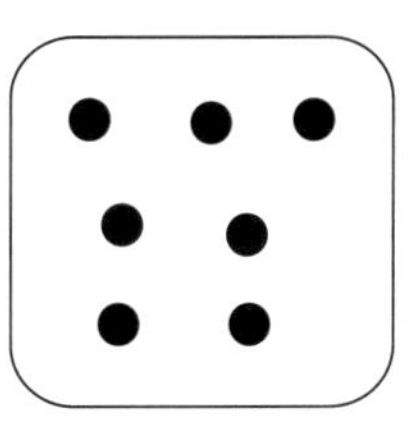

함께 하기 3) 그림에서 발자국 모양(4)을 찾아서 ◯해 봅시다.

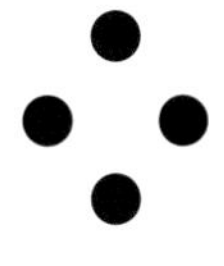

발자국

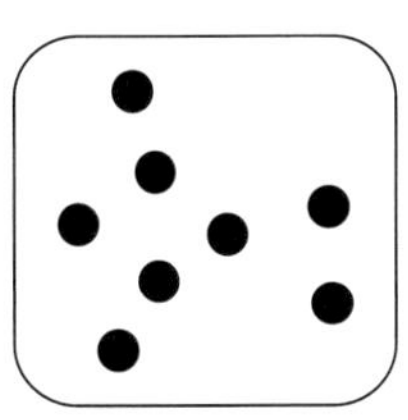
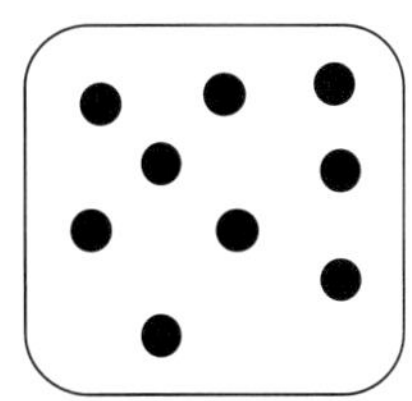

함께 하기 4) 부록 51~60에서 아래의 패턴을 찾아봅시다.

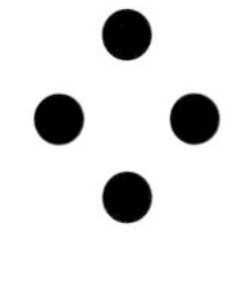

발자국

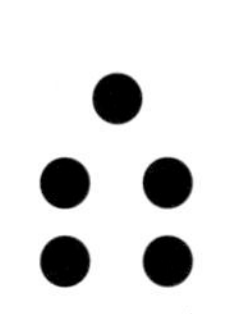

집

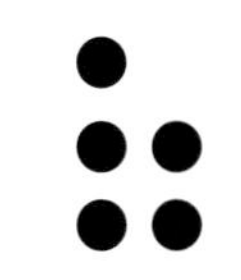

아기곰 의자

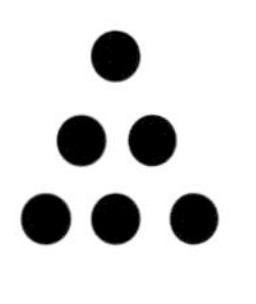

언덕

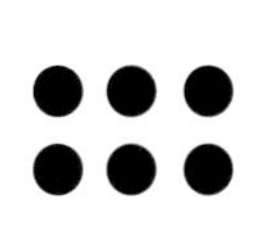

빌딩

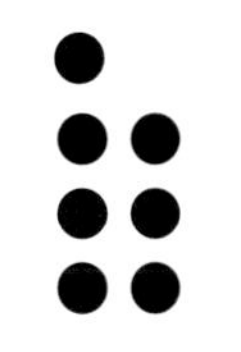

엄마곰 의자

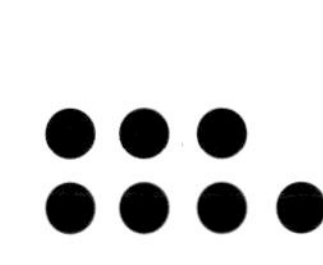

트럭

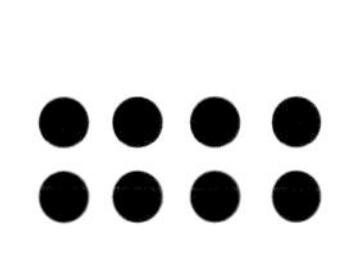

덤불숲

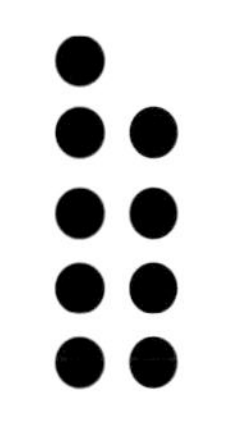

아빠곰 의자

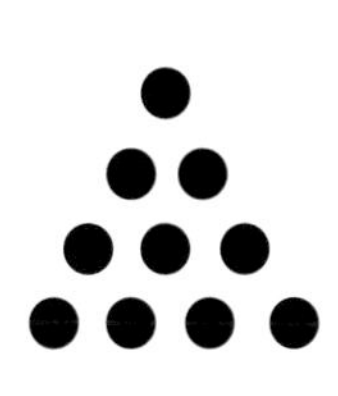

산

A-2단계 2. 부분을 모아서 직산하기

이해하기 1) 도미노 패턴 점의 개수 말하기

준비물 : 부록 56~60번

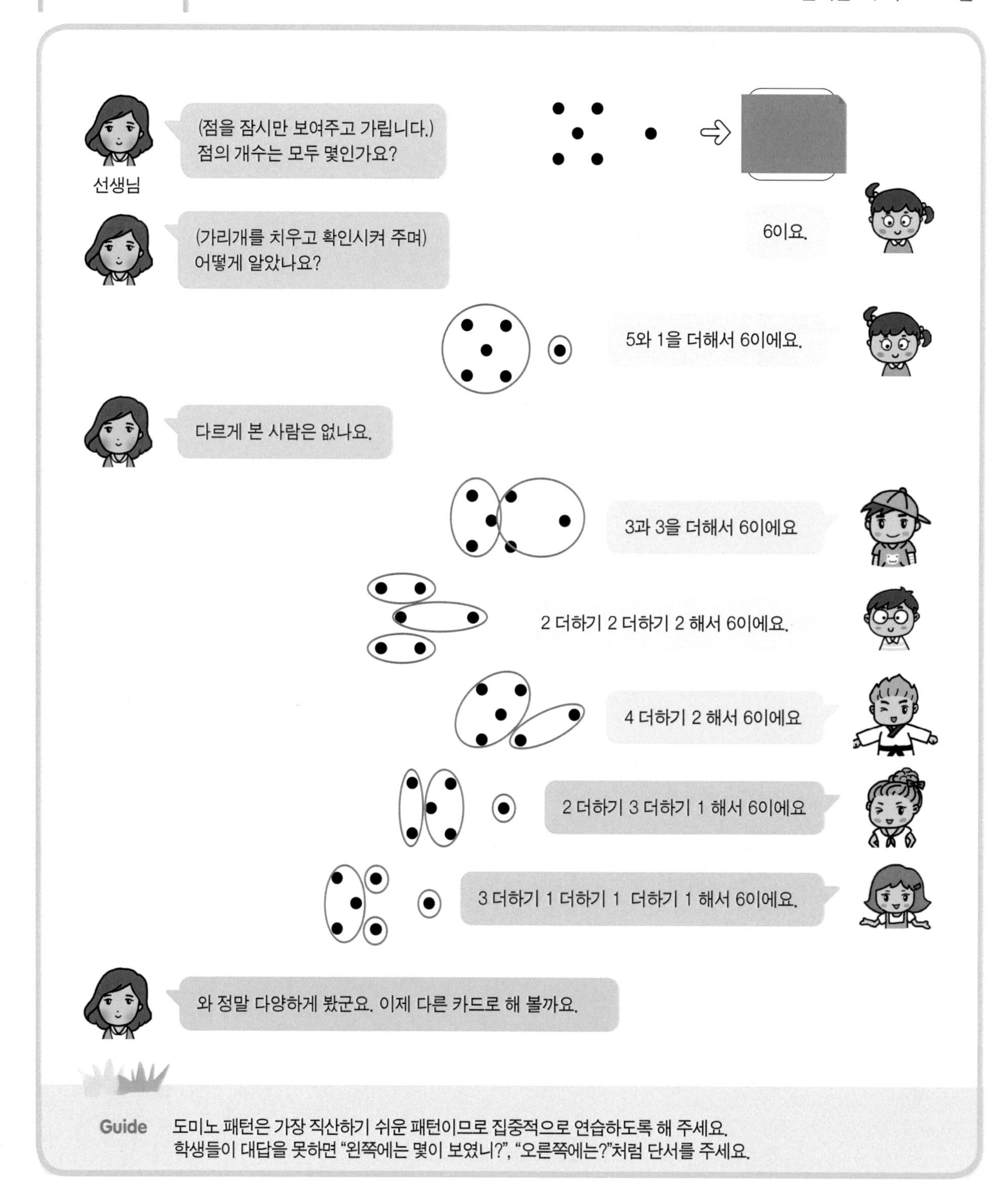

Guide 도미노 패턴은 가장 직산하기 쉬운 패턴이므로 집중적으로 연습하도록 해 주세요.
학생들이 대답을 못하면 "왼쪽에는 몇이 보였니?", "오른쪽에는?"처럼 단서를 주세요.

함께 하기

부록 56~60번을 갖고 하나씩 세지 않고 점의 개수가 몇인지 말해봅시다.

이해하기 2) 격자패턴 점의 개수 세지 않고 말하기

준비물 : 부록 26~30번

선생님

(부록 26번을 잠시 보여주고 가린다.)
점의 개수는 모두 몇인가요?

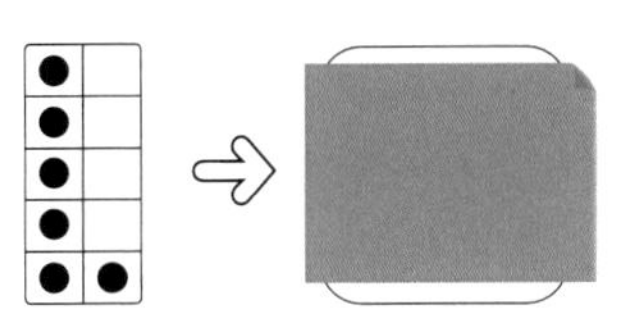

6이요.

하나

(확인시켜 주며)
어떻게 알았나요?

5와 1이 있어서 6이에요.

Guide 점 위에 바둑돌이나 연결큐브를 놓는 활동을 추가하면 좋습니다.

함께 하기 부록 26~30번을 갖고 하나씩 세지 않고 점의 개수가 몇인지 말해 봅시다.

이해하기 3) 무작위패턴 점의 개수 세지 않고 말하기

준비물 : 부록 56~60번

선생님

(카드를 잠시 보여주고 가린다.)
점의 개수는 모두 몇인가요?

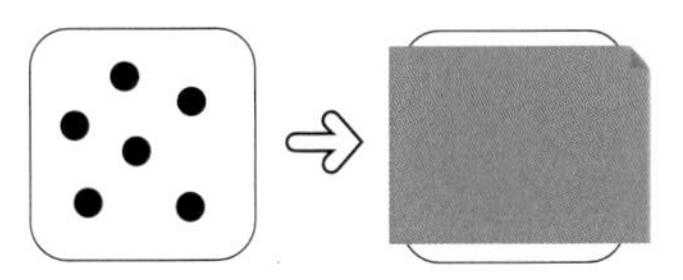

6이요.

하나

어떻게 알았나요? 손가락으로 표시하며 설명해 보세요.

이렇게 2, 4가 있어서 6이에요.

Guide 점 위에 바둑돌이나 연결큐브를 놓는 활동을 추가하면 좋습니다.
무작위 패턴에서는 어떻게 알았는지 물어봅니다.
학생이 어떻게 알았는지 대답하지 못하면 교사가 "왼쪽 줄에는 몇이었지? 오른쪽은?" 같은 단서를 줍니다.

함께 하기 부록 56~60 뒷면을 갖고 세지 않고 점의 개수가 몇인지 말해봅시다.

스스로 하기 〈보기〉처럼 10격자카드의 점을 부분-전체로 표현해 봅시다.

〈보기〉

(　　)개와 (　　)개가 모여 전체는 (　　)개

❶

(　　)개와 (　　)개가 모여 전체는 (　　)개

❷

(　　)개와 (　　)개가 모여 전체는 (　　)개

❸

(　　)개와 (　　)개가 모여 전체는 (　　)개

❹

(　　)개와 (　　)개가 모여 전체는 (　　)개

❺

(　　)개와 (　　)개가 모여 전체는 (　　)개

❻

(　　)개와 (　　)개가 모여 전체는 (　　)개

❼

(　　)개와 (　　)개가 모여 전체는 (　　)개

❽

(　　)개와 (　　)개가 모여 전체는 (　　)개

❾

(　　)개와 (　　)개가 모여 전체는 (　　)개

❿

(　　)개와 (　　)개가 모여 전체는 (　　)개

⓫

(　　)개와 (　　)개가 모여 전체는 (　　)개

A-2단계 **3. 카드 비교하기**

이해하기

준비물 : 부록 26~30번

선생님

부록 26번을 잠시 보여주고 가립니다.
연속해서 부록 27번을 보여줍니다.
처음 카드와 다음 카드는 어떻게 다른가요?

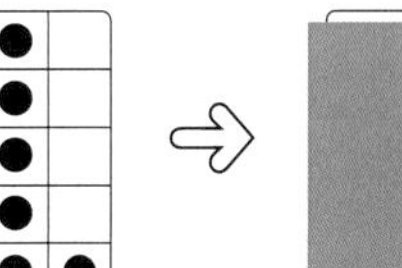
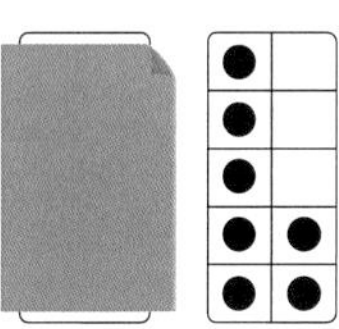

1이 많아졌어요.

하나

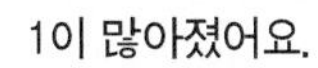

(확인시켜 주며) 어떻게 알았나요?
손가락으로 표시하며 설명해 보세요.

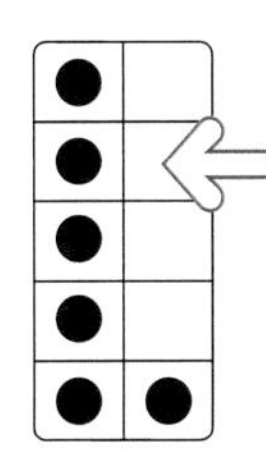

여기까지 같지만 아래에 1이 더 있기 때문이에요.

빈 10격자에 학생이 바둑돌을 놓으면서 설명해보세요.

이렇게 6 놓고, 1 더 놓아요.

함께 하기

1) 부록 26~30번을 갖고 카드 비교하기 활동을 해봅시다.

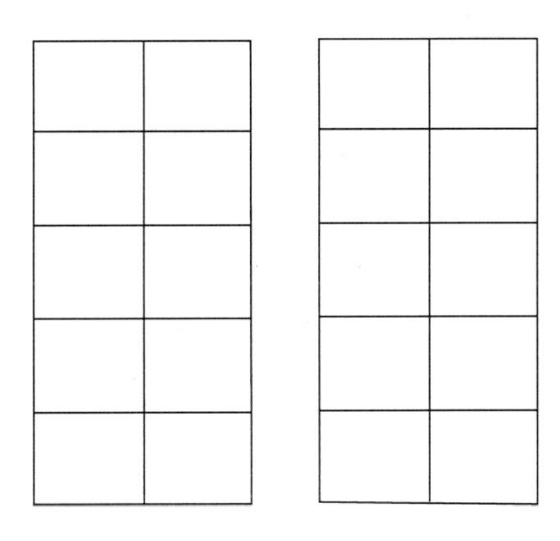

함께 하기 2) 맨 왼쪽의 그림을 2초만 보고 나서 가린 후 옆의 그림은 가린 그림과 어떻게 다른지 말해 봅시다.

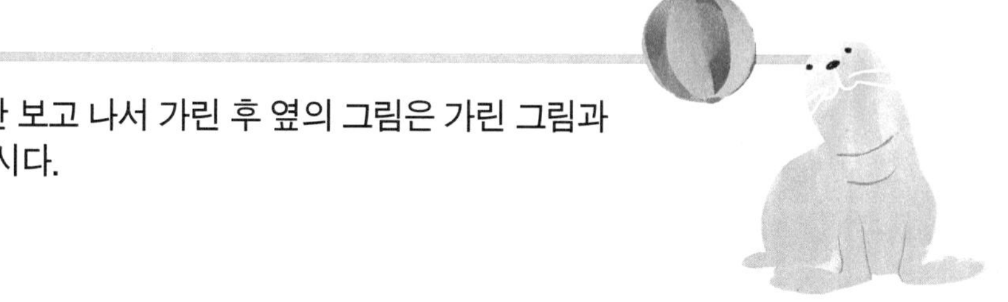

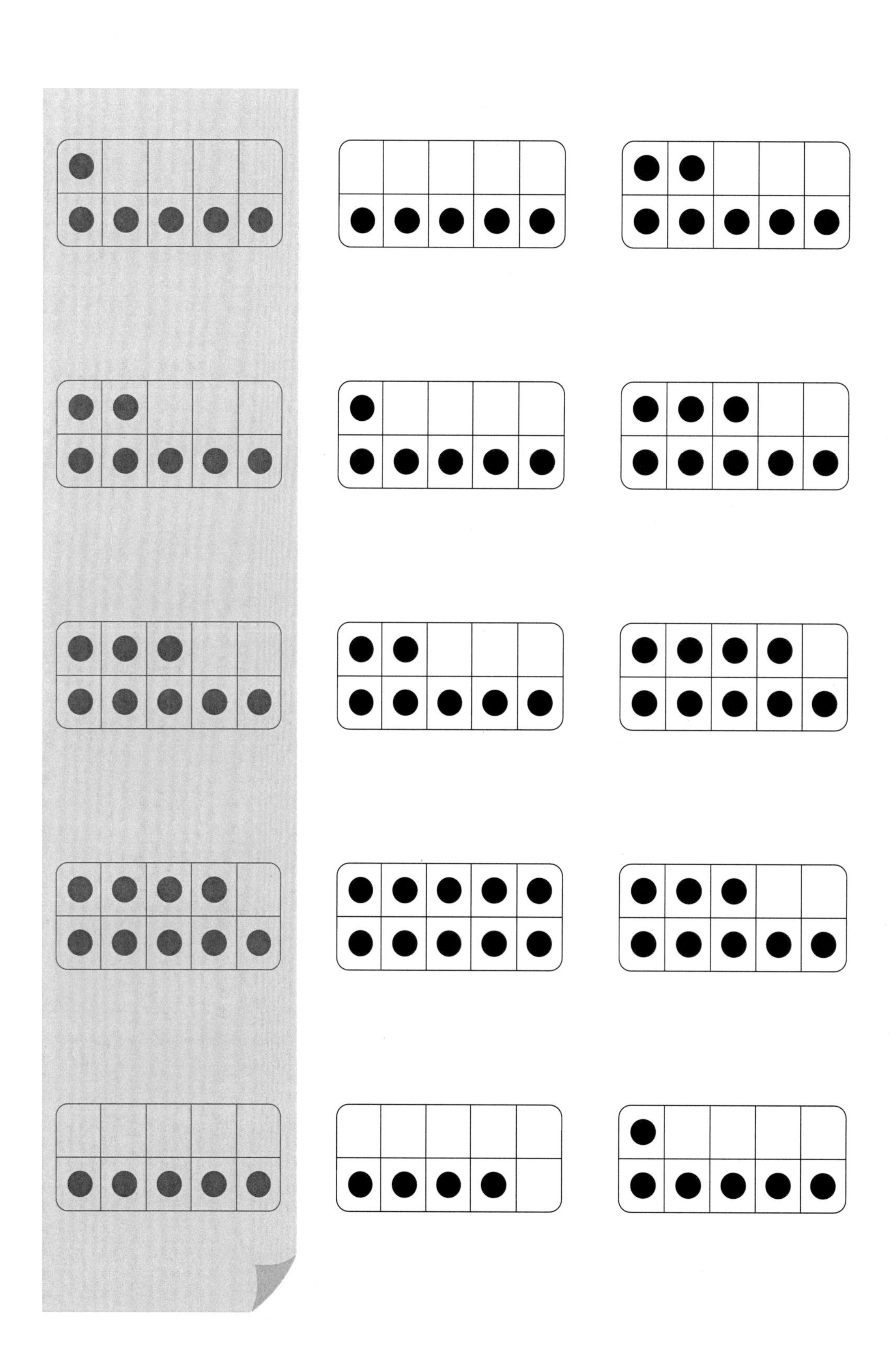

A-2단계 4. 같은 카드 찾기

이해하기

준비물 : 부록 56~60번

선생님

[도미노 패턴 6카드(부록 56)을 잠깐 보여 주고 가린다.]
선생님이 보여 준 카드와 점의 개수가 같은 카드를 찾아보세요.

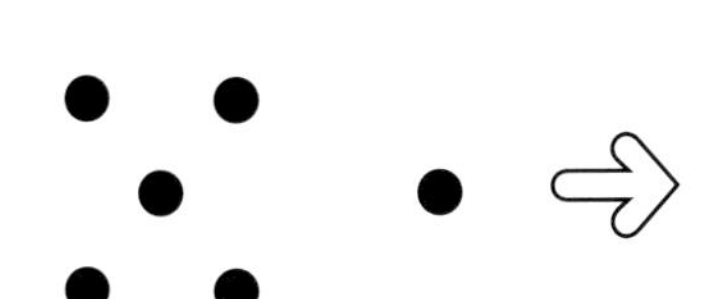

하나

Guide 같은 모양을 찾는 것이 아니라 점의 개수가 같은 것을 찾는 활동입니다. 되도록 빨리 하도록 시간을 재면 좋습니다.

함께 하기 맨 윗줄의 카드(또는 임의로 고른 부록 56~60 또는 26~30카드)와 점의 개수가 같은 것을 찾아봅시다. 점의 개수를 어떻게 알았는지 "몇 개와 몇 개가 모여 모두 몇 개가 되었어요"처럼 말해 봅시다.

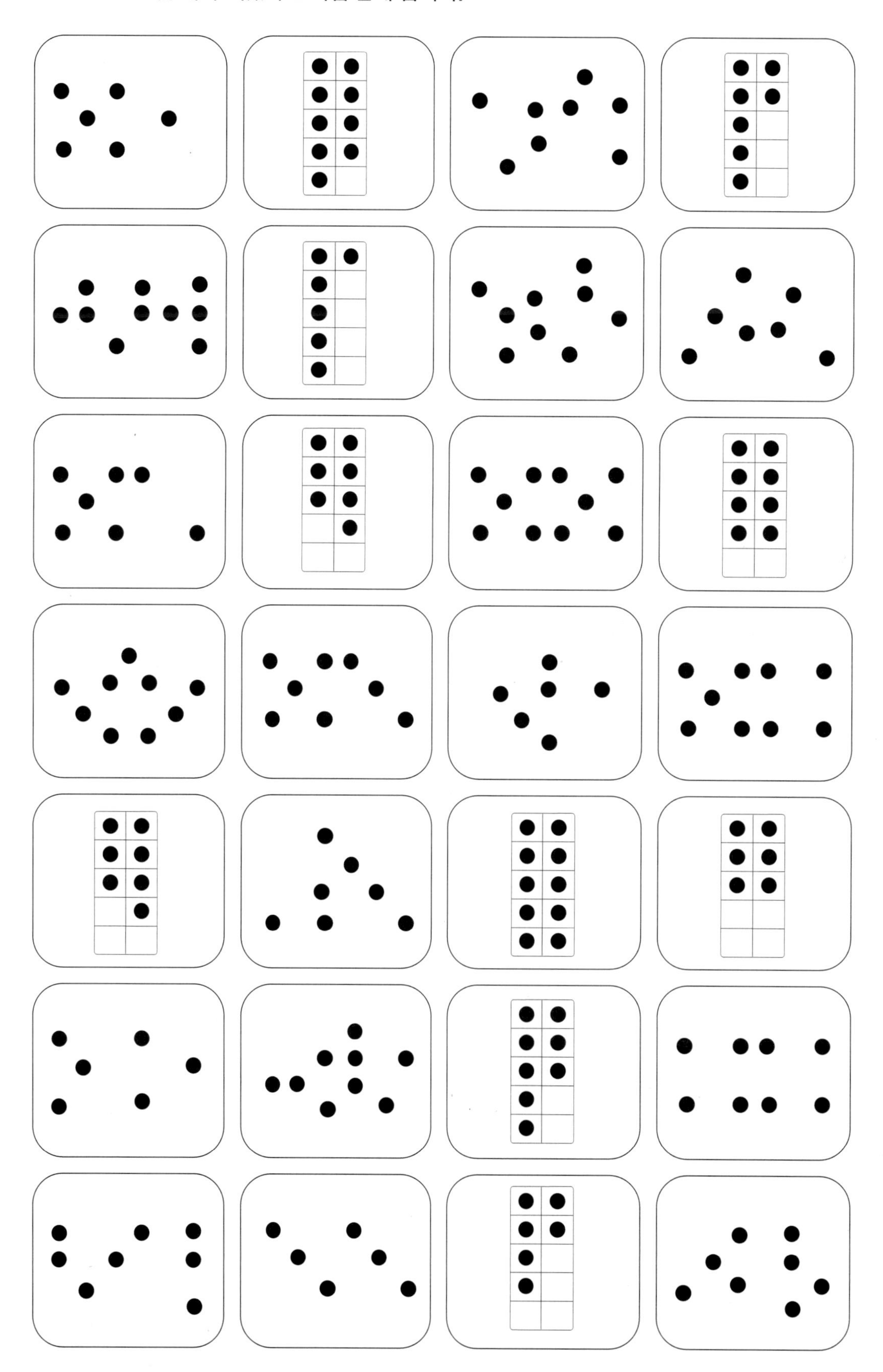

스스로 하기

왼쪽 그림과 점의 개수가 같은 것을 찾아 ◯ 표 하세요. 그리고 그림 아래에 '(　　)개와 (　　)개가 모여 모두 (　　)개'처럼 쓰세요.

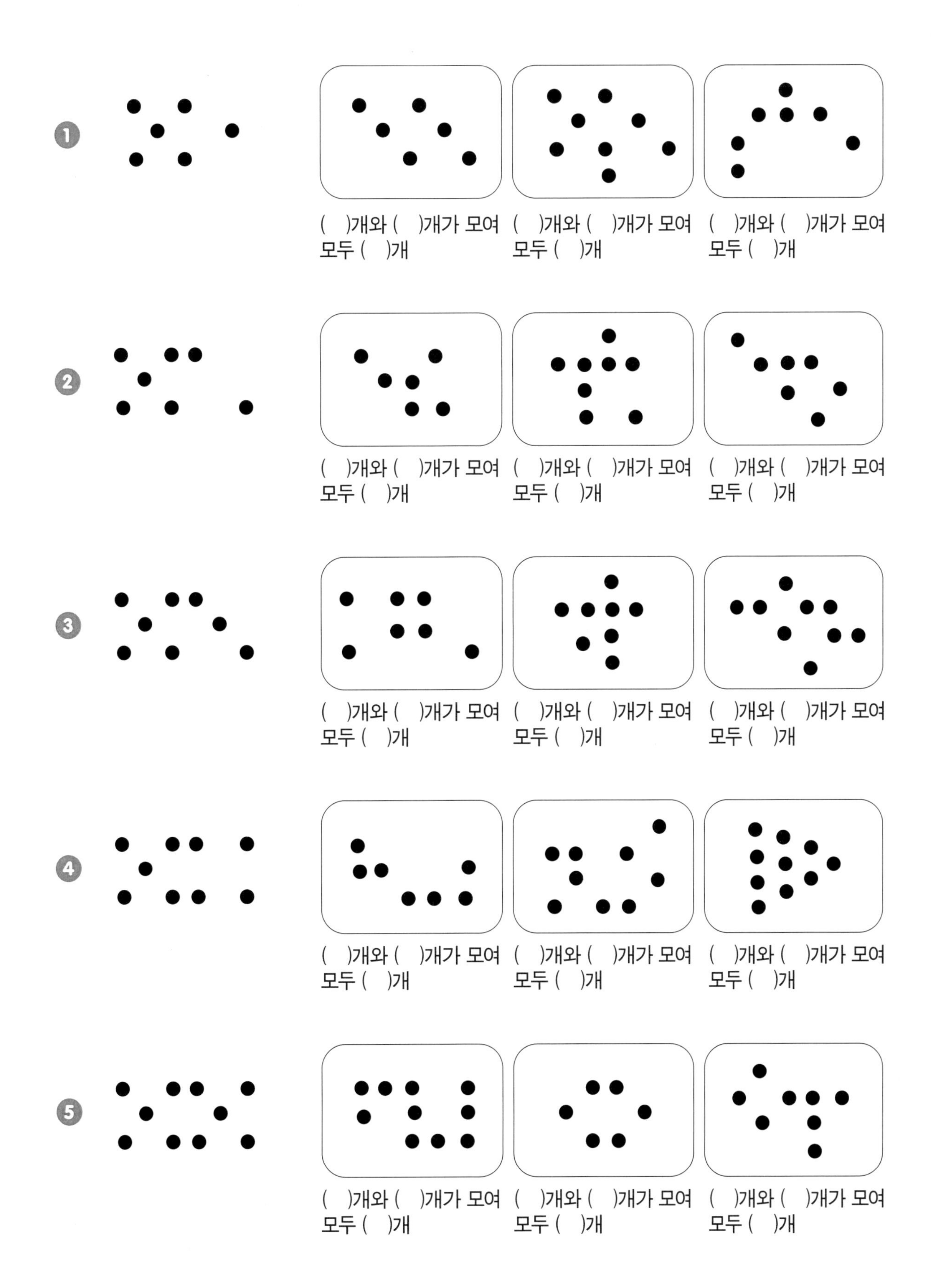

A-2단계 5. 손가락 직산

이해하기 1) 손가락 개수 세지 않고 말하기

선생님

(손가락으로 6을 만들어서 잠시 보여준다.)
손가락의 개수는 모두 몇 개인가요?

6이요.

하나

(다른 방법으로도 6을 만들어서 활동해봅니다.)

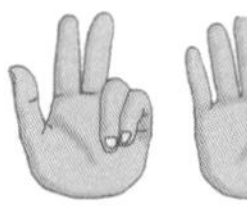

함께 하기 선생님이 보여주는 손가락의 개수가 모두 몇 개인지 말해봅시다.

이해하기 2) 불러주는 수를 손가락으로 나타내기

선생님

두 손을 머리 위로 올려서 6을 만들어 보세요.

하나

손을 내려서 확인해 보세요.

(손을 내리고 확인해봅니다.)

Guide 어려워하면 손을 내리고 보면서 하도록 수를 만들어 보도록 합니다.

함께 하기 선생님이 불러주는 숫자를 손가락으로 만들어 봅시다.

스스로 하기 편 손가락의 개수는 모두 몇 개인지 쓰세요.
'(   )개와 (   )개가 모여 모두 (   )개'처럼 쓰세요.

 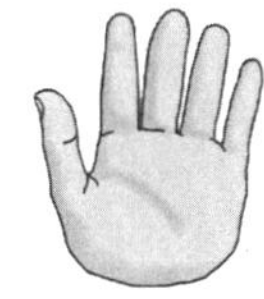 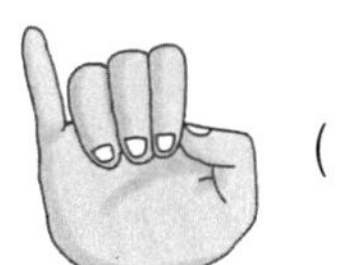 (   )

 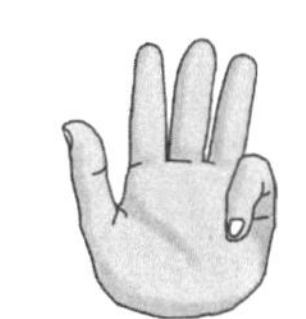  (   )

 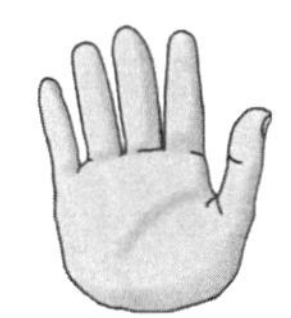 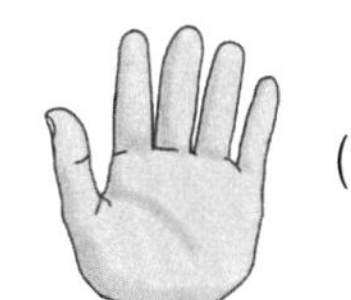 (   )

4 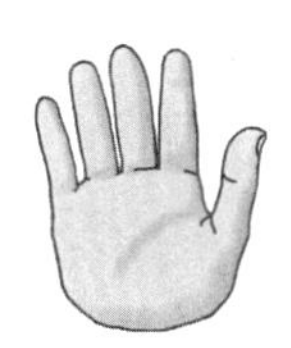 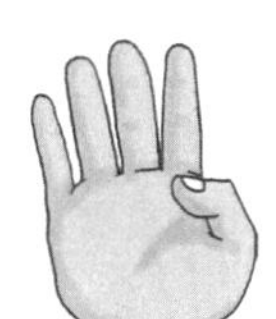 (   )

 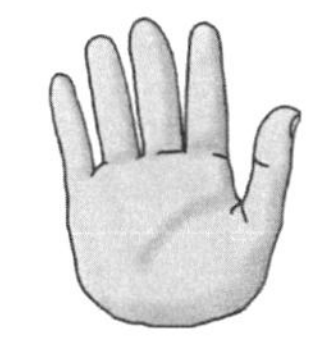 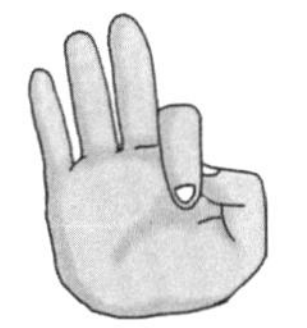 (   )

6 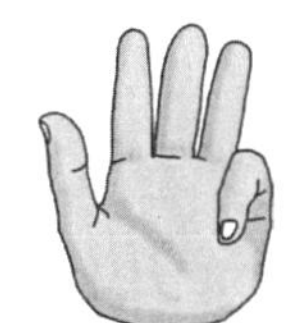 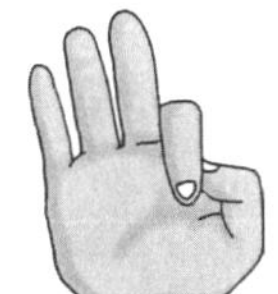 (   )

 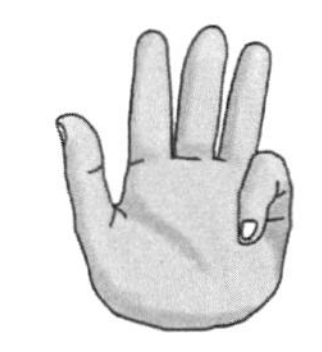 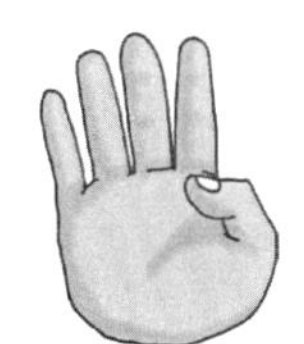 (   )

8 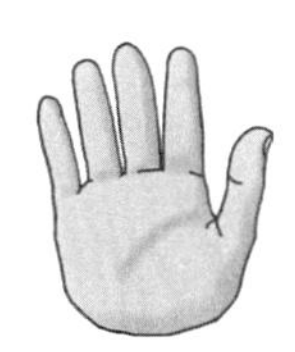  (   )

 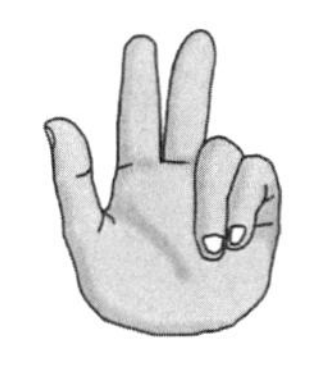 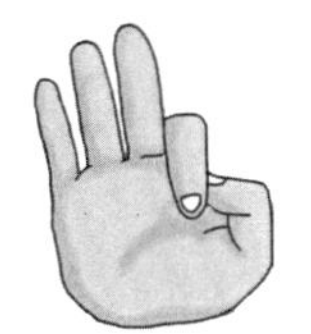 (   )

10  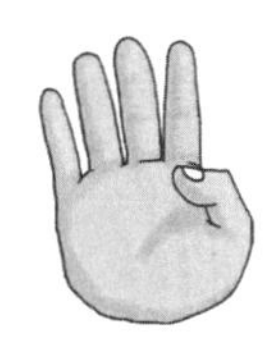 (   )

A-2단계 6. 손뼉 세기

이해하기 1) 손뼉 친 횟수 말하기

선생님

선생님이 손뼉을 칠 때마다 손가락을 펴보세요.
(손뼉을 6~10번 일정 박자로 친다.)
(짝, 짝, 짝, 짝, 짝, 짝)

하나

(손뼉을 칠 때마다 손가락을 한 개씩 편다.)

손뼉을 친 횟수는 인가요?

6이요.

Guide 처음에는 일정박자로 익숙해지면 패턴박자로 들려주세요.
손뼉 세기는 수 세기 과제이지만 시각, 청각, 운동감각을 수의 표상과 연결하기 위해 편성하였습니다.

함께 하기 선생님이 손뼉을 몇 번 쳤는지 말해봅시다.(선생님만 교재를 봅니다.)

※V표시에서는 1초 정도 쉽니다.

1. 짝 V 짝 V 짝 V 짝 V 짝 V 짝
2. 짝 짝 짝 V 짝 짝 짝
3. 짝짝 V 짝
4. 짝 V 짝 V 짝 V 짝 V 짝 V 짝 V 짝
5. 짝 짝 짝 V 짝 짝 짝 V 짝
6. 짝 짝 짝 짝 V 짝 짝 짝
7. 짝 V 짝 V 짝 V 짝 V 짝 V 짝 V 짝 V 짝
8. 짝 짝 짝 짝 V 짝 짝 짝 짝
9. 짝 짝 짝 V 짝 짝 짝 V 짝 짝
10. 짝 V 짝 V 짝 V 짝 V 짝 V 짝 V 짝 V 짝 V 짝
11. 짝 짝 짝 짝 V 짝 짝 짝 짝 V 짝
12. 짝 짝 짝 V 짝 짝 짝 V 짝 짝 짝
13. 짝 V 짝 V 짝 V 짝 V 짝 V 짝 V 짝 V 짝 V 짝 V 짝
14. 짝 짝 짝 짝 V 짝 짝 짝 짝 V 짝 짝

이해하기 2) 손뼉 듣고 따라치기

선생님

(손뼉은 6~10번 만큼 일정 박자로 친다.)
선생님이 손뼉 친 것을 듣고 따라서 쳐 보세요.
(짝, 짝, 짝, 짝, 짝, 짝, 짝)

(짝, 짝, 짝, 짝, 짝, 짝, 짝)

하나

Guide 처음에는 일정박자로 익숙해지면 패턴박자로 들려주세요.

함께 하기 선생님이 손뼉을 몇 번 쳤는지 말해봅시다.(선생님만 교재를 봅니다.)

※V표시에서는 1초 정도 쉽니다.

1. 짝 V 짝 V 짝 V 짝 V 짝 V 짝
2. 짝 짝 짝 V 짝 짝 짝
3. 짝 짝 V 짝 짝 V 짝 짝
4. 짝 V 짝 V 짝 V 짝 V 짝 V 짝 V 짝
5. 짝 짝 짝 V 짝 짝 짝 V 짝
6. 짝 짝 짝 짝 V 짝 짝 짝
7. 짝 V 짝 V 짝 V 짝 V 짝 V 짝 V 짝 V 짝
8. 짝 짝 짝 짝 V 짝 짝 짝 짝
9. 짝 짝 짝 V 짝 짝 짝 V 짝 짝
10. 짝 V 짝 V 짝 V 짝 V 짝 V 짝 V 짝 V 짝 V 짝
11. 짝 짝 짝 짝 V 짝 짝 짝 짝 V 짝
12. 짝 짝 짝 V 짝 짝 짝 V 짝 짝 짝
13. 짝 V 짝 V 짝 V 짝 V 짝 V 짝 V 짝 V 짝 V 짝 V 짝
14. 짝 짝 짝 짝 V 짝 짝 짝 짝 V 짝 짝

이해하기 3) 불러주는 수만큼 손뼉치기

준비물 : 부록 6~10번

선생님

(6~10 사이 수를 말한다.)
선생님이 불러준 수만큼 박수를 쳐 보세요. 6!

(짝, 짝, 짝, 짝, 짝, 짝)

하나

Guide 부록 6~10번을 활용하여 수를 제시해도 좋습니다.

함께 하기 선생님이 불러준(보여준) 수만큼 박수를 쳐 봅시다.

A-2단계

7. 짝꿍수 찾기(1)

이해하기

1) 손가락으로 짝꿍수 만들기

선생님과 함께 손가락으로 7을 나타내 볼게요.
선생님이 5를 폈을 때 몇을 펴야 할까요?

2 예요.

손가락으로 펴보고 확인해 볼까요?

이번에는 선생님이
4를 폈을 때 몇을 펴야 할까요?

3 이요.

손가락으로 펴보고 확인해 볼까요?

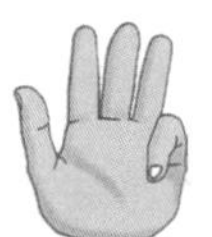

Guide 4에서 7 만들기를 어려워하는 경우 5를 먼저 만들고 7을 만들도록 안내해 주세요.

함께 하기

선생님과 함께 6~10의 수를 손가락으로 나타내 봅시다.

이해하기 2) 점카드로 짝꿍수 만들기

준비물 : 부록 51~60번

선생님

더해서 6이 되기 위해 카드를 한 장 뽑아보세요.

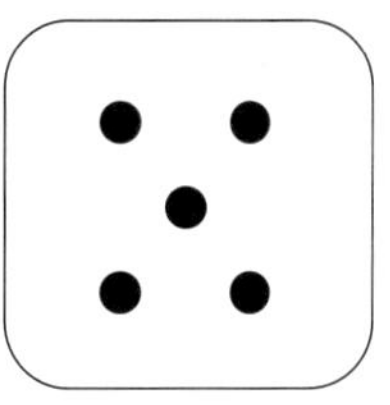

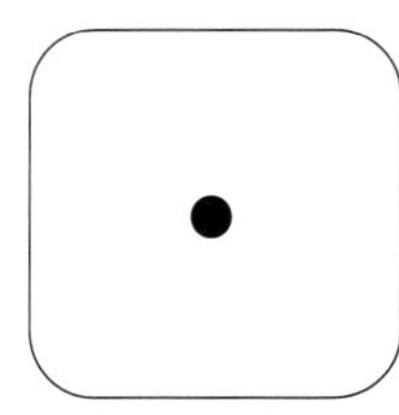

(1 카드를 뽑는다.)

하나

맞아요. 5와 1이 모여 6이 됩니다.
6을 만드는 다른 방법이 있나요?

Guide 카드의 패턴을 기억하여 바둑돌로 나타내게 합니다.
능숙하게 하면 교사가 불러주는 수가 되도록 학생이 2장의 카드를 뽑습니다.

함께 하기

도미노 패턴 카드 2개로 7을 만들어 봅시다.
몇 개와 몇 개가 모여 7개가 되었는지 말해 봅시다.

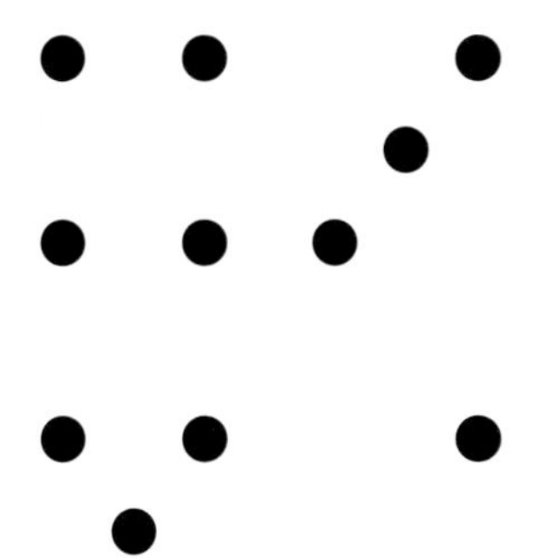

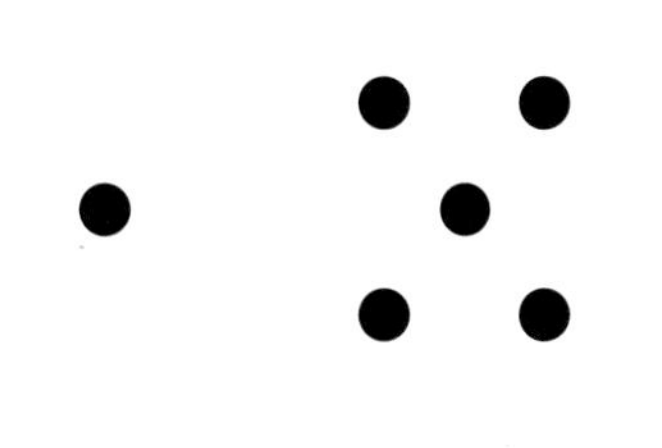

스스로 하기 <보기>는 2개 모여서 6이 되는 도미노 패턴을 보여 주고 있습니다.

<보기>

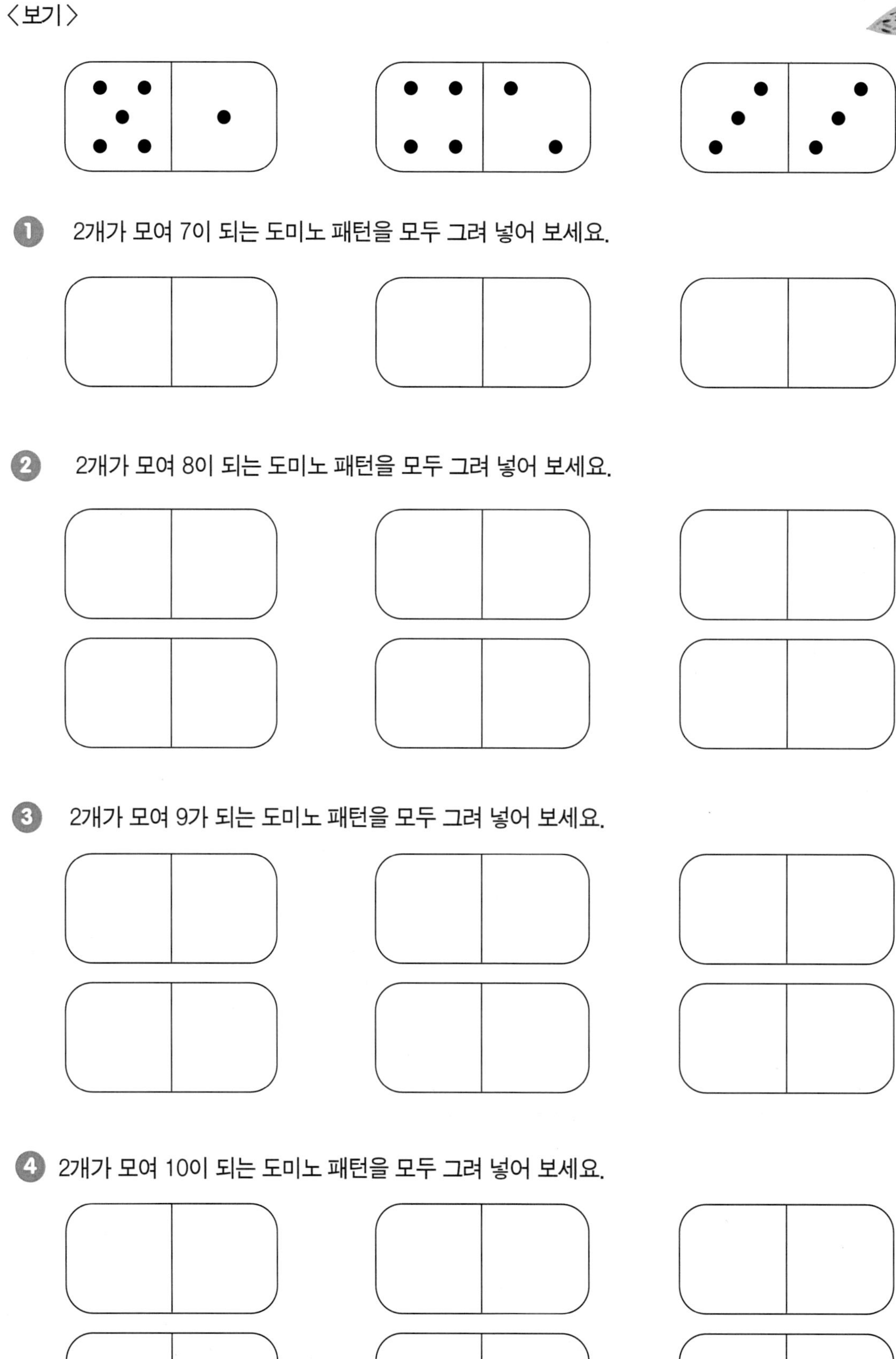

1. 2개가 모여 7이 되는 도미노 패턴을 모두 그려 넣어 보세요.

2. 2개가 모여 8이 되는 도미노 패턴을 모두 그려 넣어 보세요.

3. 2개가 모여 9가 되는 도미노 패턴을 모두 그려 넣어 보세요.

4. 2개가 모여 10이 되는 도미노 패턴을 모두 그려 넣어 보세요.

A-2단계 8. 짝꿍수 찾기(2)

이해하기

칸은 모두 몇 개인가요?
빈칸은 모두 몇 개인가요?

칸은 10개고 빈칸은 2개예요.

빨간 점은 몇 개인가요? 파란 점은 몇 개인가요?
모두 몇 개인가요?

빨간 점은 5개이고 파란 점은 3개입니다.
모두 8개입니다.

빈칸이 몇 개인지 알면 점이 모두 몇 개인지 아는 데 도움이 되나요? 빈칸이 3개면 점이 몇 개일까요?

빈칸이 2개면 채워진 부분이 8개이고 빈칸이 3개면 채워진 부분이 7개입니다. 빈칸이 몇 개인지 알면 점의 개수를 아는 데 도움이 됩니다.

이번에는 빨간 점은 몇 개인가요? 파란 점은 몇 개인가요?
모두 몇 개인가요?

빨간 점은 4개이고 파란 점은 4개입니다.
모두 8개입니다.

3과 5 그리고 4와 4가 모여서 8을 만들었습니다.
이렇게 8를 만드는 다른 방법이 또 있을까요? 만들어 보세요.

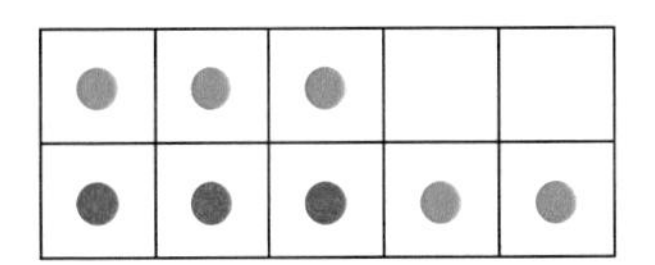

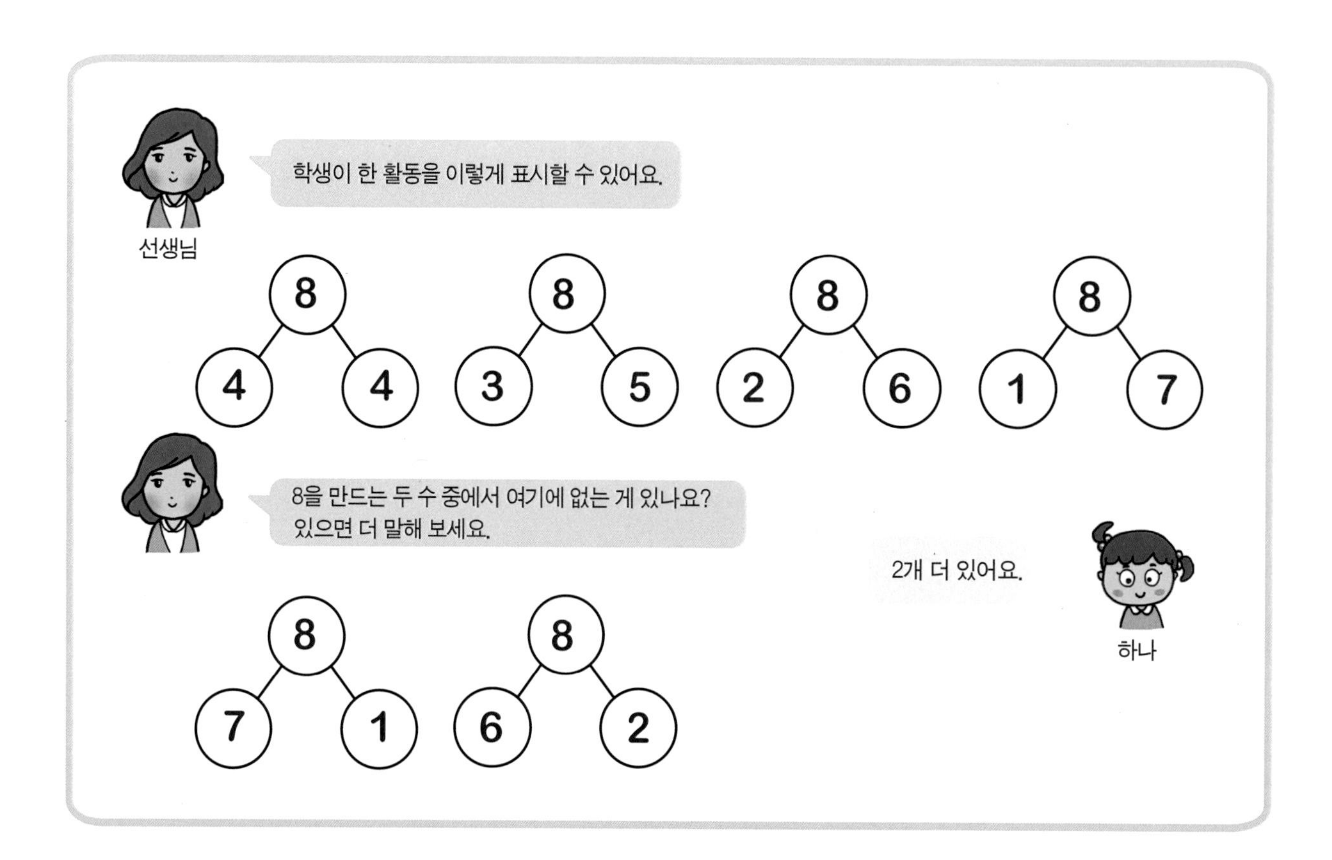

스스로 하기 〈보기〉와 같이 빨간 점과 파란 점을 각각 합쳐서 각 문제의 숫자를 만들어 보세요.

〈보기〉

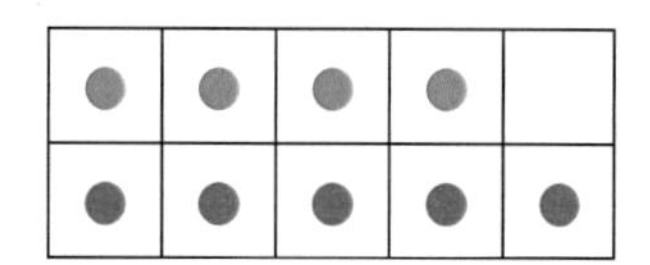

❶ 9

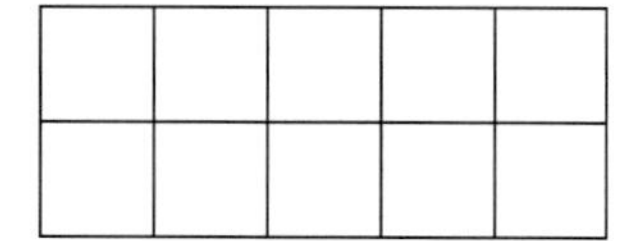 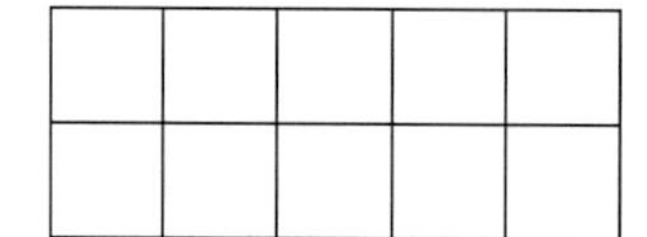 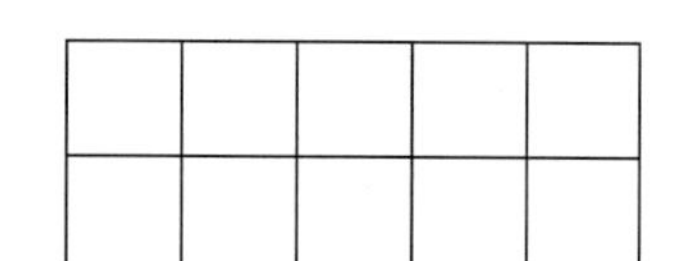

학생이 한 활동을 아래와 같이 표시해 보세요. 9가 되는 다른 두 수가 있으면 더 표시해도 좋습니다.

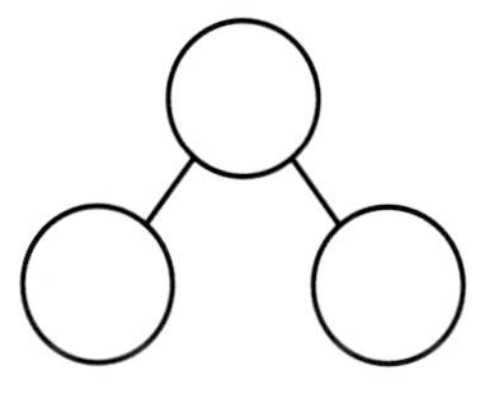 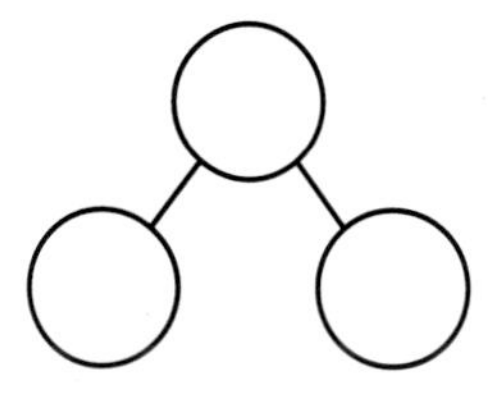 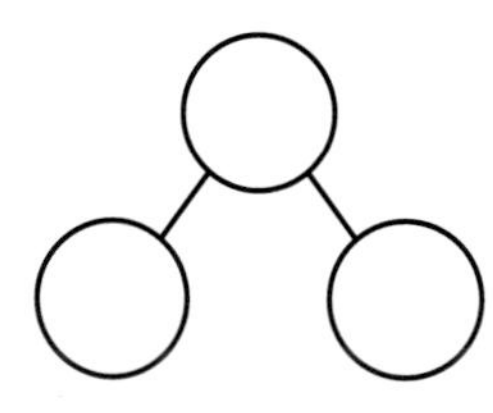 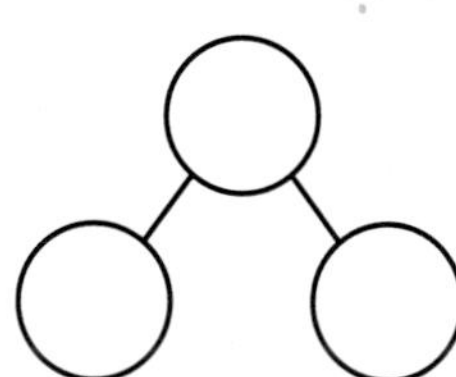

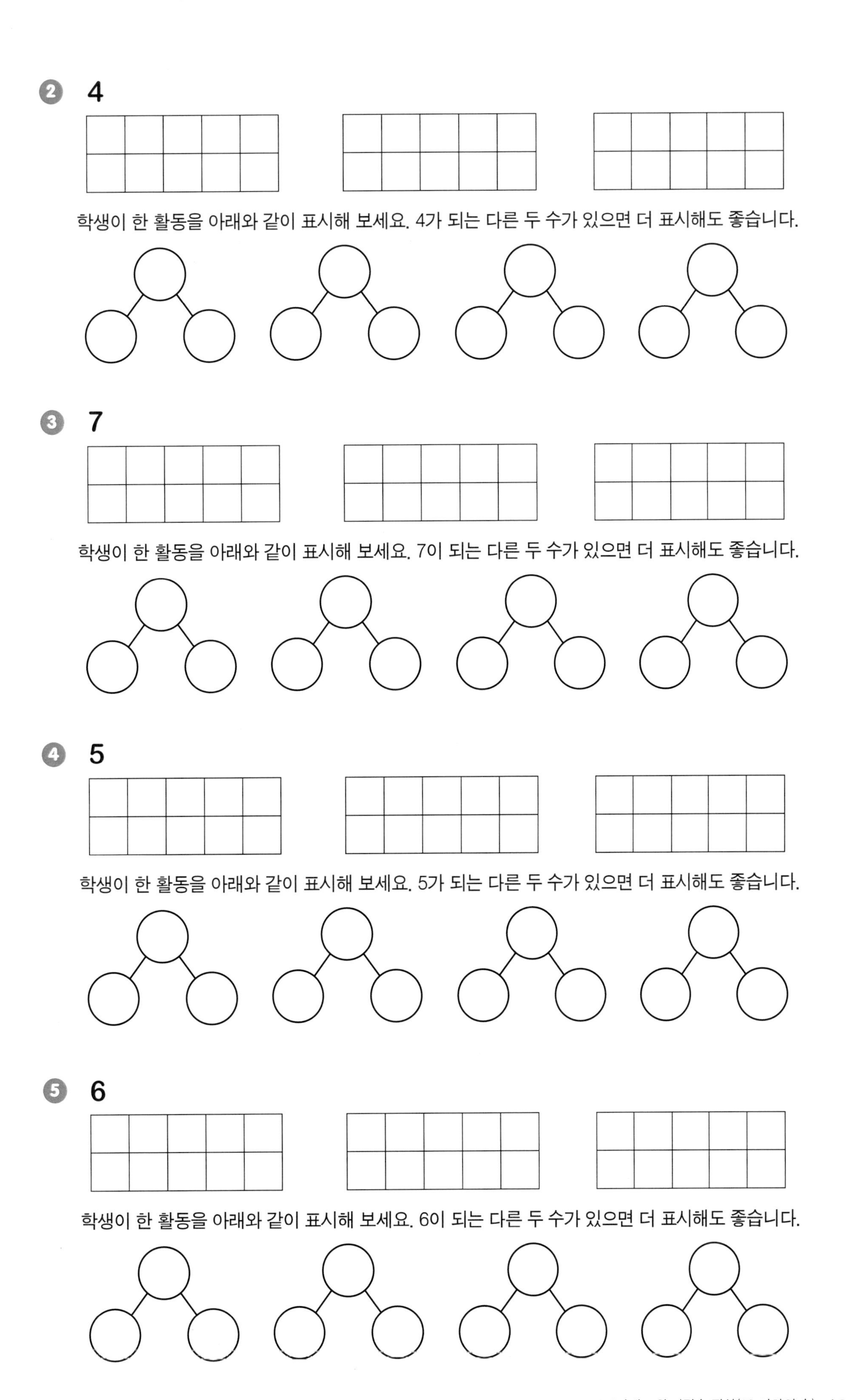

❷ 4

학생이 한 활동을 아래와 같이 표시해 보세요. 4가 되는 다른 두 수가 있으면 더 표시해도 좋습니다.

❸ 7

학생이 한 활동을 아래와 같이 표시해 보세요. 7이 되는 다른 두 수가 있으면 더 표시해도 좋습니다.

❹ 5

학생이 한 활동을 아래와 같이 표시해 보세요. 5가 되는 다른 두 수가 있으면 더 표시해도 좋습니다.

❺ 6

학생이 한 활동을 아래와 같이 표시해 보세요. 6이 되는 다른 두 수가 있으면 더 표시해도 좋습니다.

9. 짝꿍수 찾기(3)

이해하기

준비물 : 부록 433~446번

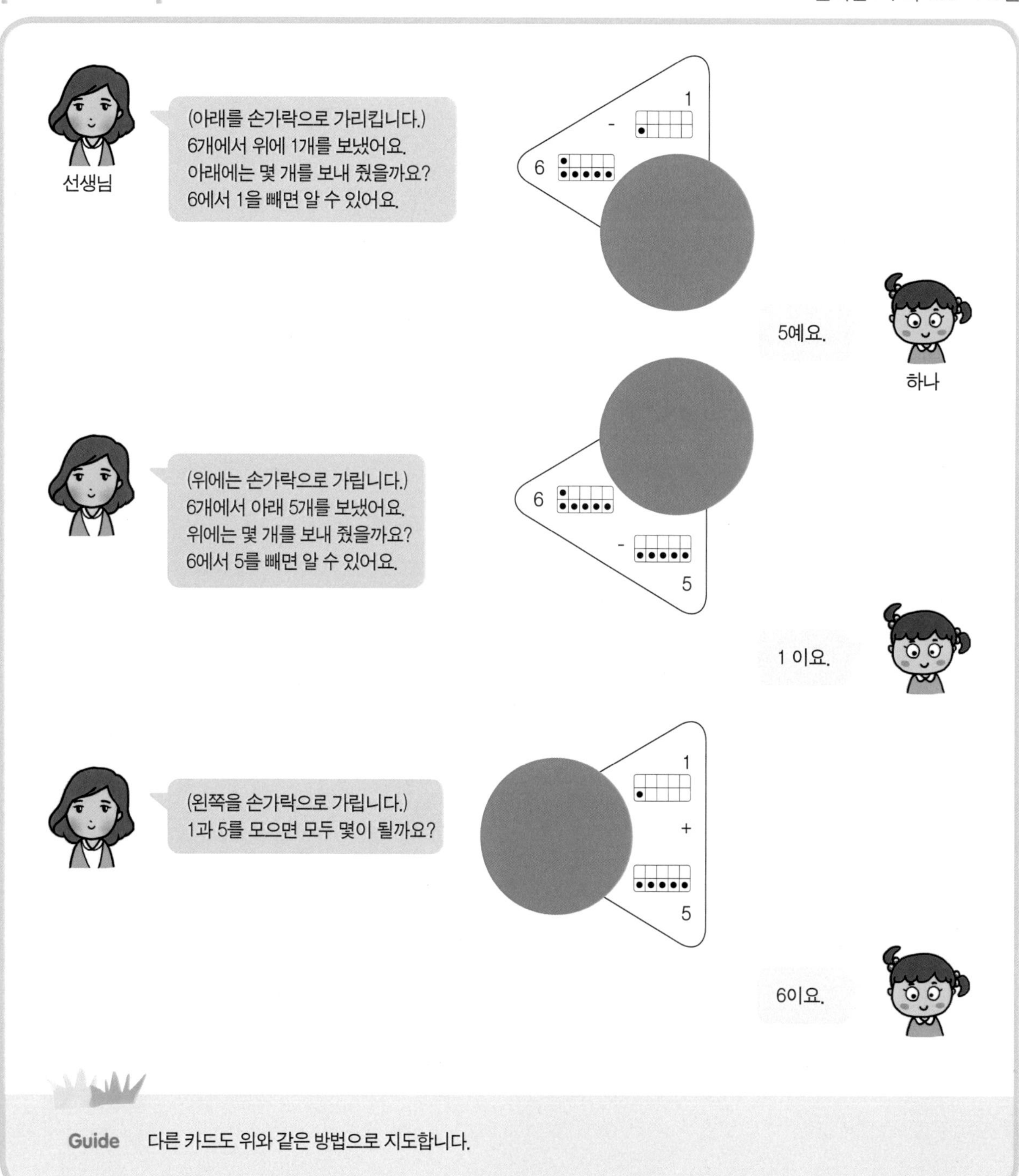

Guide 다른 카드도 위와 같은 방법으로 지도합니다.

함께 하기

부록 433~446번으로 짝꿍수 찾기 활동을 해봅시다.

스스로 하기 □ 안에 들어갈 숫자를 쓰세요.

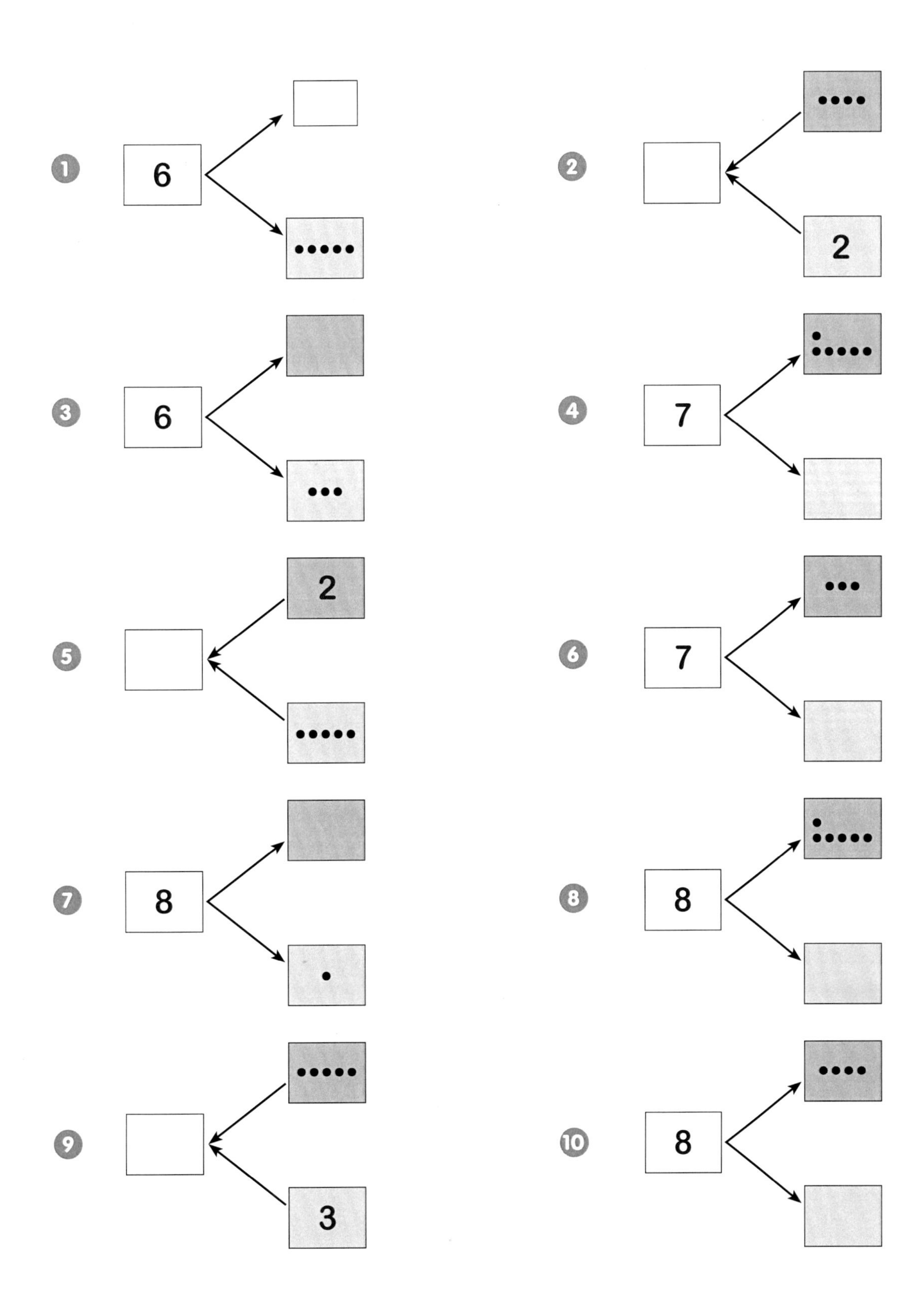

스스로 하기 □ 안에 들어갈 숫자를 쓰세요.

⑪
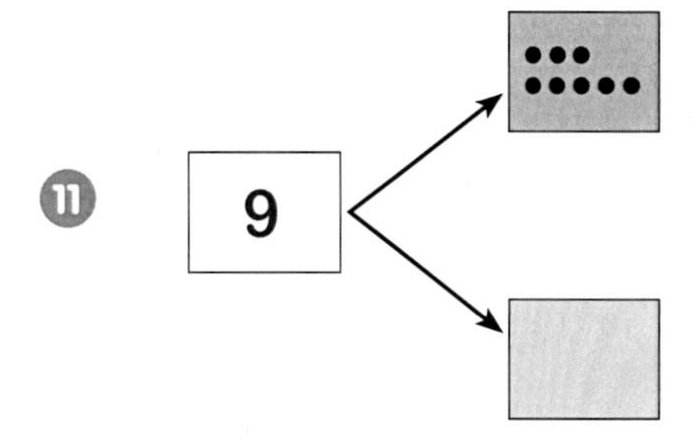

⑫
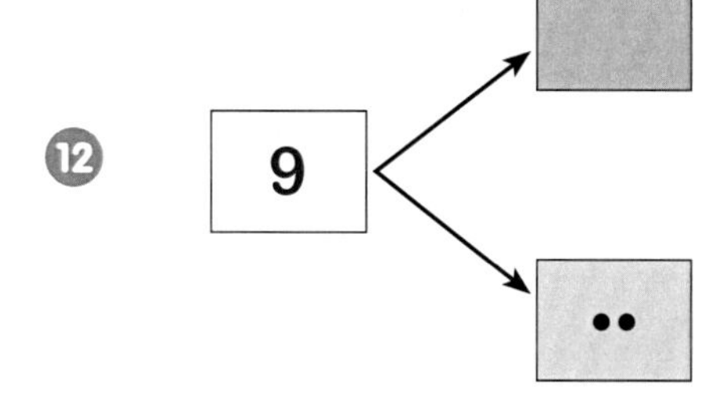

⑬
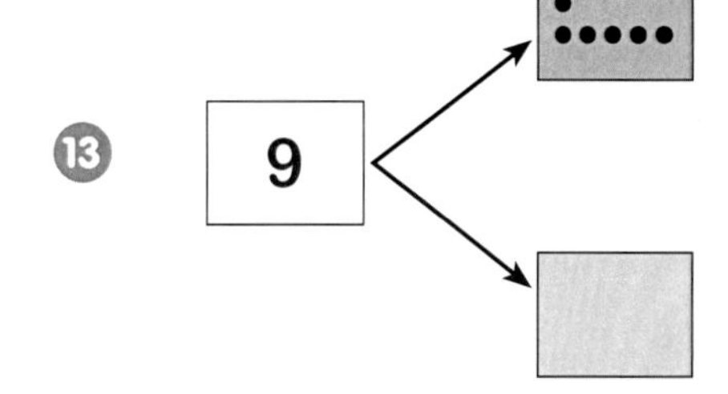

⑭
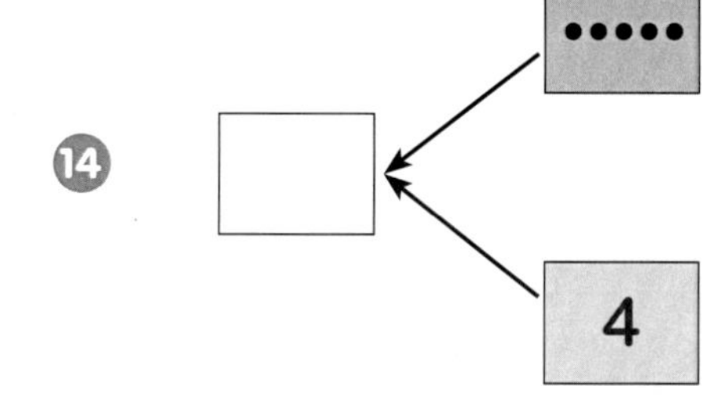

⑮
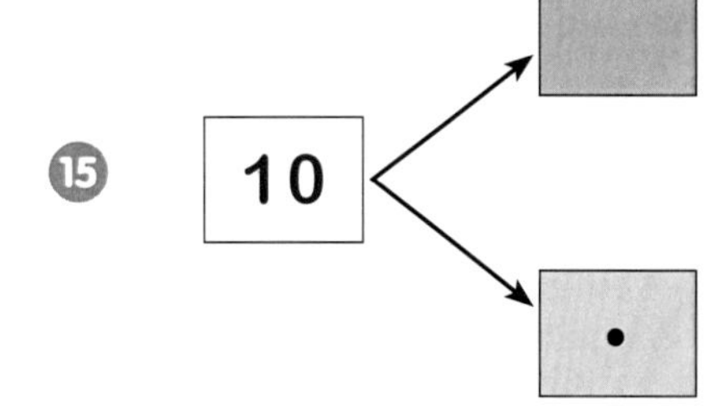

⑯
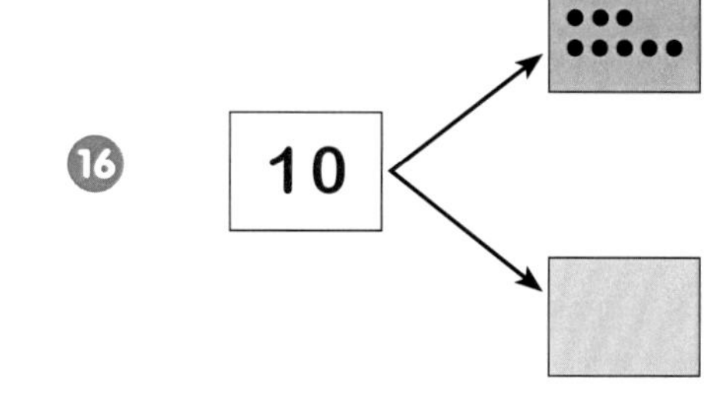

⑰
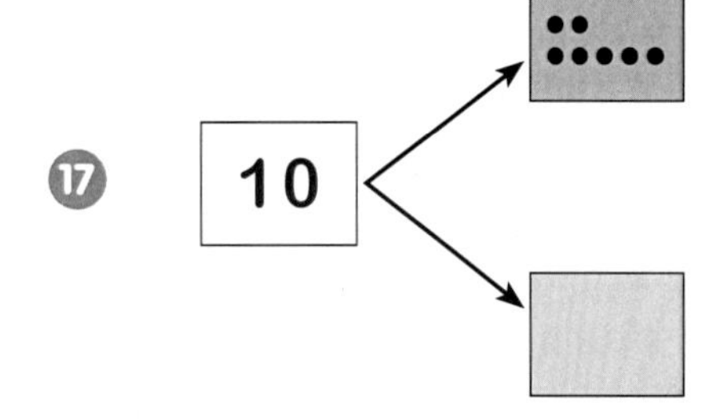

⑱
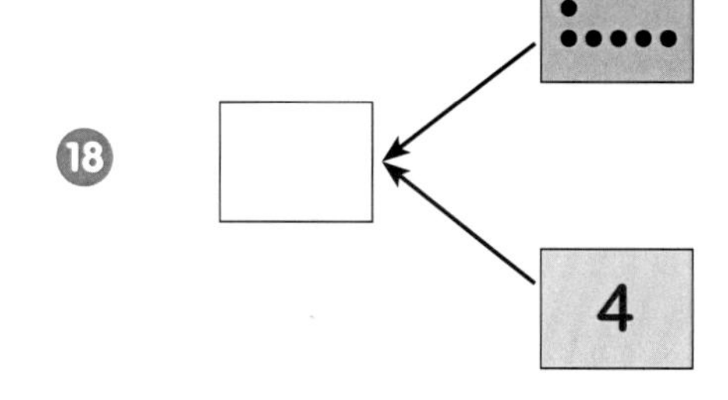

⑲
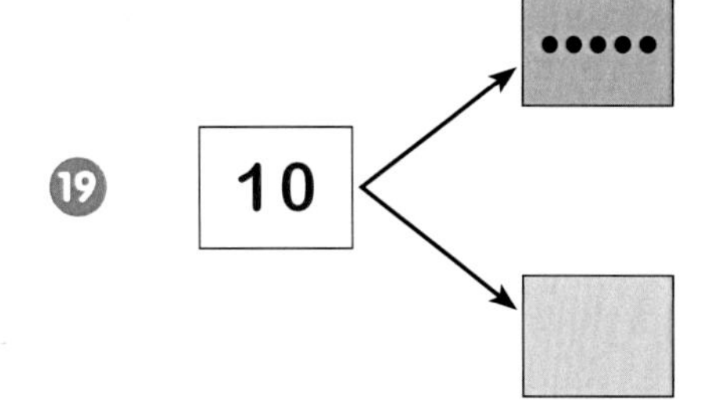

⑳
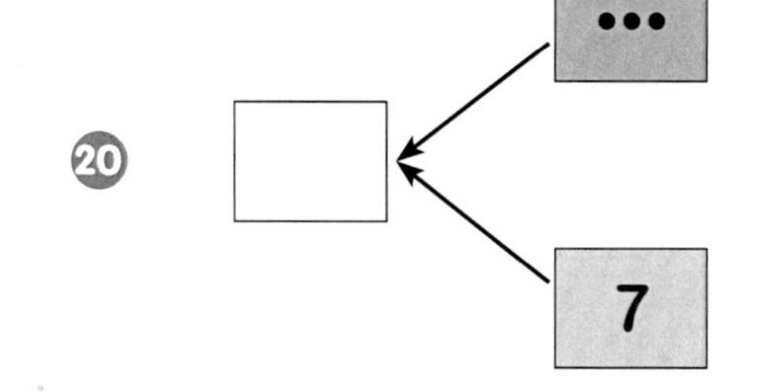

B단계

20 이하 수 직산

B단계 1. 10묶음 직산

이해하기 1) 10격자 점의 개수 세지 않고 말하기

준비물 : 부록 31~40번, 가리개

선생님

(부록 32번을 잠시 보여주고 가린다.)
점의 개수는 모두 몇인가요?

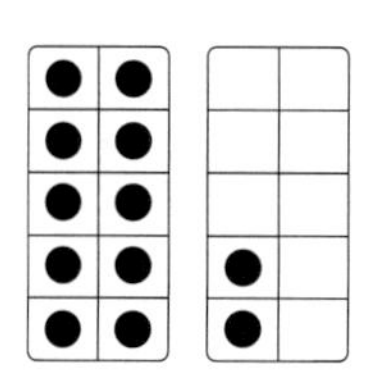

12 예요.

하나

어떻게 알았나요?

10과 2이므로 12예요.

(확인시켜 줍니다.)

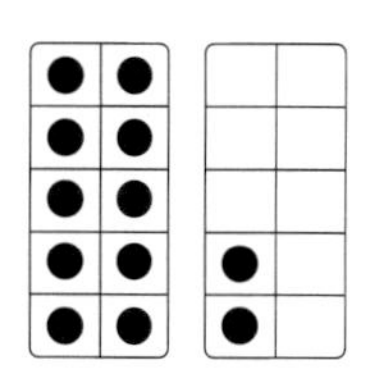

Guide 학생이 점의 개수를 어떻게 파악했는지 말하는 것을 어려워하면 "왼쪽 상자의 점 개수는 모두 몇이었나요? 오른쪽 상자의 점 개수는 모두 몇이었나요?"처럼 단계적인 질문을 해주세요.

함께 하기

부록 31~40번의 점의 개수를 세지 않고 말해봅시다.

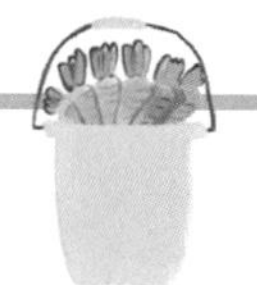

스스로 하기 그림을 잠깐 보고 점이 몇 개인지 괄호 안에 쓰세요.

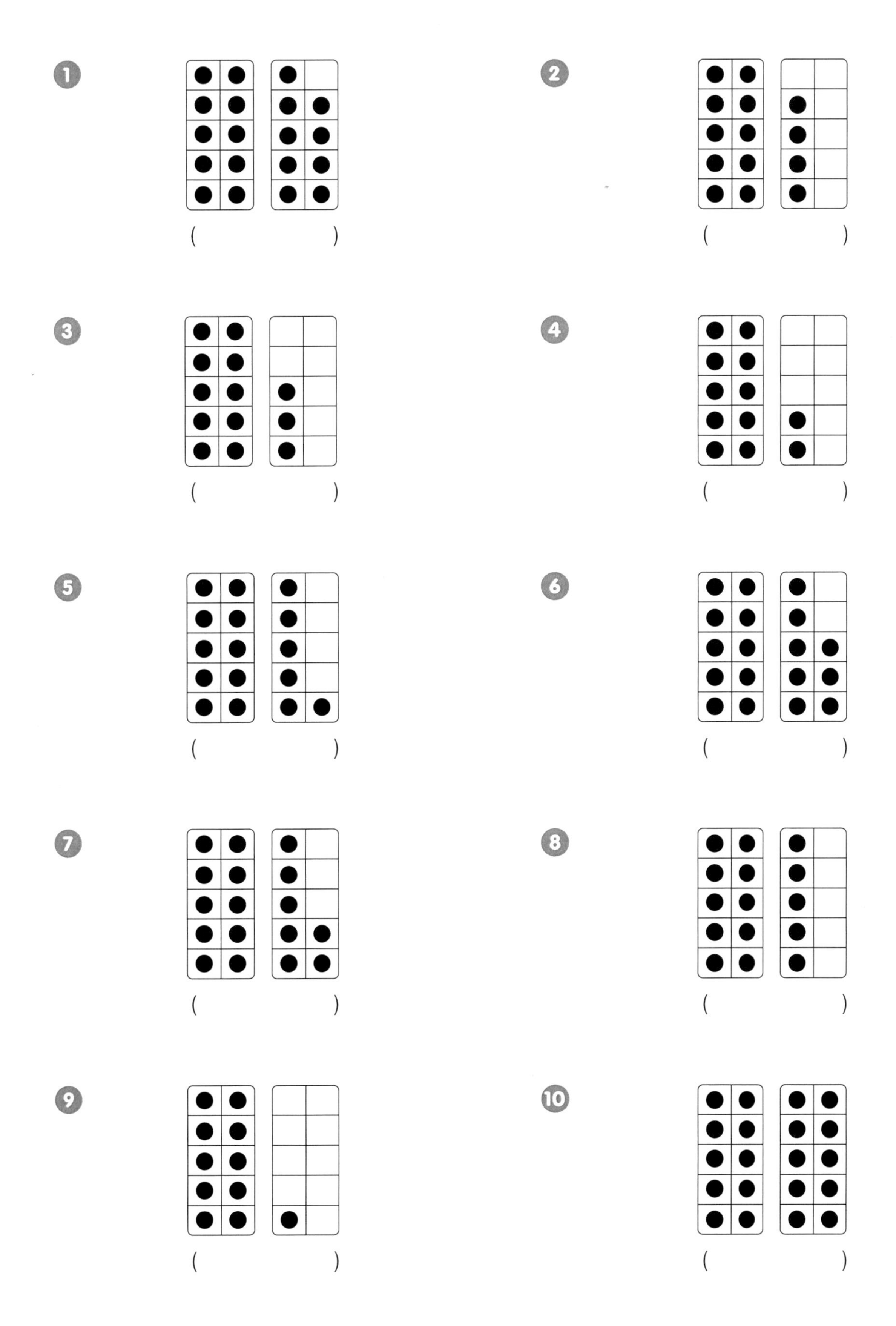

이해하기 2) 구슬틀 구슬의 개수 세지 않고 말하기

준비물 : 구슬틀

선생님

구슬의 개수는 모두 몇인가요?

어떻게 알았나요?

11 이요.

하나

위가 10 아래가 1이 있어서요.

Guide 실물자료 또는 자료창고의 플래시 자료를 활용하세요.
구슬틀이 학생에게 다소 낯설 수 있으므로 활동 전 구슬틀에 대해서 설명해주세요.

이것을 구슬틀이라고 해요. 빨간 구슬의 개수는 모두 몇인가요?

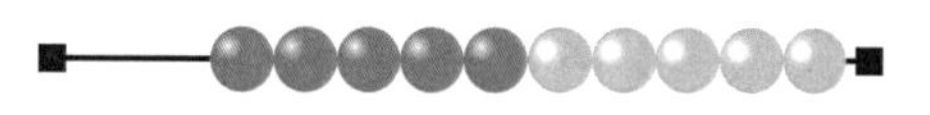

5 예요.

하얀 구슬의 개수는모두 몇인가요?

5 예요.

한 줄에 있는 구슬의 개수는 모두 몇인가요?

10 이요.

구슬을 왼쪽으로 옮겨줘서 수를 나타내요.
이렇게 나타내면 몇일까요?

2 예요.

(구슬을 옮겨가며 수를 나타내고 구슬틀 익히기 활동을 해봅니다.)

함께 하기 구슬틀로 나타낸 구슬의 개수 (11~20)를 세지 않고 말해봅시다.

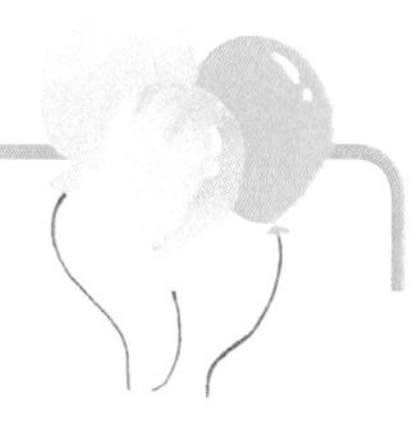

스스로 하기 그림을 잠시만 보고 구슬의 개수가 모두 몇인지 괄호 안에 쓰세요.

❶ ( )

❷ ( )

❸ ( )

❹ ( )

❺ ( )

❻ ( )

❼ ( )

❽ ( )

❾ ( )

❿ ( )

B단계 2. 10묶음 만들며 직산

이해하기 1) 10격자에서 10묶음을 만들며 점의 개수 말하기

선생님: 점의 개수는 모두 몇인가요?

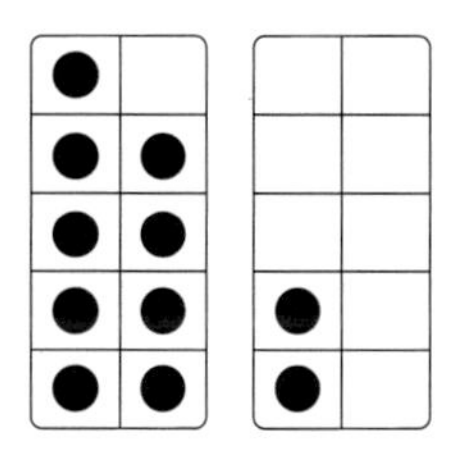

하나: 11이요.

선생님: 어떻게 알았나요?

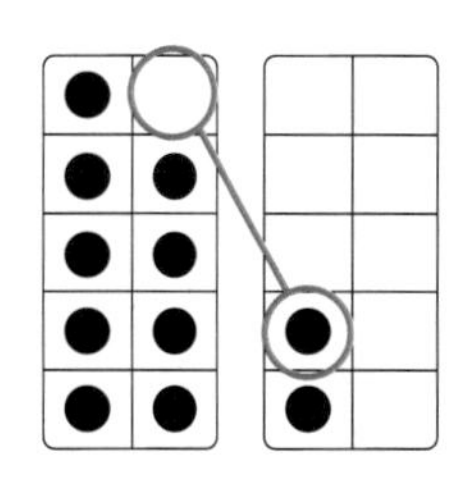

하나: 이렇게 점을 옮기면 왼쪽에는 10 오른쪽에는 1이 되므로 11입니다.

Guide 기준수 10을 만들어 개수를 파악하는 활동입니다. 머릿속으로 하는 것을 어려워하면 실물자료(격자, 바둑돌)를 활용하도록 합니다. 능숙하게 하면 그림을 잠시만 보여주고 가리는 것도 좋습니다.

함께 하기 그림을 잠시만 보고 점의 개수는 몇인지 말해봅시다.

※ 능숙하게 할 경우 그림을 잠시만 보여주고 가리개나 손으로 가립니다.

❶ 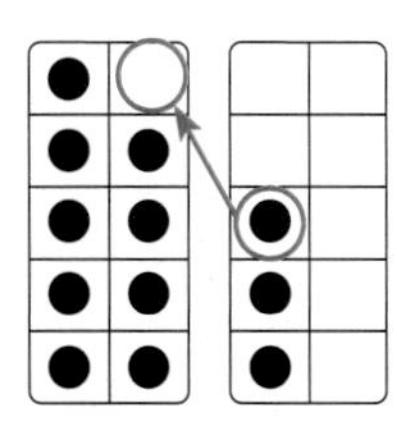

❷ 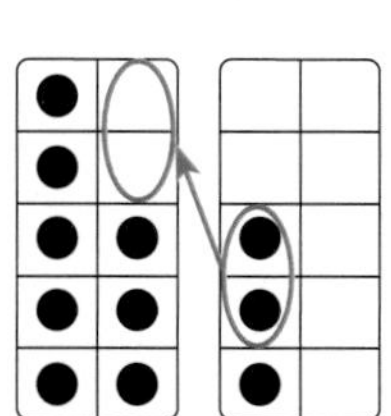

❸ 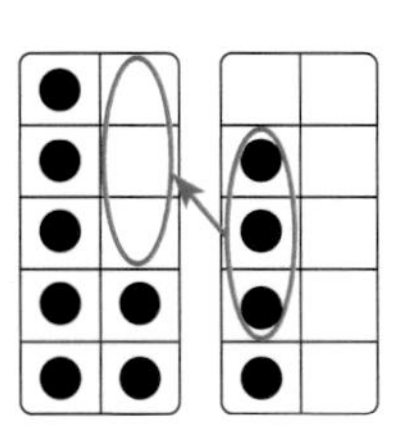

❹ 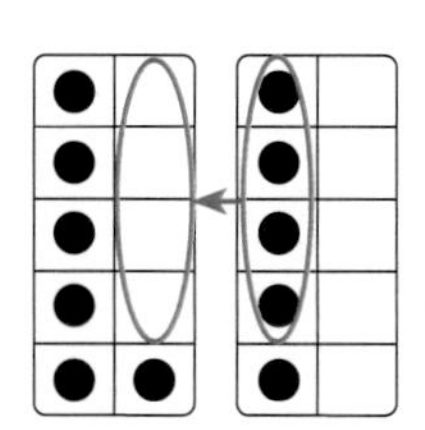

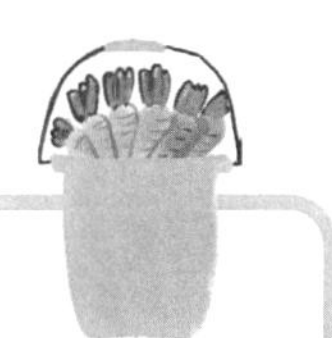

5

6

7

8

9

10

11

12

13

14

스스로 하기 그림을 잠시만 보고 점의 개수가 모두 몇인지 괄호 안에 쓰세요.

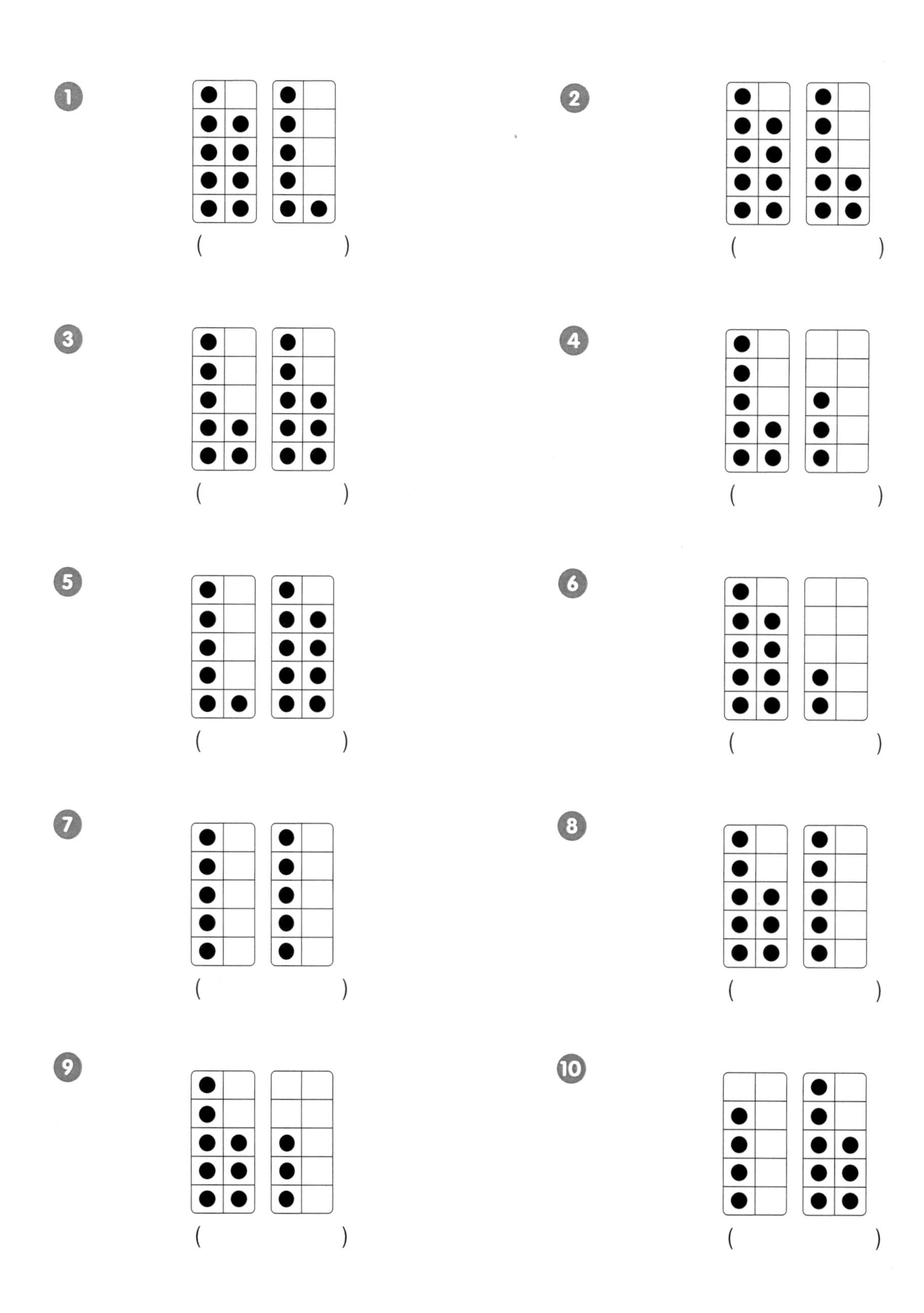

이해하기 2) 구슬틀에서 10묶음을 만들며 점의 개수 말하기

준비물 : 구슬틀

선생님

구슬의 개수는 모두 몇인가요?

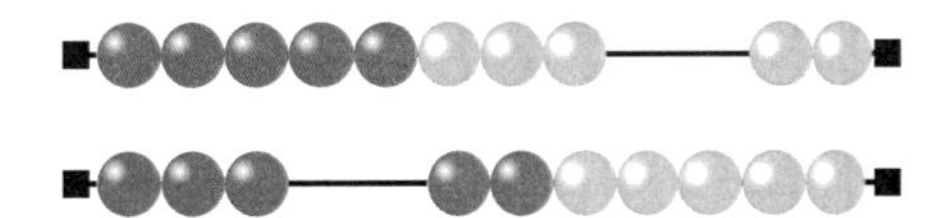

11 이요.

하나

어떻게 알았나요?

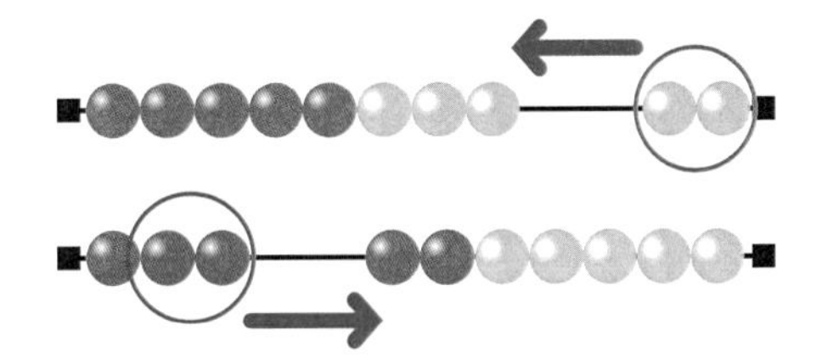

위에서 2를 옮기면 10이 되고
아래에서 2를 빼주면
1이 남으므로 모두 11입니다.

Guide 기준수 10을 만들어 개수를 파악하는 활동입니다. 머릿속으로 하는 것을 어려워하면 구슬틀이나 플래시자료를 활용하여 실습해보세요.

함께 하기 그림을 잠시만 보고 구슬의 개수가 모두 몇인지 말해봅시다.

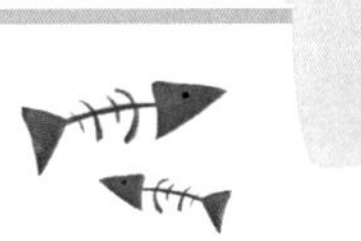

❶ 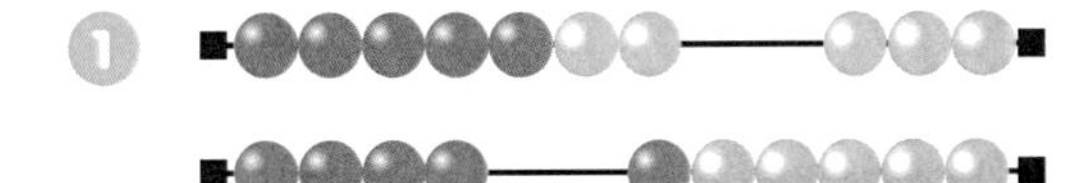

❷ 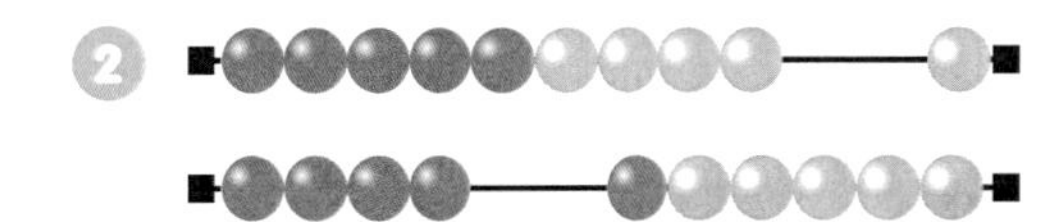

❸ 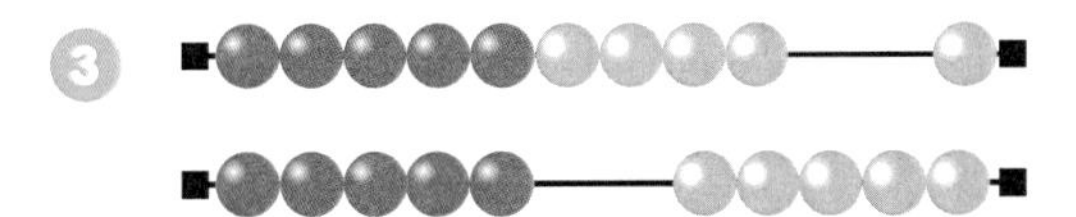

❹ 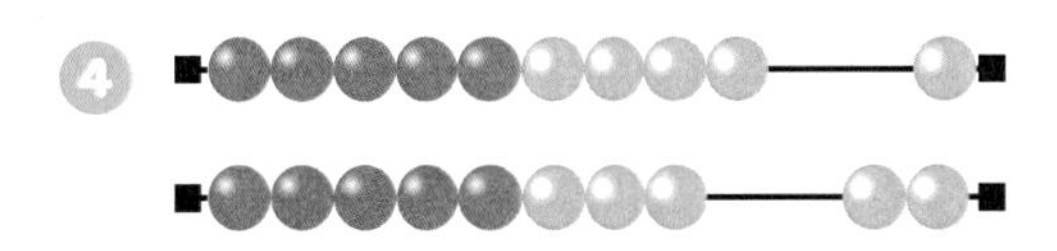

함께 하기　그림을 잠시만 보고 구슬의 개수가 모두 몇인지 말해봅시다.

❶ 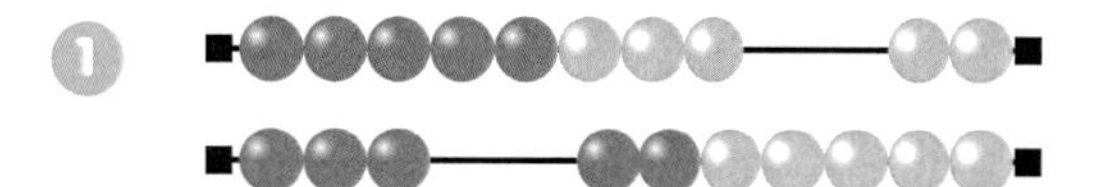

❷

❸

❹

❺

❻

❼

❽

❾

❿

스스로 하기 그림을 잠시만 보고 구슬의 개수가 모두 몇인지 괄호 안에 쓰세요.

1. ( )

2. ( )

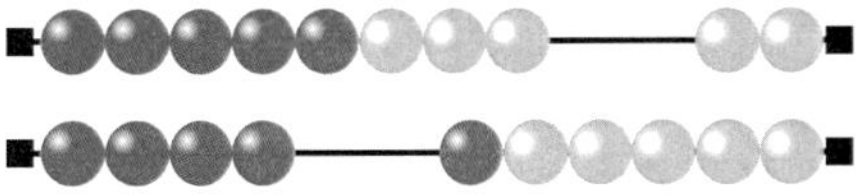

3. ( )

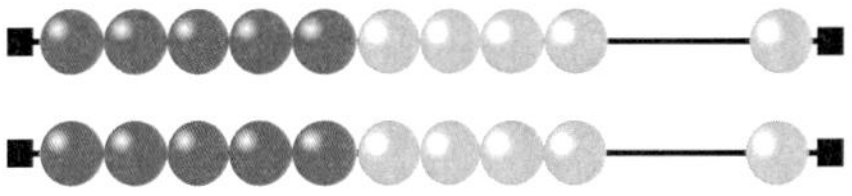

4. ( )

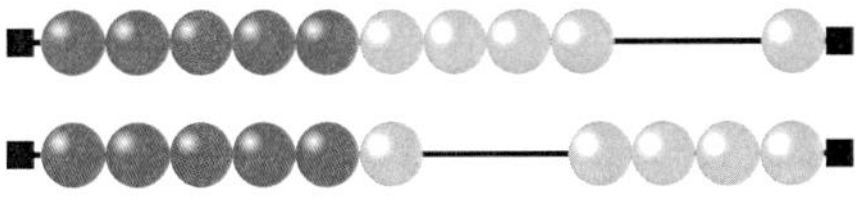

5. ( )

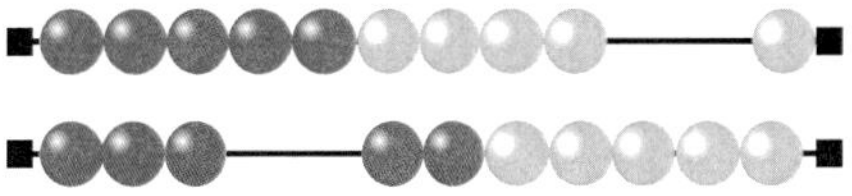

6. ( )

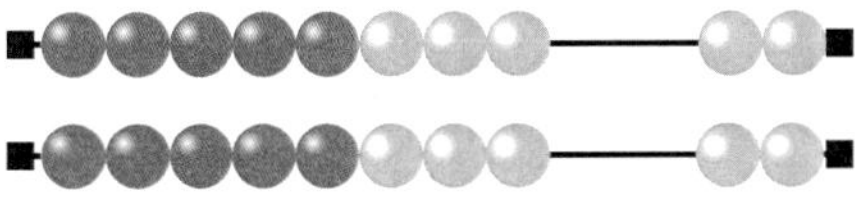

7. ( )

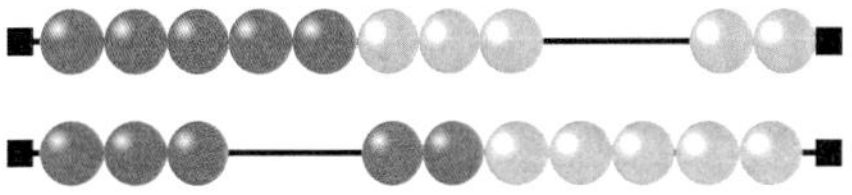

8. ( )

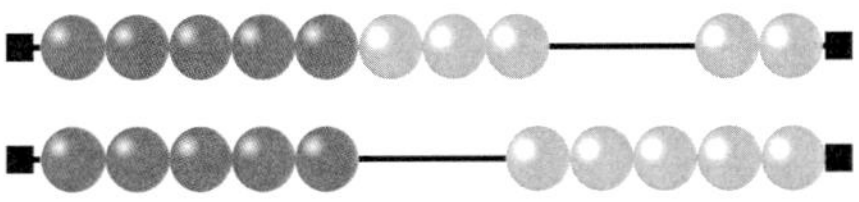

9. ( )

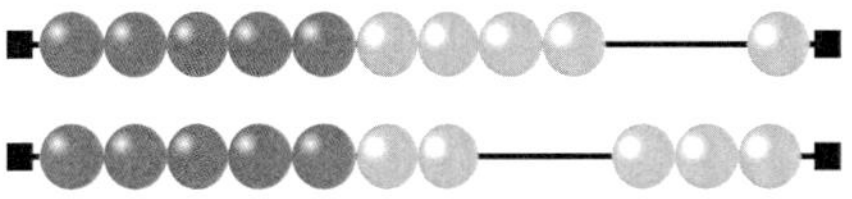

10. ( )

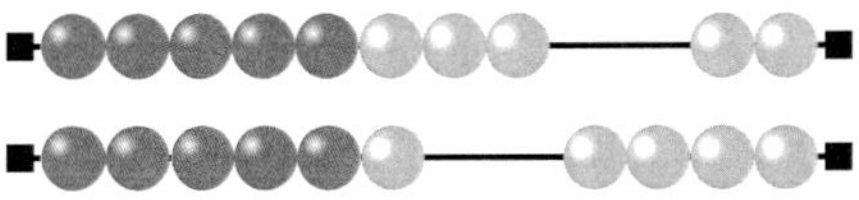

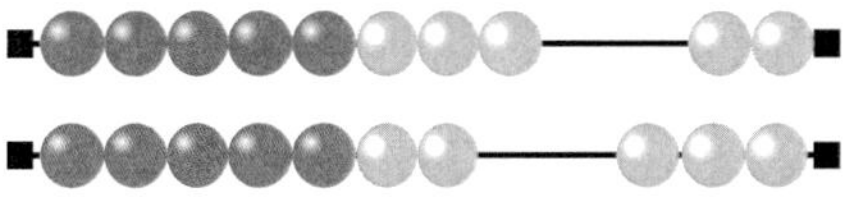

B단계 3. 배수 이용 직산

이해하기 1) 10격자에서 배수를 이용해 점의 개수 말하기

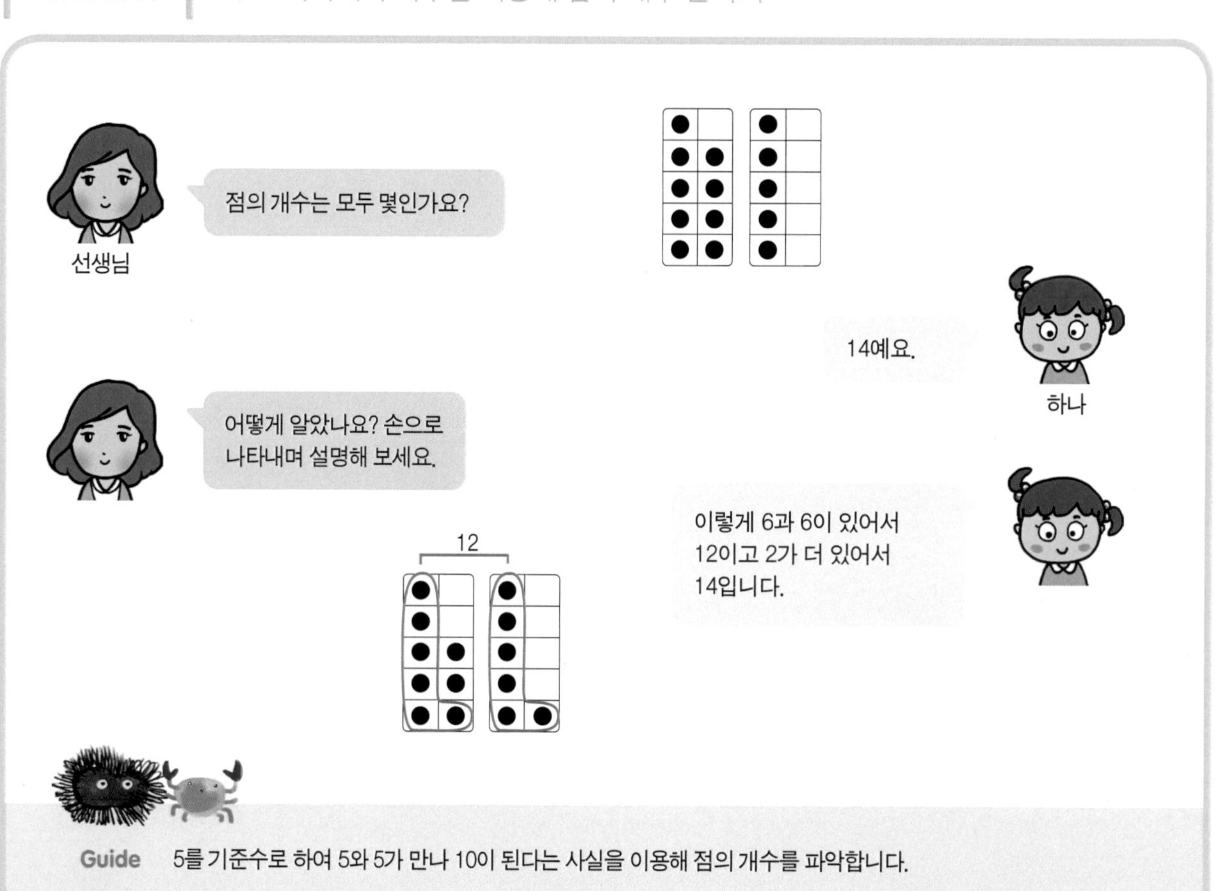

Guide 5를 기준수로 하여 5와 5가 만나 10이 된다는 사실을 이용해 점의 개수를 파악합니다.

함께 하기 그림을 잠시만 보고 점의 개수가 몇인지 말해봅시다.

※ ①번 문제처럼 배수를 이용하여 점의 개수를 말합니다.

① 14

② 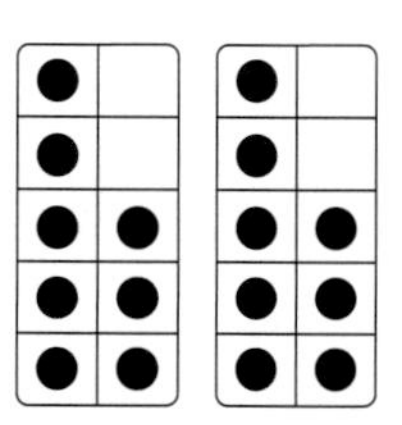

③

④ 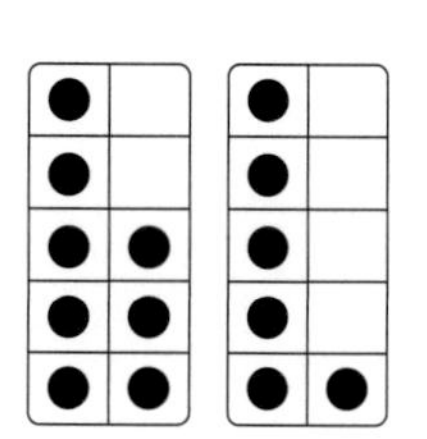

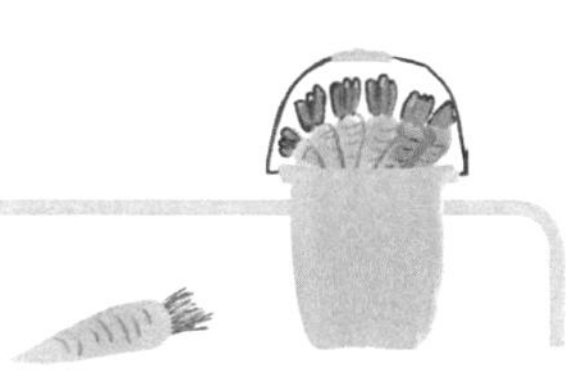

5

6

7

8

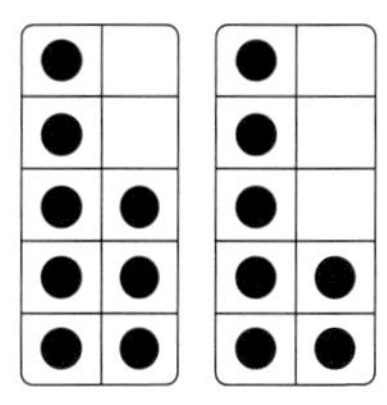

9

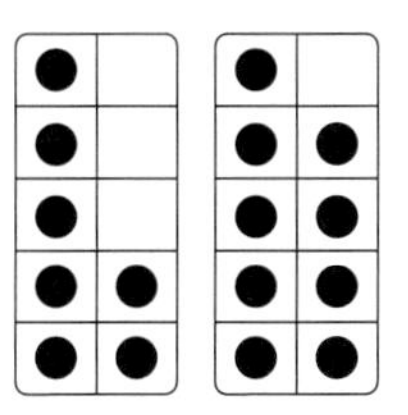

10

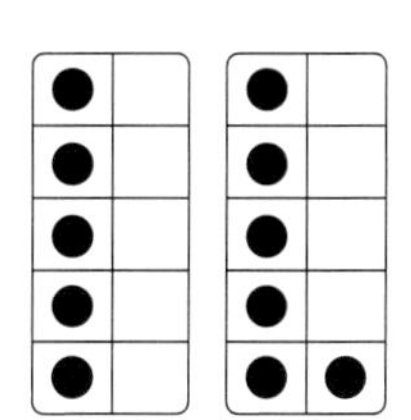

11

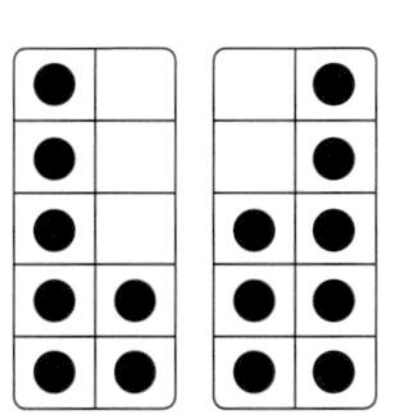

12

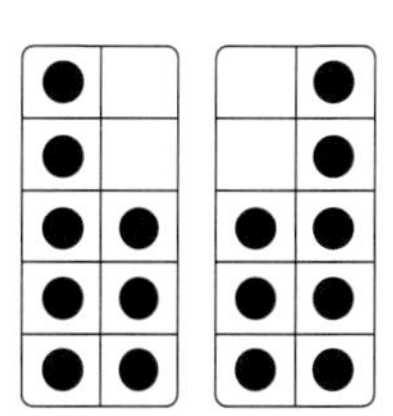

13

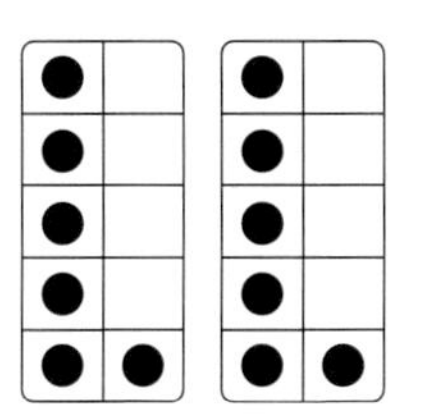

14

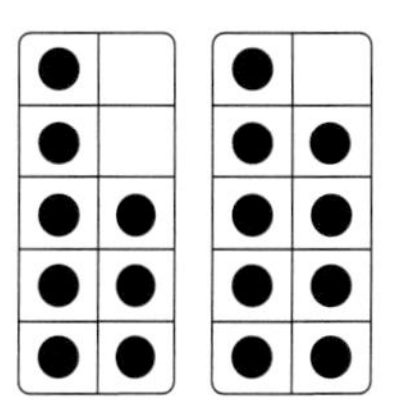

스스로 하기 점의 개수가 모두 몇 개인지 쓰세요. 예를 들어 '5와 5와 2와 4가 모여 16'처럼 표현하세요.

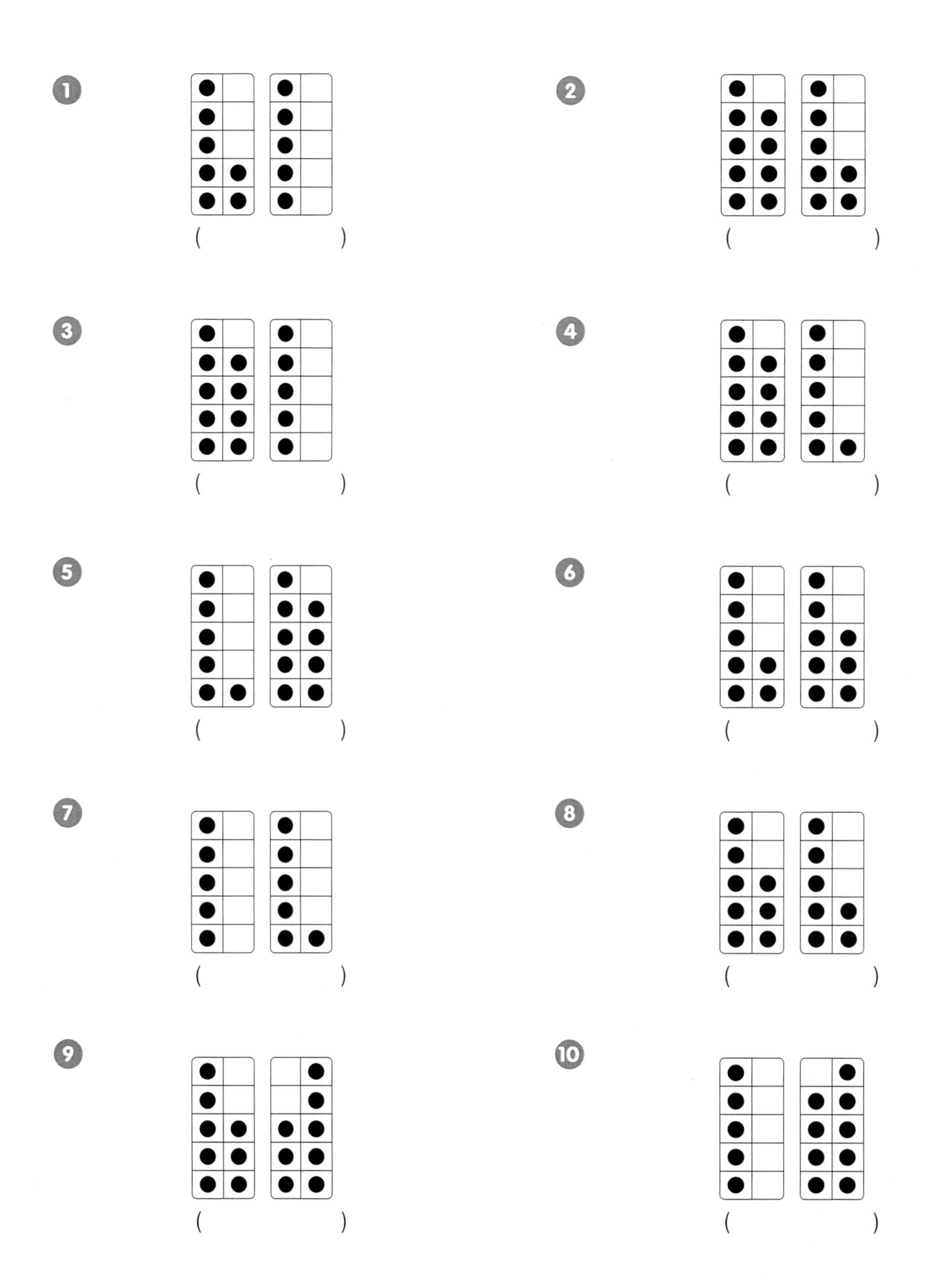

이해하기 2) 구슬틀에서 배수를 이용하여 구슬의 개수 말하기

구슬의 개수는 모두 몇인가요?

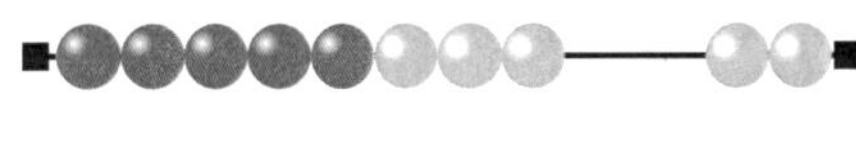

13이요.

어떻게 알았나요? 손으로 나타내며 설명해 보세요.

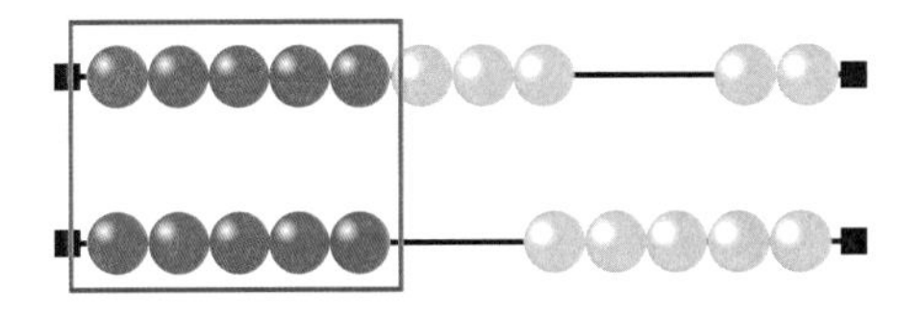

빨간 구슬이 위에 5, 아래 5 있으므로 10이고 흰 구슬이 3이 있으므로 13입니다.

구슬의 개수는 모두 몇인가요?

16이요.

어떻게 알았나요? 손으로 나타내며 설명해 보세요.

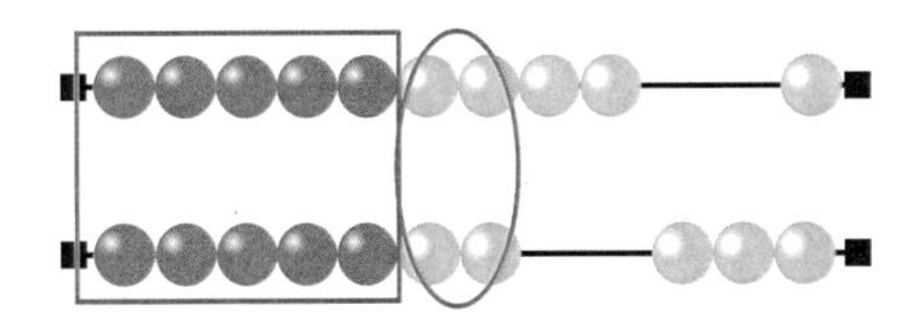

빨간 구슬이 위에 5, 아래에 5 있으므로 10이고 흰구슬 위에 2 아래 2를 묶어 4, 그리고 2가 남으므로 모두 16이예요.

Guide 1~10까지 수의 배수(double number)를 이용하여 수를 파악하도록 하는 활동입니다.

함께 하기 그림을 잠시만 보고 구슬의 개수가 모두 몇인지 말해봅시다.

※ 10이나 배수를 이용하여 구슬의 수를 파악하고 10이나 배수를 표현한 부분을 네모로 그려 보세요.
이어서 '5와 5와 4와 3이 모여 17'처럼 써 보세요.

1

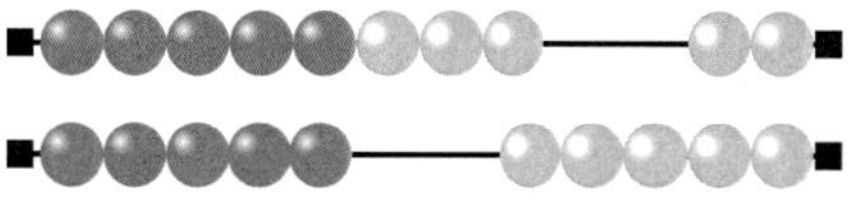

2

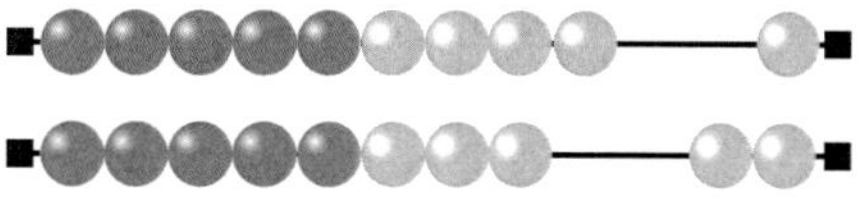

3

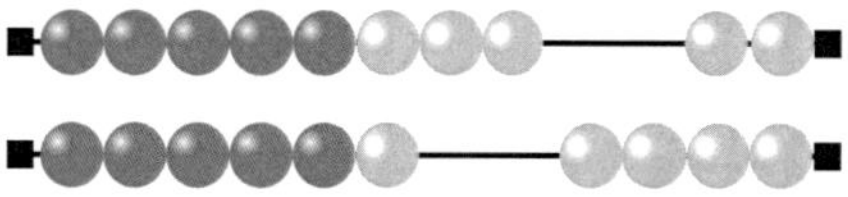

4

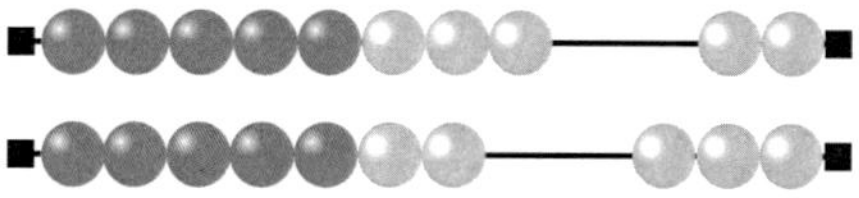

5

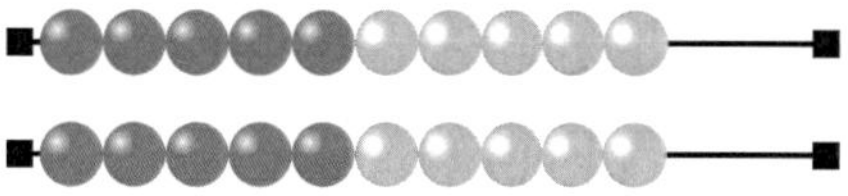

6

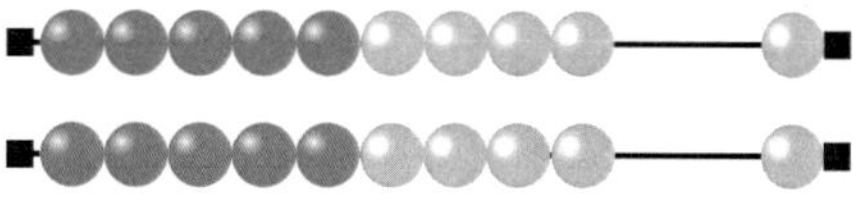

7

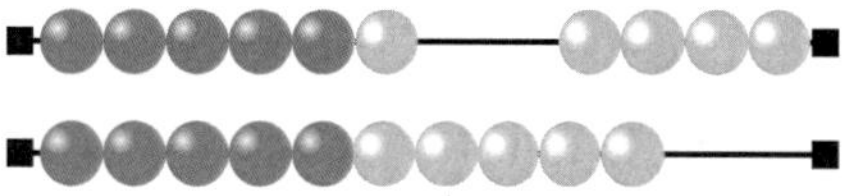

8

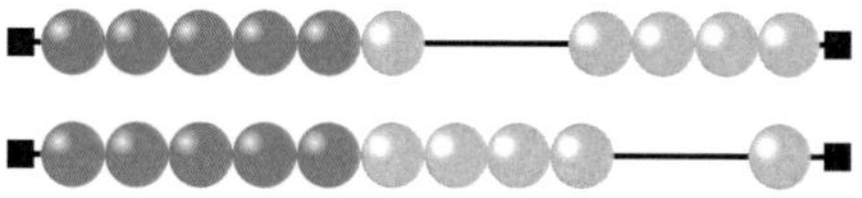

9

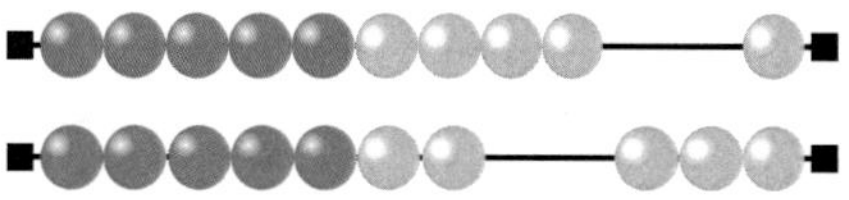

10

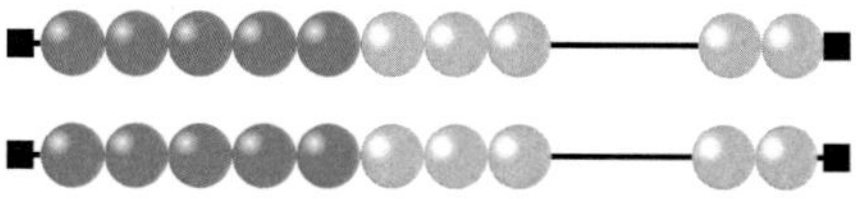

스스로 하기 그림을 잠시만 보고 구슬의 개수가 모두 몇인지 괄호 안에 쓰세요.

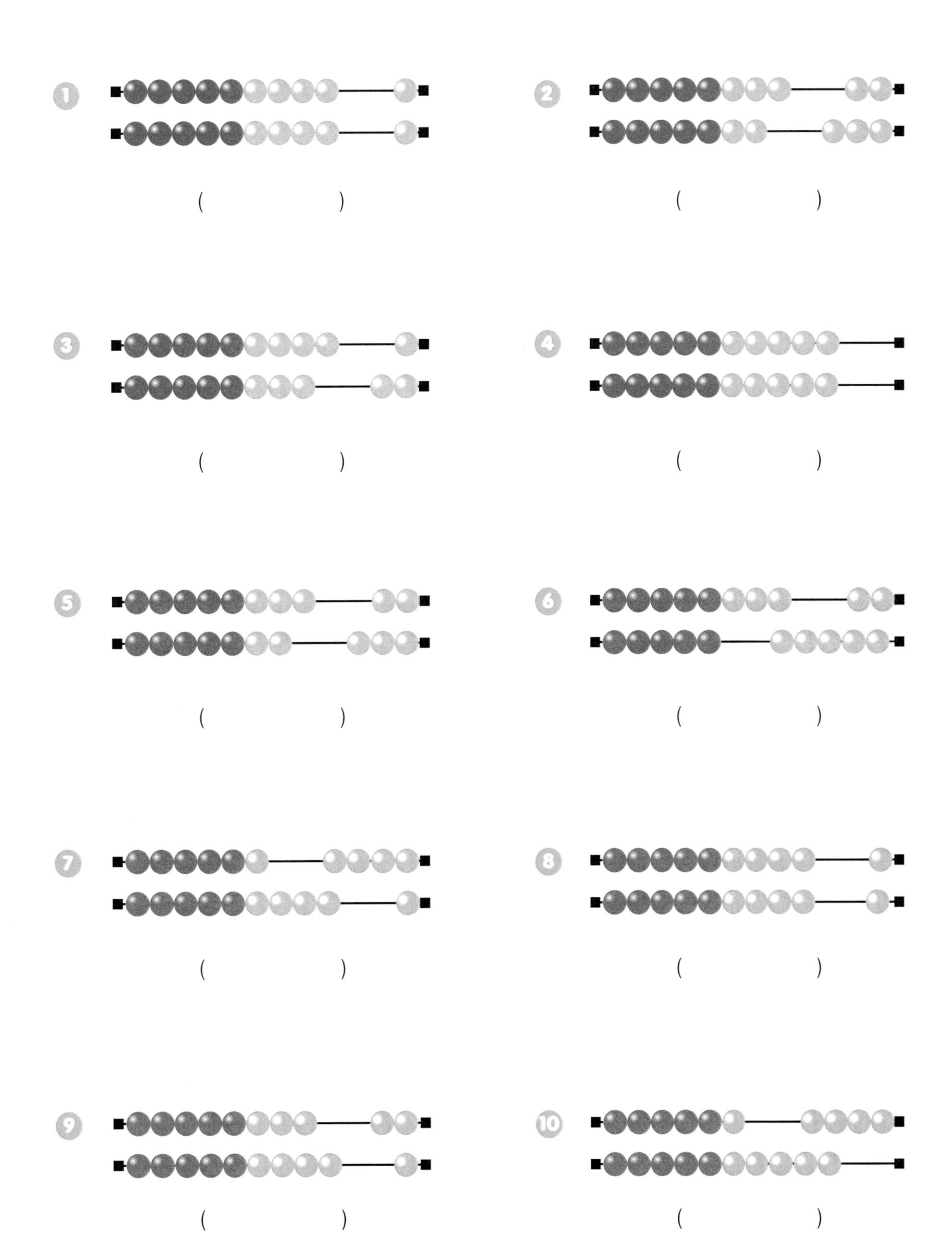

4. 11~20 사이의 수

이해하기 1) 10격자 이용해 수 대화하기

준비물 : 바둑돌, 10격자 활동판

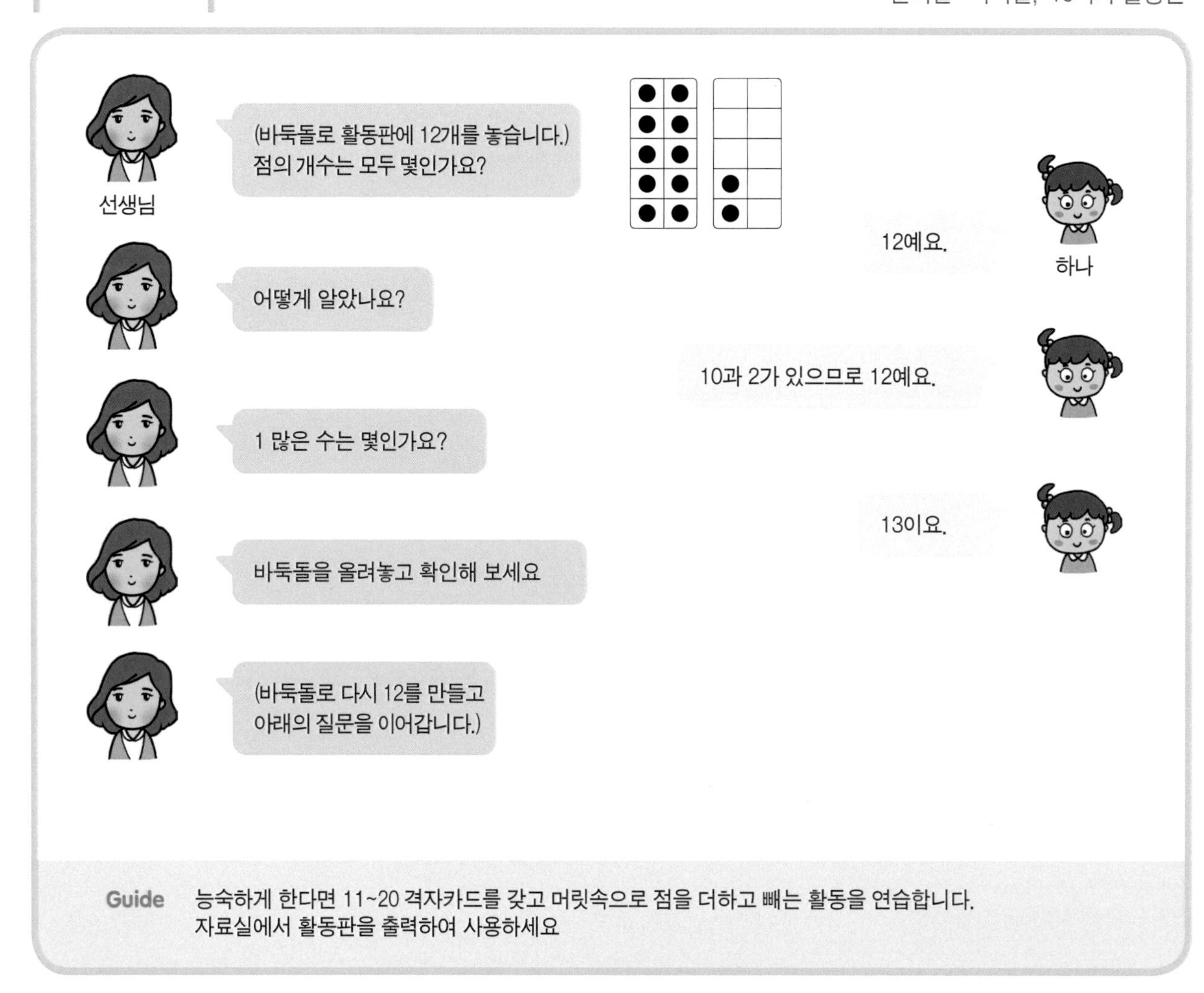

Guide 능숙하게 한다면 11~20 격자카드를 갖고 머릿속으로 점을 더하고 빼는 활동을 연습합니다.
자료실에서 활동판을 출력하여 사용하세요

함께 하기 바둑돌로 활동판에 11~20 수를 만들고 질문에 답해봅시다.

1. 모두 몇인가요?
2. 어떻게 알았나요?
3. ( )많은 수는 몇인가요? 바둑돌을 올려놓고 확인해보세요.
4. ( )적은 수는 몇인가요? 바둑돌을 빼고 확인해보세요.
5. 10이 되려면 몇을 빼야 하나요? 바둑돌을 빼고 확인해보세요.
6. 20이 되려면 몇을 더해야 하나요? 바둑돌을 올려놓고 확인해보세요.
7. ( )이 되려면 몇을 더해야(빼야) 하나요? 바둑돌을 더하며(빼며) 확인해보세요.

이해하기 2) 구슬틀 이용해 수 대화하기

준비물 : 구슬틀

선생님

구슬의 개수는 모두 몇인가요?

하나

12예요.

어떻게 알았나요?

윗줄이 10, 아랫줄이 2이므로 12예요.

1 많은 수는 몇인가요?

13이요.

구슬을 옮겨서 확인해보세요.

(구슬을 다시 12로 만들고 아래의 질문을 이어갑니다.)

Guide 플래시 자료나 실물 구슬틀 자료를 활용해야 합니다. 또는 스마트폰 어플(스토어에 'REKENREK' 검색)을 활용하면 더욱 편리합니다.

함께 하기 구슬틀로 11~20 수를 만들고 질문에 답해봅시다.

1. 모두 몇인가요?
2. 어떻게 알았나요?
3. ( )많은 수는 몇인가요? 구슬틀로 직접 만들어 보세요.
4. ( )적은 수는 몇인가요? 구슬틀로 직접 만들어 보세요.
5. 10이 되려면 몇을 빼야 하나요? 구슬틀로 직접 만들어 보세요.
6. 20이 되려면 몇을 더해야 하나요? 구슬틀로 직접 만들어 보세요.
7. ( )이 되려면 몇을 더해야(빼야) 하나요? 구슬틀로 직접 만들어 보세요.

B단계 5. 짝꿍수 찾기(1)

이해하기 1) 손가락으로 짝꿍수 만들기

선생님

선생님과 함께 손가락으로 11을 나타내 볼게요.
선생님이 9를 폈을 때 몇을 펴야 할까요?

2 예요.

하나

손가락으로 펴보고 확인해 볼까요?

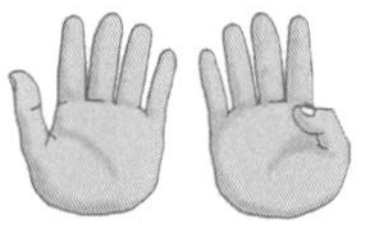

이번에는 선생님이
6을 폈을 때 몇을 펴야 할까요?

6이요.

손가락으로 펴보고 확인해 볼까요?

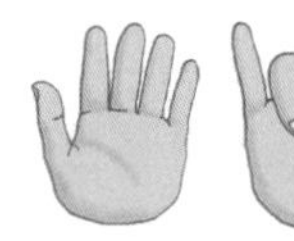

Guide 어려워하는 학생은 10을 먼저 만들고 나머지를 생각하게 해 주세요.
(모두 12이고 9가 보일 때) "9에서 10이 되려면 몇이 더 필요할까요?", "10에서 12가 되려면 몇이 더 필요할까요?", "모두 몇이 필요할까?"

함께 하기 선생님과 함께 11~20 사이의 수를 손가락으로 나타내 봅시다.

이해하기 2) 주사위 카드 2개로 짝꿍수 만들기

준비물 : 부록 51~60

선생님

2개의 주사위 카드를 나란히 놓고 활동해 봅시다. 몇 개와 몇 개가 보이나요?

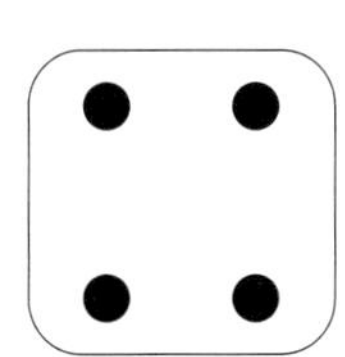

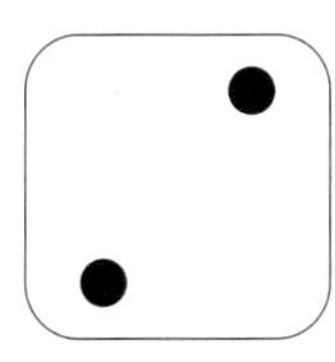

4개와 2개요.

하나

모두 몇 개인가요?

6개요.

하나

어떻게 알았나요?

다섯, 여섯 이렇게 세었어요.

하나

잘했어요. 이번 카드에서는
몇 개와 몇 개가 보이나요?

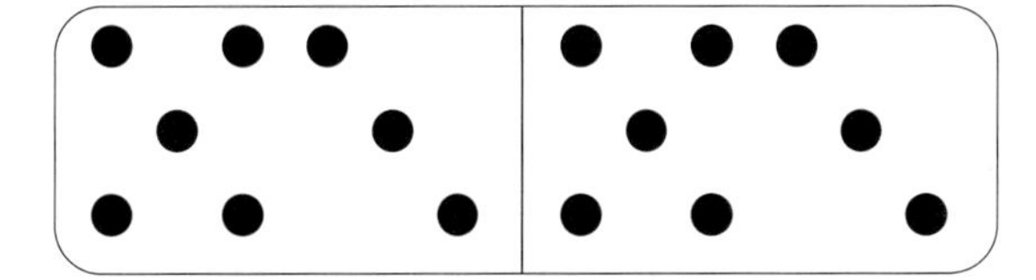

8개와 8개가 보여요.

하나

모두 몇 개인가요?
어떻게 알았나요?

모두 16개예요.
5와 5와 3과 3, 그래서 16이에요.

하나

몇 개와 몇 개가 보이나요? 모두 몇 개인가요?

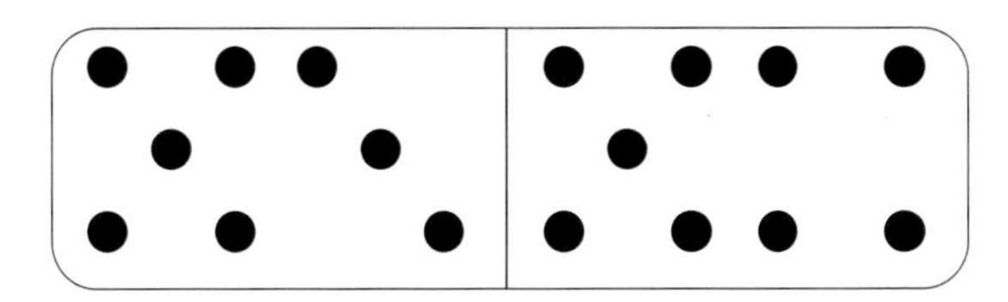

8개와 9개가 모여 17개가 돼요.

하나

다른 말로 하면 17개는 8개와 9개로 가를 수 있어요.

스스로 하기 가르기, 모으기 활동입니다. 빈칸에 들어갈 주사위 카드 모양을 그려 넣어 보세요.

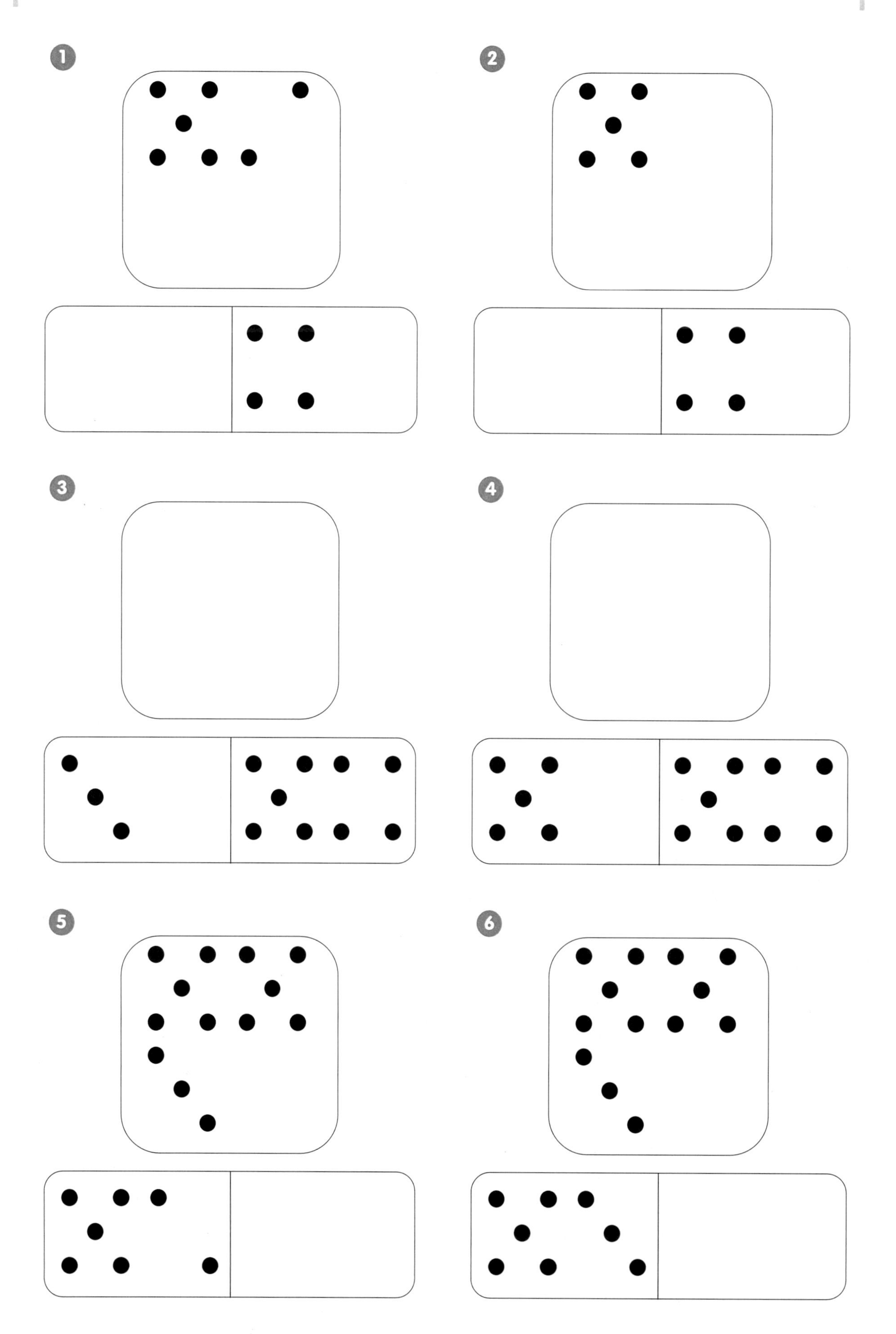

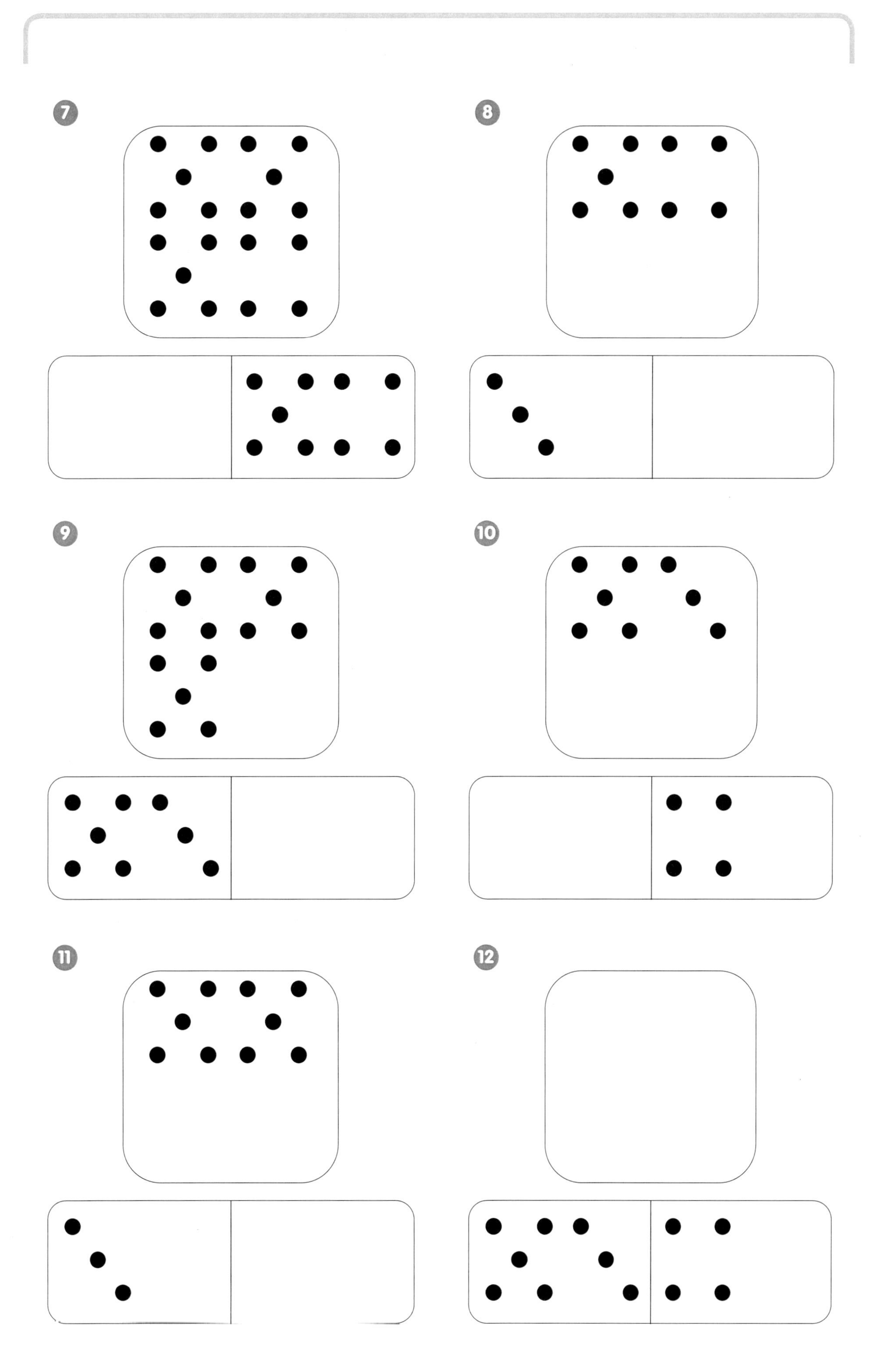

7
8
9
10
11
12

B단계 6. 짝꿍수 찾기(2)

이해하기

준비물 : 구슬틀, 가리개

선생님

칸은 모두 몇 개인가요?
빈칸은 모두 몇 개인가요?

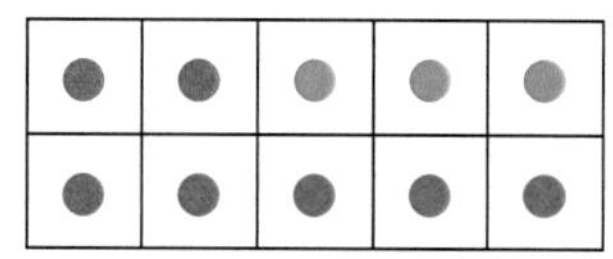

하나

칸은 20개고 빈칸은 5개예요.

빨간 점은 몇 개인가요? 파란 점은
몇 개인가요? 모두 몇 개인가요?

빨간 점은 7개이고 파란 점은 8개입니다.
모두 15개입니다.

빈칸이 몇 개인지 알면 점이 모두 몇 개인지 아는 데 도움이
되나요? 빈칸이 4개면 점이 몇 개일까요?

빈칸이 5개면 채워진 부분이 15개이고 빈칸이 4개면 채워진 부분이
16개입니다. 빈칸이 몇 개인지 알면 점의 개수를 아는 데 도움이 됩니다.

칸은 모두 몇 개인가요?
빈칸은 모두 몇 개인가요?

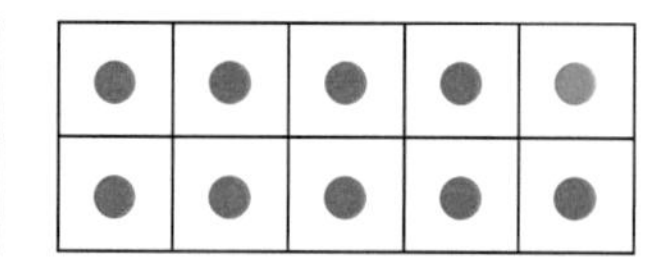

칸은 20개고 빈칸은 5개예요.

빨간 점은 몇 개인가요? 파란 점은
몇 개인가요? 모두 몇 개인가요?

빨간 점은 9개이고 파란 점은 6개입니다.
모두 15개입니다.

7과 8 그리고 9와 6이 모여서 15를 만들었습니다.
이렇게 15를 만드는 다른 방법이 또 있을까요? 만들어 보세요.

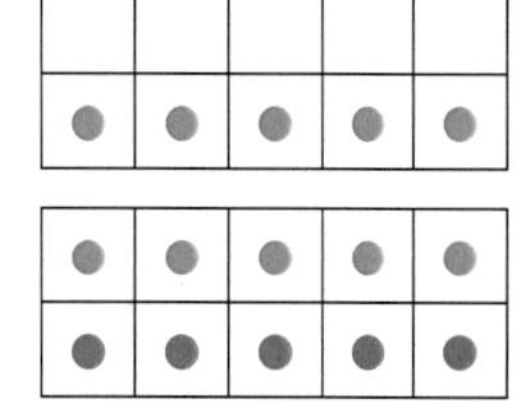

스스로 하기 각 문제의 숫자를 〈보기〉처럼 파란 점과 빨간 점이 모인 것으로 표현해 봅시다.

〈보기〉

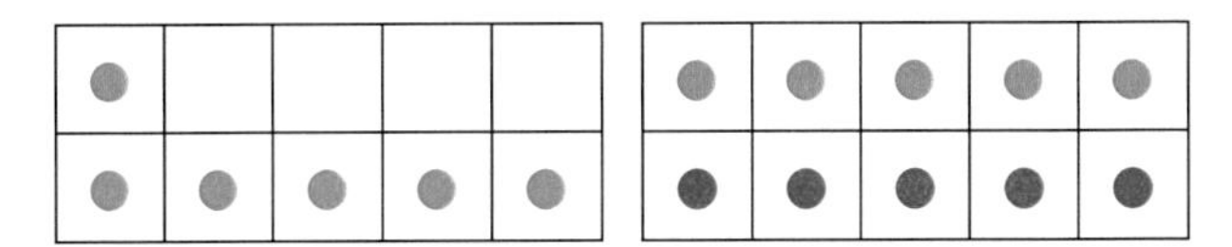

❶ **16**

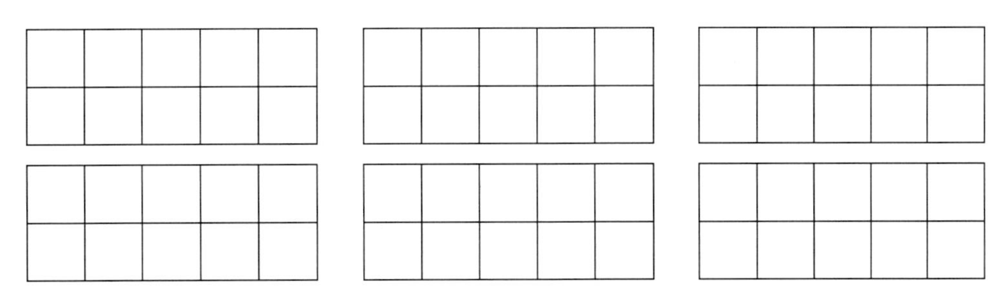

학생이 한 활동을 아래와 같이 표시해 보세요. 16이 되는 다른 두 수가 있으면 더 표시해도 좋습니다.

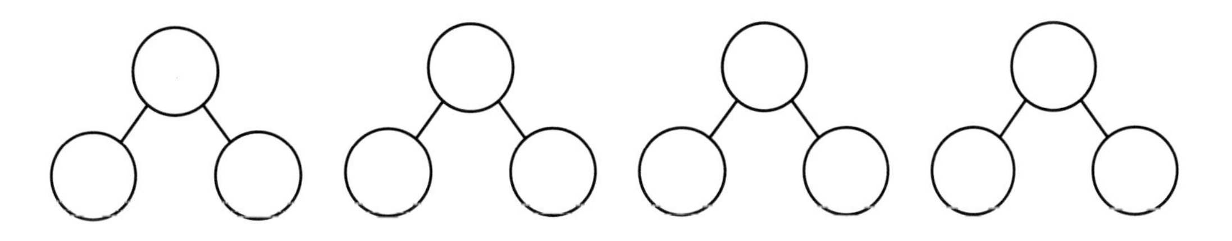

② **12**

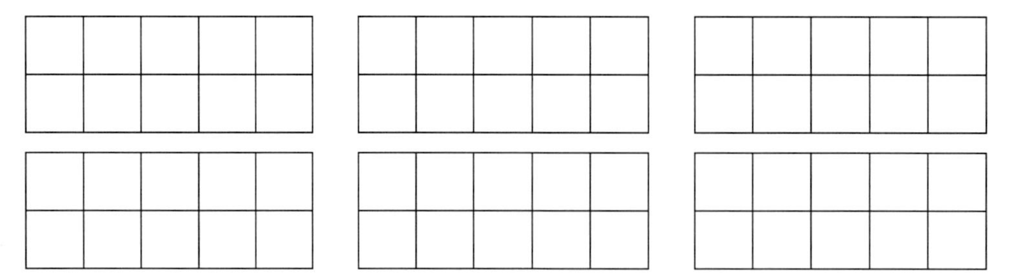

학생이 한 활동을 아래와 같이 표시해 보세요. 12가 되는 다른 두 수가 있으면 더 표시해도 좋습니다.

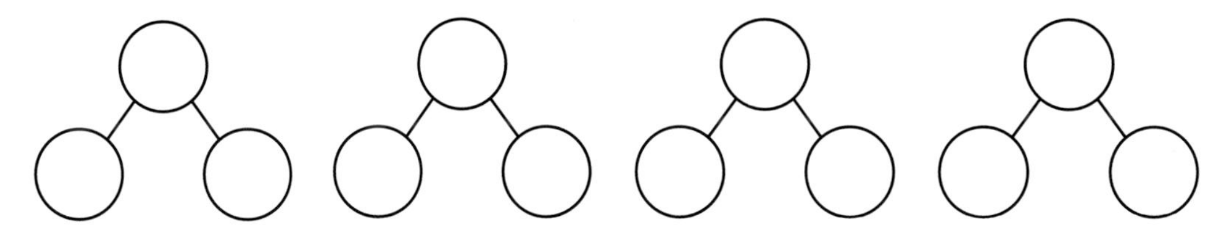

③ **14**

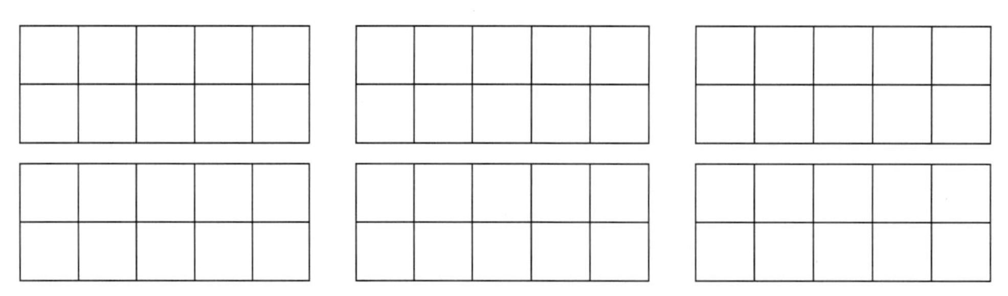

학생이 한 활동을 아래와 같이 표시해 보세요. 14가 되는 다른 두 수가 있으면 더 표시해도 좋습니다.

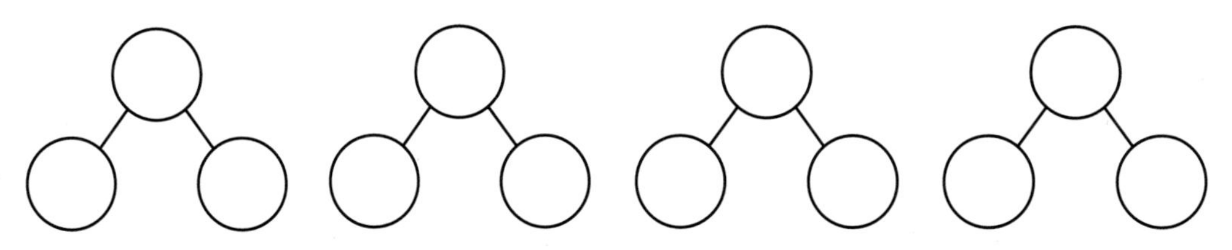

④ **17**

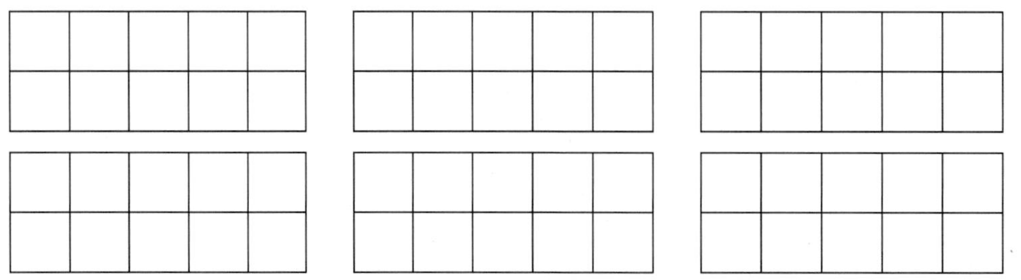

학생이 한 활동을 아래와 같이 표시해 보세요. 17이 되는 다른 두 수가 있으면 더 표시해도 좋습니다.

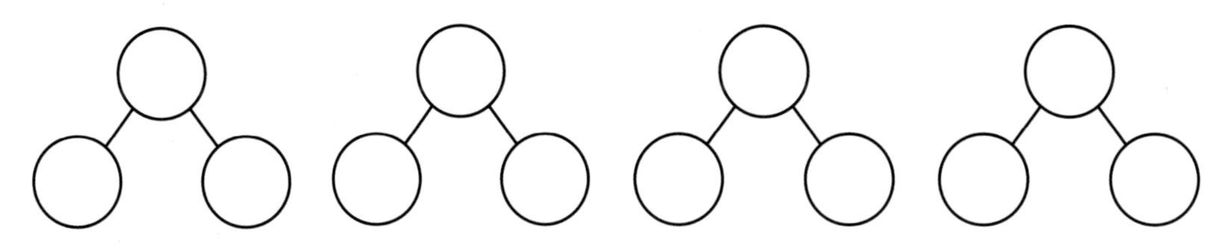

5 **11**

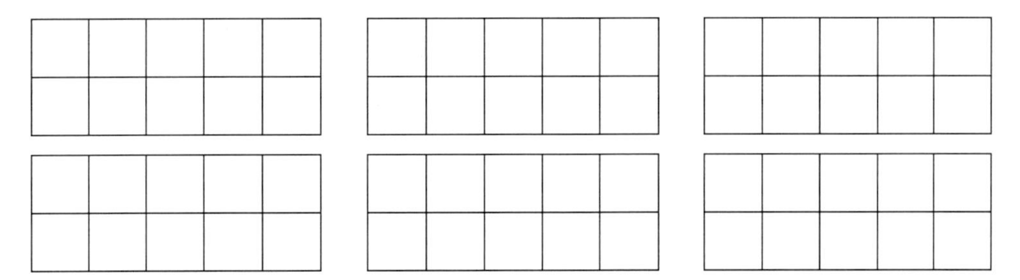

학생이 한 활동을 아래와 같이 표시해 보세요. 11이 되는 다른 두 수가 있으면 더 표시해도 좋습니다.

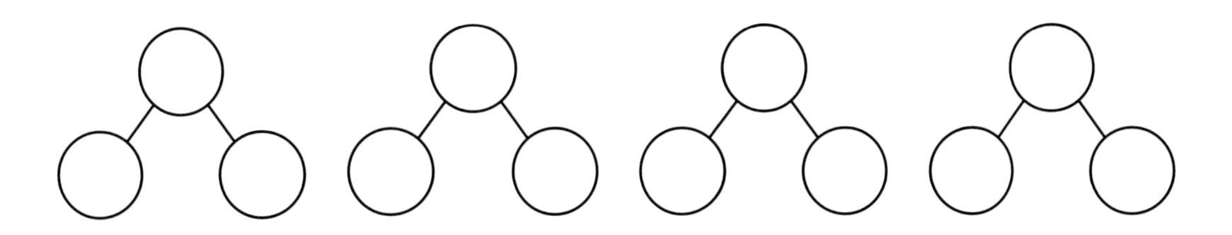

6 **13**

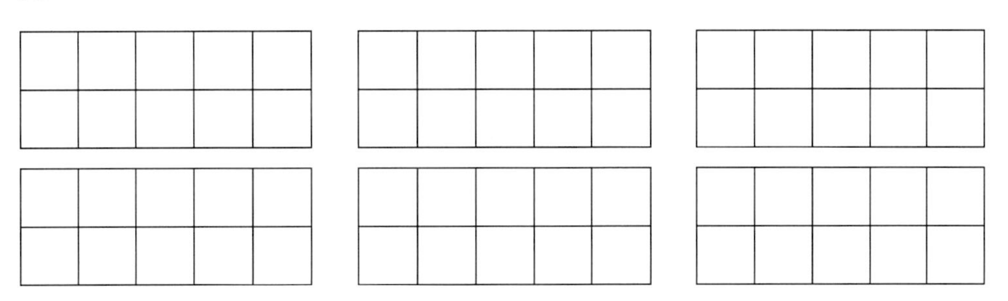

학생이 한 활동을 아래와 같이 표시해 보세요. 13가 되는 다른 두 수가 있으면 더 표시해도 좋습니다.

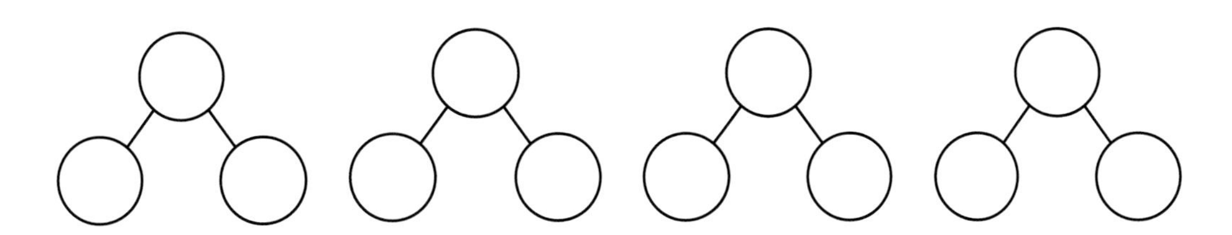

B단계 7. 짝꿍수 찾기(3)

이해하기

준비물 : 부록 447~484번

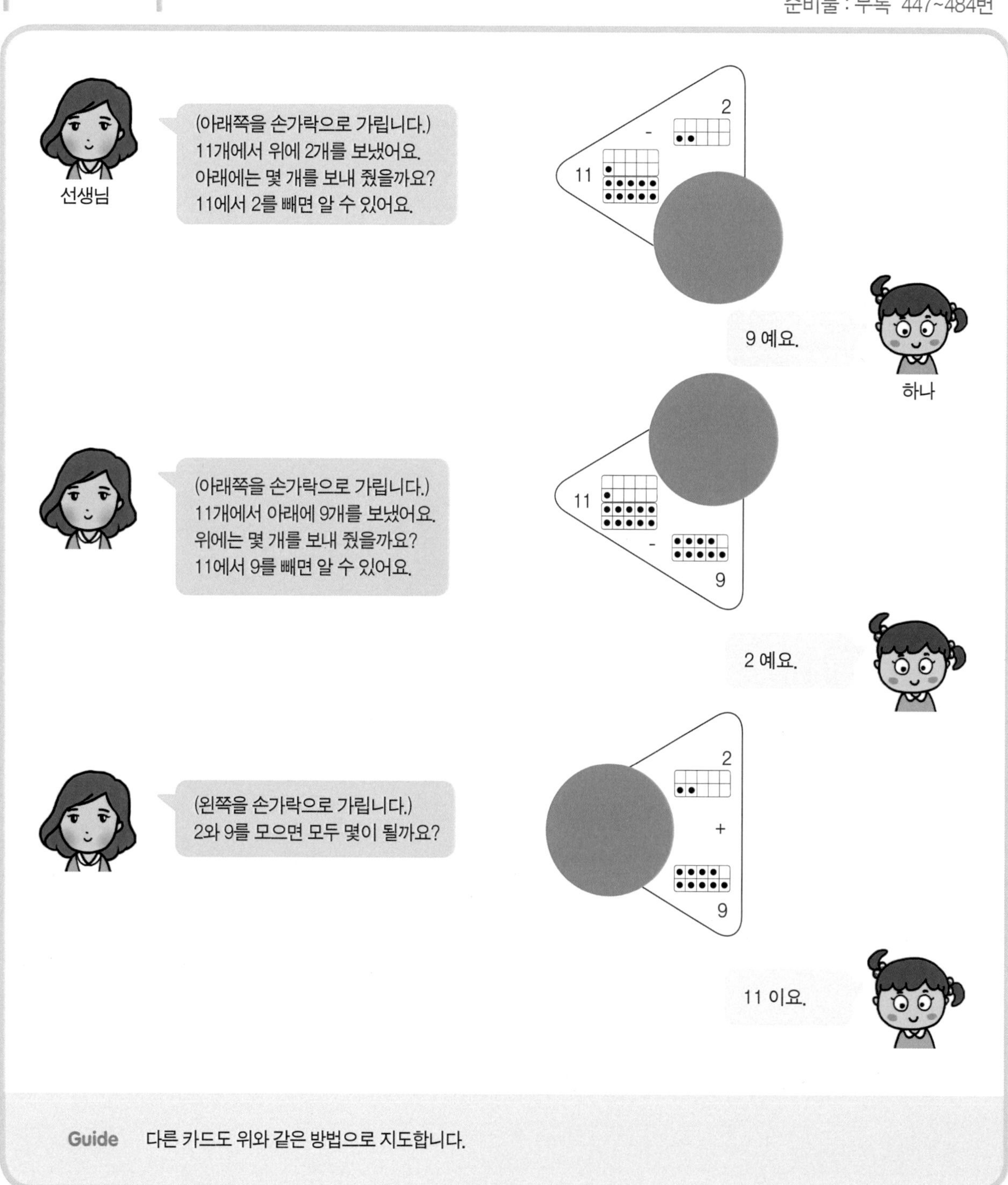

Guide 다른 카드도 위와 같은 방법으로 지도합니다.

함께 하기 부록447~484번으로 짝꿍수 찾기 활동을 해봅시다.

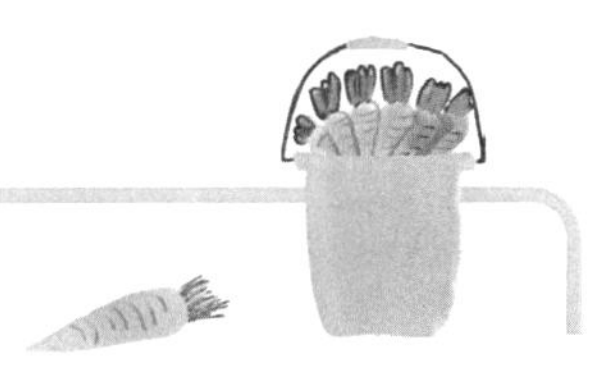

스스로 하기

□ 안에 들어갈 숫자를 쓰세요.

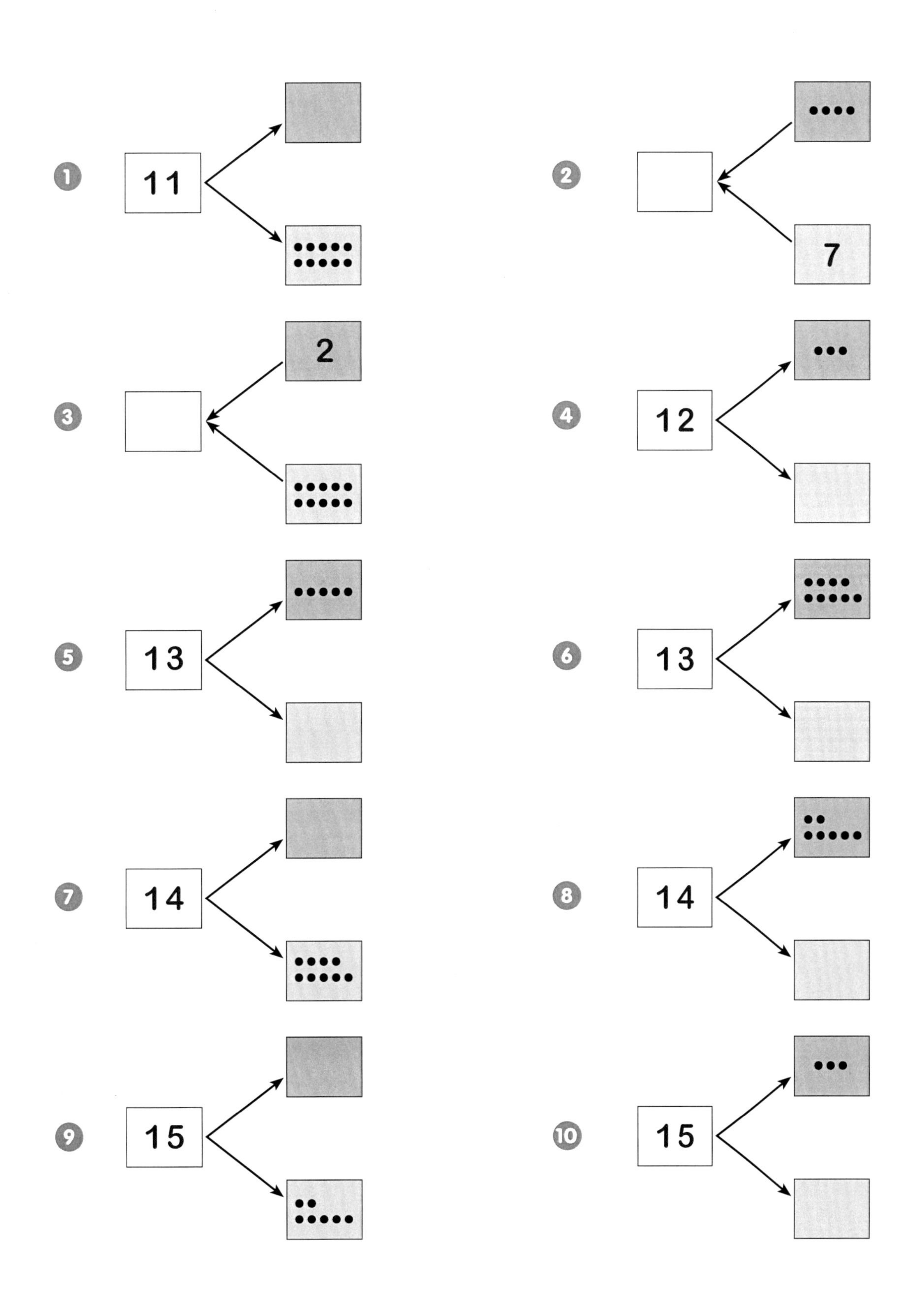

스스로 하기 □ 안에 들어갈 숫자를 쓰세요.

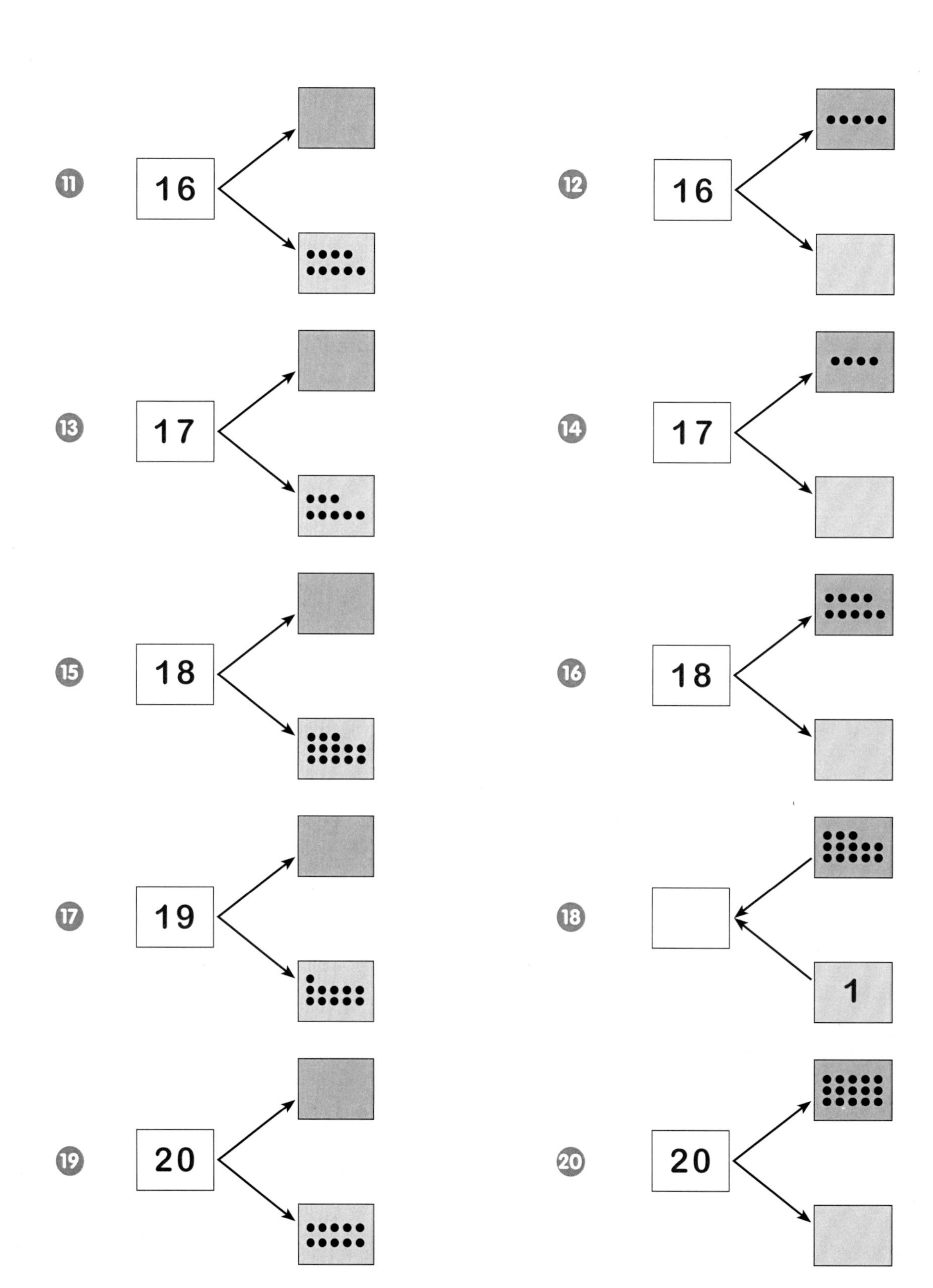

C단계

두 자릿수 직산

1. 10묶음과 두 자릿수
2. 10묶음 만들며 직산
3. 다양한 묶음 이용한 직산
4. 두 자릿수와 수직선

C단계 1. 10묶음과 두 자릿수

이해하기 1) 점의 개수 말하기

준비물 : 부록 71~100번

선생님: (부록 71~100번으로 24를 만듭니다.) 점의 개수는 모두 몇인가요?

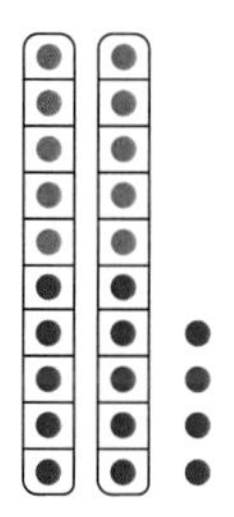

하나: 24예요.

선생님: 어떻게 알았나요?

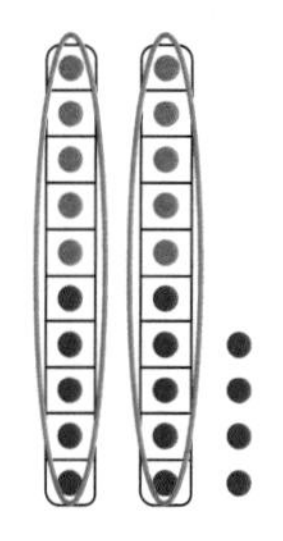

하나: 10 더하기 10 더하기 4 해서 24예요.

선생님: 다르게 생각한 학생이 있나요?

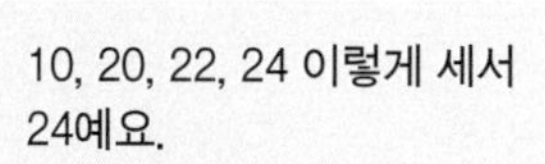

두리: 10, 20, 22, 24 이렇게 세서 24예요.

선생님: 다르게 생각한 학생이 또 있나요?

마루: 10묶음이 2, 낱개가 4이므로 24예요.

Guide '이십사'라는 한글로 써주고 '이십'은 '십'이 2개 있다는 뜻이고, '십이'는 '십'과 '이', 다시 말해 '10 더하기 2'라는 것을 설명해 주세요. '이십사'는 '십 2개와 4'라는 뜻이라고 설명해주세요. '24'와 '42'가 어떻게 다른지 물어보세요. 하나씩 세려고 하면 "10묶음이 몇이었나요?", "낱개는 몇인가요?"라고 질문하며 패턴으로 세도록 해주세요.

함께 하기 부록 71~100번으로 11~99 사이의 수를 만들고 점의 개수가 몇인지 말해봅시다.

이해하기 2) 두 자릿수 쓰기

준비물 : 부록 71~100번

(부록 71~100번으로 24를 만듭니다.)
10묶음 몇 개입니까?

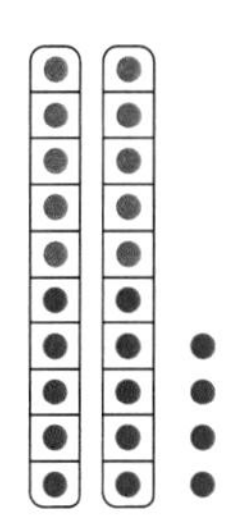

2개요.

10묶음이 2개면 20이니 20을 써보세요.

20

10묶음 2개를 빼고 남은 점은 몇입니까?

4예요.

이제 4를 쓰는데 이미 쓴 20의 0 위에 겹쳐서
쓰세요.(이해하지 못하면 시범을 보여줍니다.)

24

Guide 겹쳐 쓰기 활동은 십진법에 대한 이해를 돕습니다.
겹쳐 쓰기를 한 후에 옆이나 밑에 깨끗하게 24라고 다시 쓰도록 해주세요.

함께 하기

부록 71~100번으로 11~99 사이의 수를 만들고 점의 개수를
위와 같은 방법으로 써봅시다. 점의 개수가 몇인지 말해봅시다.

스스로 하기 그림을 잠깐 보고 점의 개수가 몇인지 괄호 안에 숫자를 쓰세요.

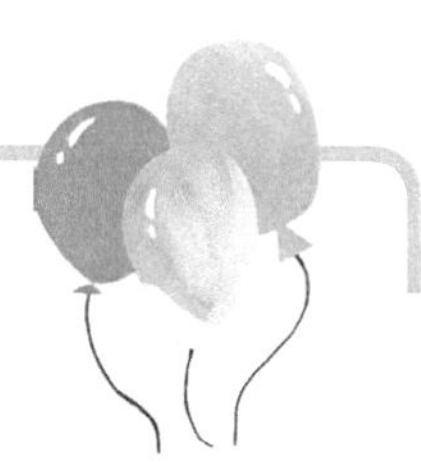

❶ ( )

❷ ( )

❸ ( )

❹ ( )

❺ ( )

❻ ( )

❼ ( )

❽ ( )

이해하기 3) 가리개 밑 점의 개수 추측하기

준비물 : 부록 71~100번, 가리개

(부록 71~100번으로 24를 만들고 가리개로 가린 다음 시작합니다.)
카드에 점은 모두 24입니다.
10 묶음의 개수는 몇일까요?

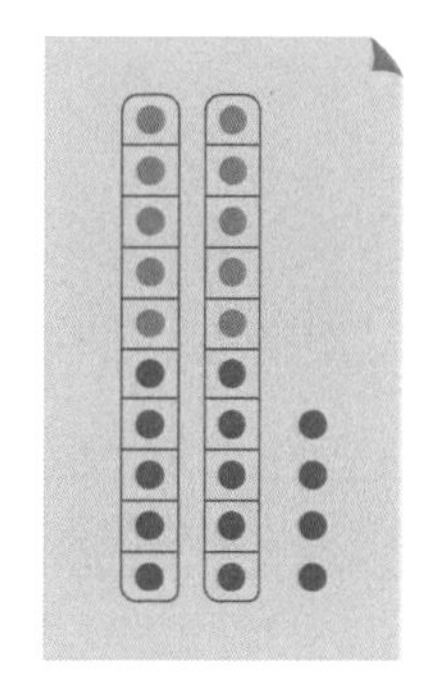

2예요.

낱개의 개수는 모두 몇인가요?

4예요.

(가리개를 치우고 확인합니다.)

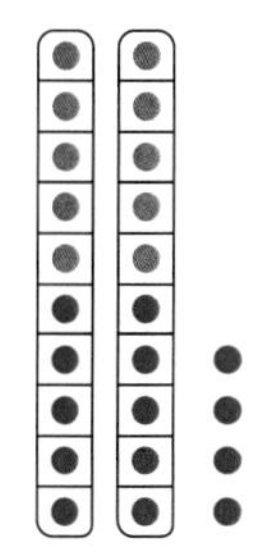

Guide "10묶음이 2, 낱개가 4일 때 모두 몇일까요?"라고 질문을 바꿔서 할 수도 있습니다.

함께 하기

부록 71~100번으로 11~99 사이의 수를 만들고
가리개로 가린 후 추측하기 활동을 해봅시다.

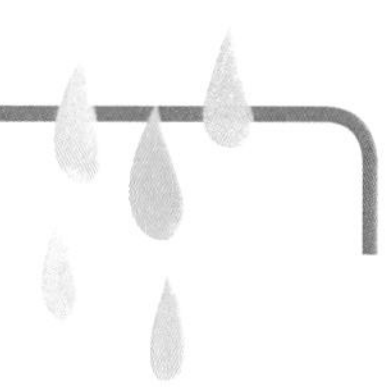

스스로 하기 □ 안 숫자만큼 점이 있을 때 10 묶음과 낱개를 (　　)안에 쓰세요.

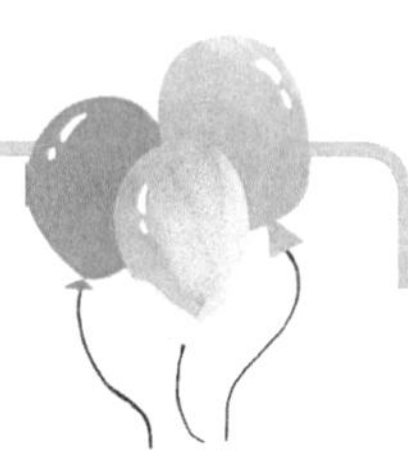

❶ 37
10 묶음 : (　　　　)
낱개 : (　　　　)

❷ 24
10 묶음 : (　　　　)
낱개 : (　　　　)

❸ 45
10 묶음 : (　　　　)
낱개 : (　　　　)

❹ 58
10 묶음 : (　　　　)
낱개 : (　　　　)

❺ 30
10 묶음 : (　　　　)
낱개 : (　　　　)

❻ 28
10 묶음 : (　　　　)
낱개 : (　　　　)

❼ 64
10 묶음 : (　　　　)
낱개 : (　　　　)

❽ 81
10 묶음 : (　　　　)
낱개 : (　　　　)

❾ 92
10 묶음 : (　　　　)
낱개 : (　　　　)

❿ 75
10 묶음 : (　　　　)
낱개 : (　　　　)

⓫ 36
10 묶음 : (　　　　)
낱개 : (　　　　)

⓬ 55
10 묶음 : (　　　　)
낱개 : (　　　　)

⓭ 22
10 묶음 : (　　　　)
낱개 : (　　　　)

⓮ 99
10 묶음 : (　　　　)
낱개 : (　　　　)

⓯ 31
10 묶음 : (　　　　)
낱개 : (　　　　)

⓰ 66
10 묶음 : (　　　　)
낱개 : (　　　　)

이해하기 4) 점의 개수 말하기(10격자)

준비물 : 부록 21~50번

선생님

(부록 21~50번으로 23을 만듭니다.)
점의 개수는 모두 몇인가요?

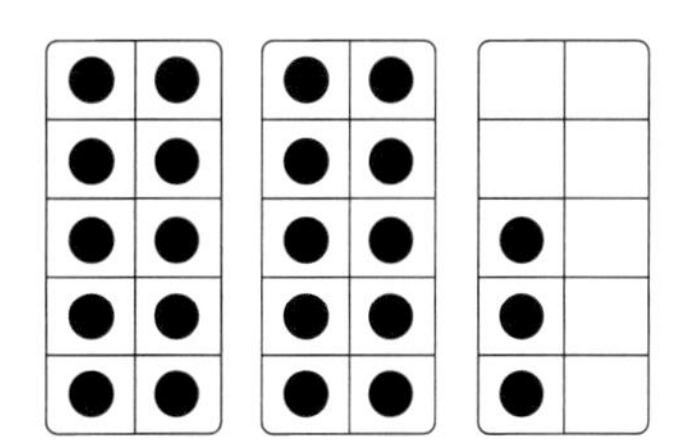

23이요.

하나

어떻게 알았나요?

5, 10, 15, 20, 23 이렇게 세서 23이에요.

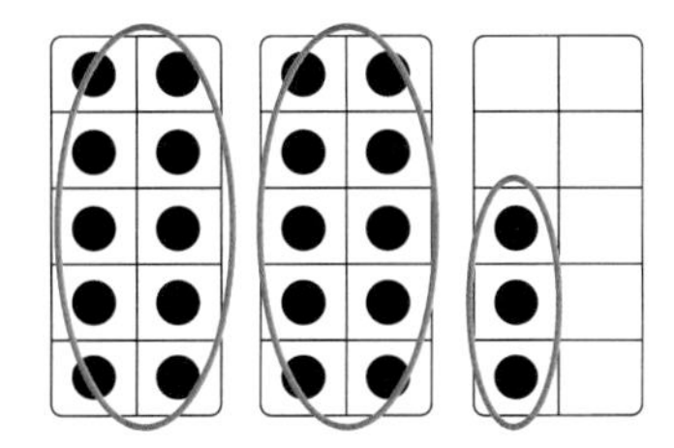

10묶음이 2, 낱개가 3이므로 23입니다.

Guide 능숙하게 하면 잠시 보여주고 가리개로 가리세요.
하나씩 세려고 하면 "10묶음이 몇이었나요?", "낱개는 몇인가요?"라고 질문하며 패턴으로 세도록 해주세요.

함께 하기 부록 21~50번으로 11~99 사이의 수를 만들고 점의 개수가 몇인지 말해봅시다.

스스로 하기 그림을 잠깐 보고 점이 몇 개인지 괄호 안에 쓰세요.

❶ ( )

❷ ( )

❸ ( )

❹ ( )

❺ ( )

❻ ( )

❼ ( )

❽ ( )

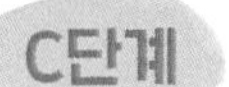

C단계 2. 10묶음 만들며 직산

이해하기 1) 가리개 밑 낱개의 개수 추측하기

준비물 : 가리개

선생님

(표시된 부분을 가리개로 가립니다.)
점이 모두 24일 때 가리개 밑에 낱개는 몇일까요?

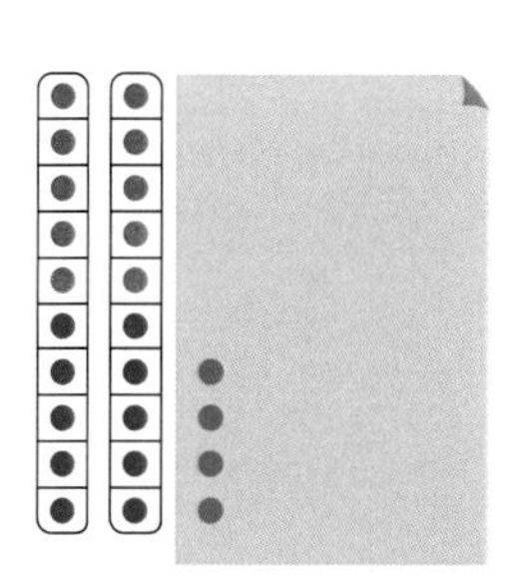

4예요.

하나

(확인시켜줍니다.)

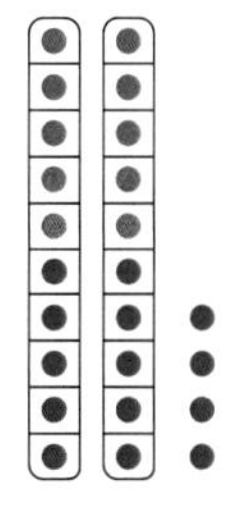

(표시된 부분을 가리개로 가립니다.)
이번에도 점이 24 일 때 가리개 밑에
낱개는 몇일까요?

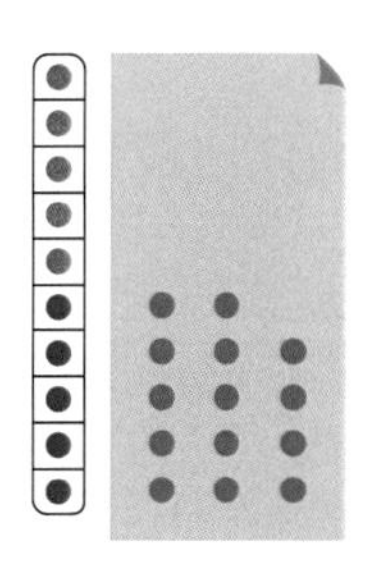

14예요.

(확인시켜줍니다.)

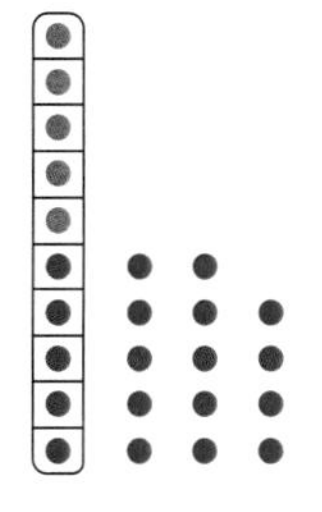

함께 하기 □ 안 숫자만큼 점이 있을 때 가리개 밑에 있는 낱개의 수를 말해봅시다.

❶ 34

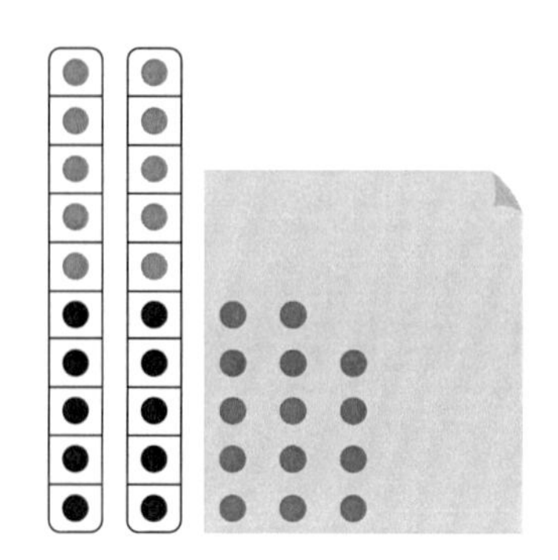

❷ 46

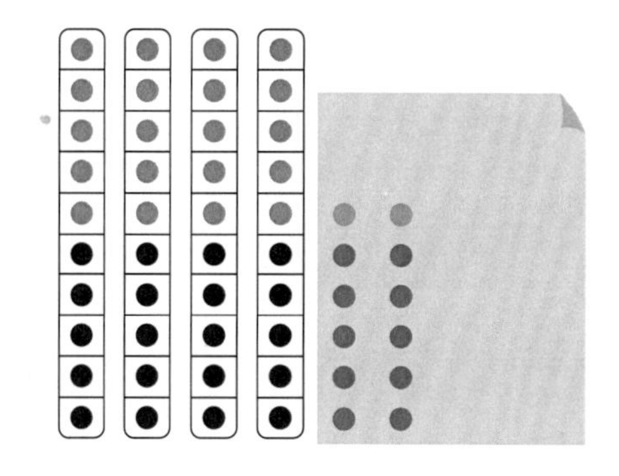

❸ 52

❹ 28

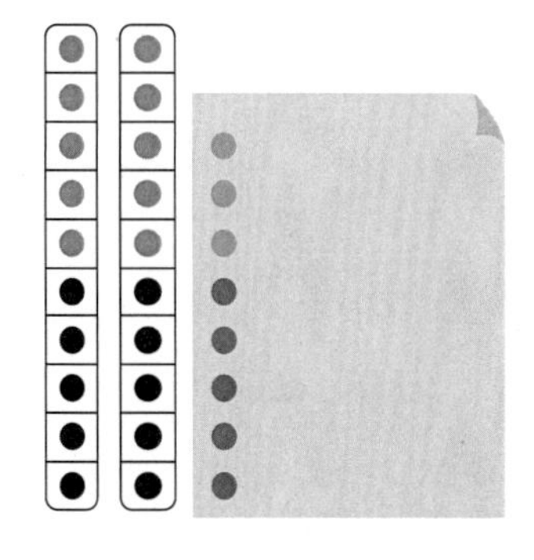

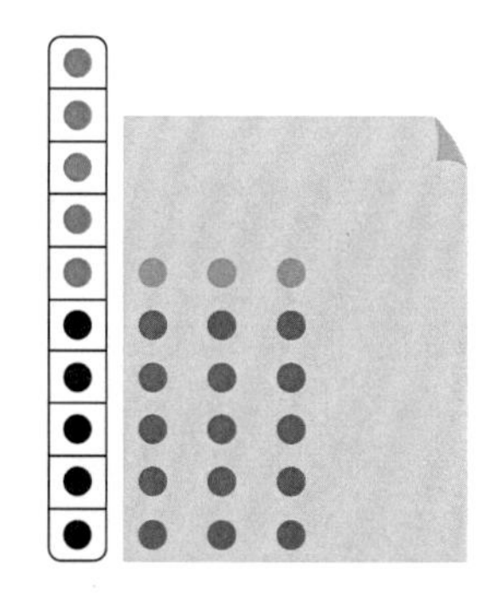

5 35

6 47

7 34

8 29

스스로 하기

□ 안 숫자만큼 점이 있을 때 낱개의 수를 괄호 안에 쓰세요.

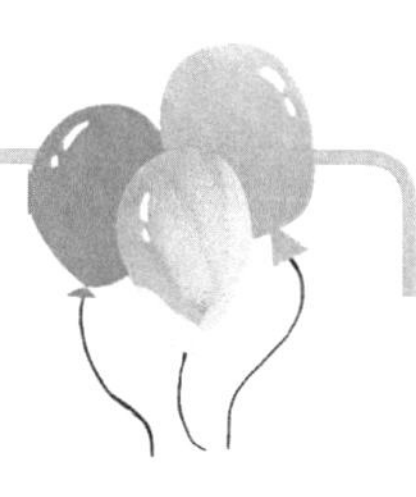

❶ 33 10 묶음 : 2개 낱개 : (　　　　　)개

❷ 21 10 묶음 : 1개 낱개 : (　　　　　)개

❸ 46 10 묶음 : 3개 낱개 : (　　　　　)개

❹ 54 10 묶음 : 4개 낱개 : (　　　　　)개

❺ 30 10 묶음 : 2개 낱개 : (　　　　　)개

❻ 69 10 묶음 : 5개 낱개 : (　　　　　)개

❼ 67 10 묶음 : 5개 낱개 : (　　　　　)개

❽ 83 10 묶음 : 7개 낱개 : (　　　　　)개

❾ 91 10 묶음 : 8개 낱개 : (　　　　　)개

❿ 72 10 묶음 : 6개 낱개 : (　　　　　)개

⓫ 35 10 묶음 : 2개 낱개 : (　　　　　)개

⓬ 55 10 묶음 : 4개 낱개 : (　　　　　)개

⓭ 22 10 묶음 : 1개 낱개 : (　　　　　)개

⓮ 99 10 묶음 : 8개 낱개 : (　　　　　)개

⓯ 100 10 묶음 : 9개 낱개 : (　　　　　)개

⓰ 32 10 묶음 : 2개 낱개 : (　　　　　)개

이해하기 2) 10격자에서 10을 만들며 점의 개수 말하기

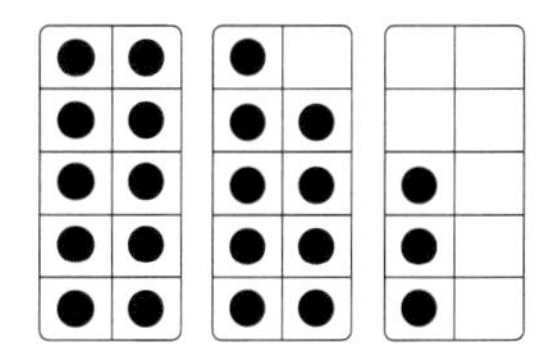

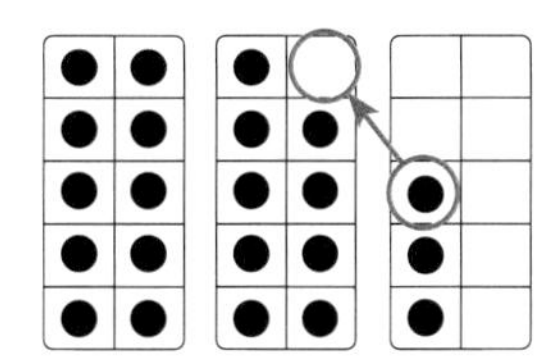

Guide 기준수 10을 만들어 개수를 파악하는 활동입니다. 능숙하게 하면 그림을 잠시만 보여주고 가리는 것도 좋습니다. 머릿속으로 하는 것을 어려워하면 실물자료(10격자, 바둑돌)를 활용하도록 합니다.
부록 21~50번으로 더 다양한 수를 만들어 활동해도 좋습니다.

함께 하기 그림을 잠깐 보고 점의 개수가 몇인지 말해봅시다.

❶ 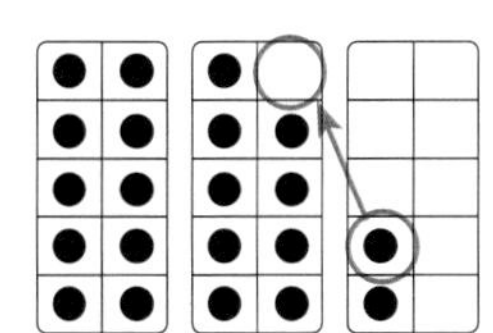

❷ 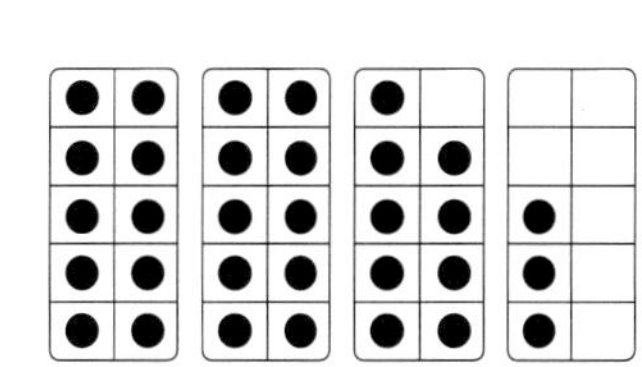

❸ 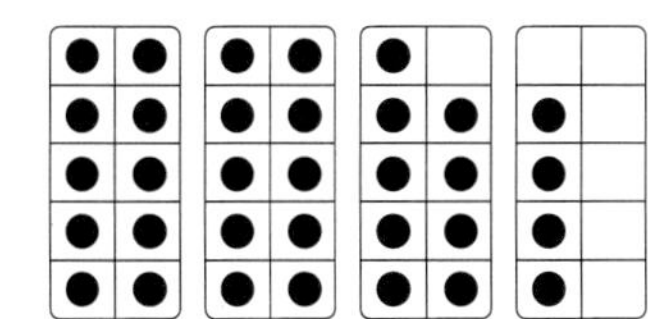

❹ 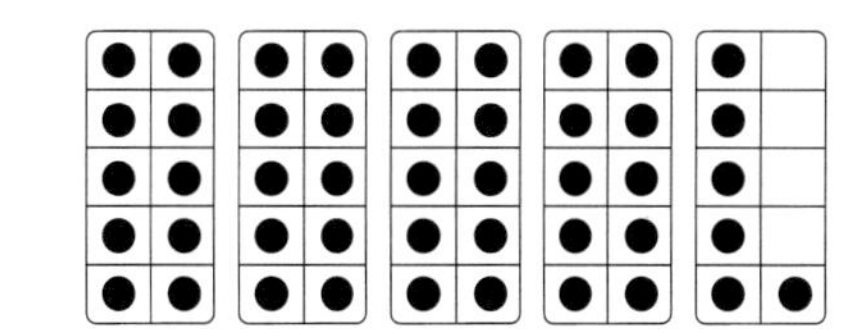

❺ 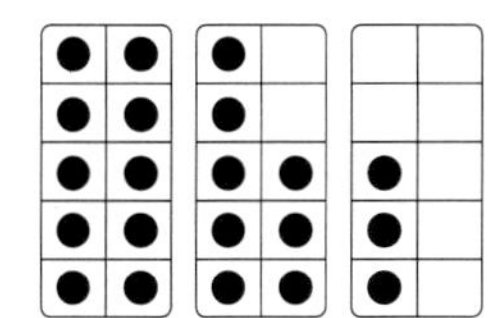

❻ 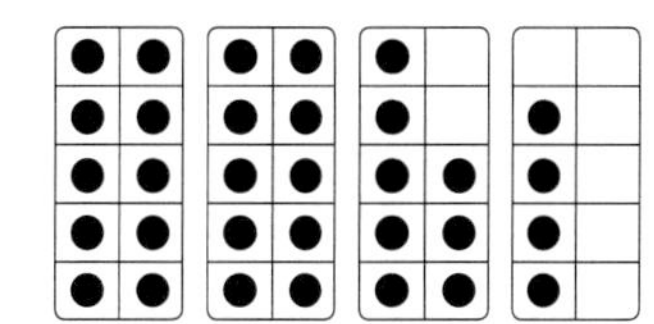

❼ 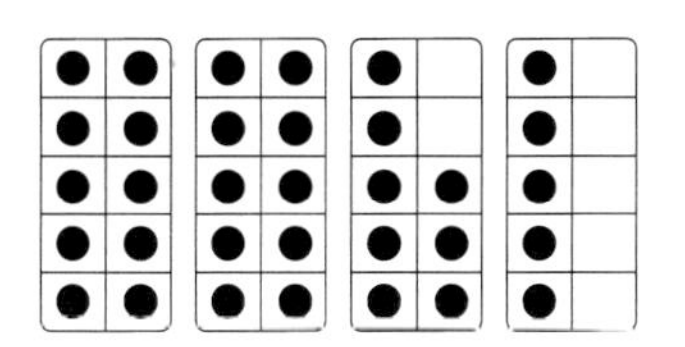

❽

스스로 하기

그림을 잠깐 보고 점의 개수가 모두 몇인지 괄호 안에 쓰세요.

❶ 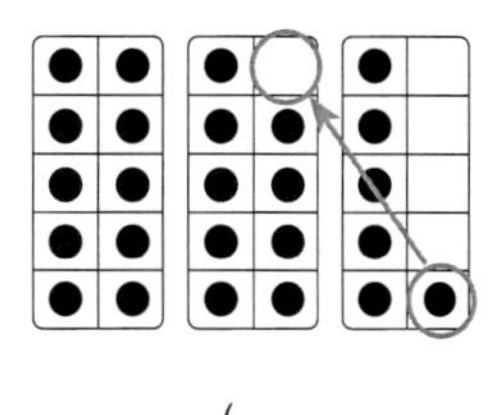

(　　　　　)

❷ 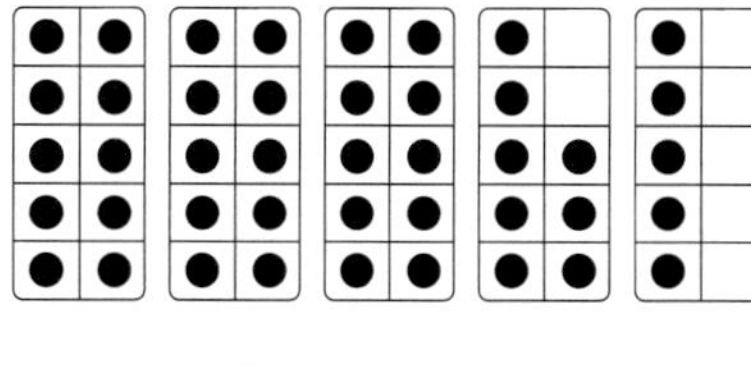

(　　　　　)

❸ 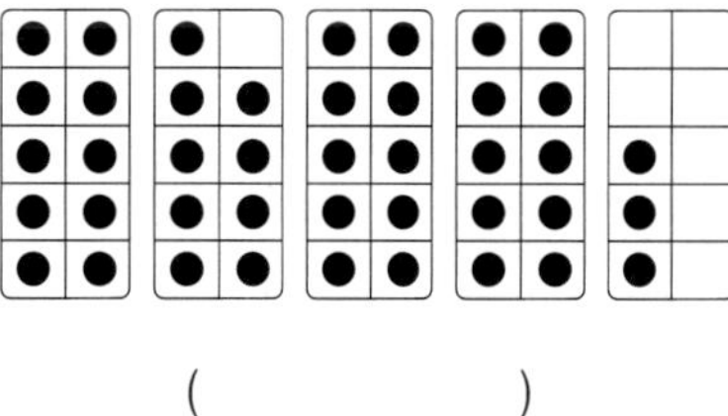

(　　　　　)

❹ 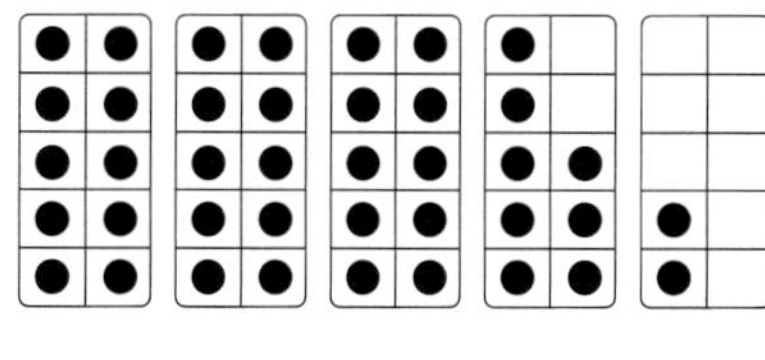

(　　　　　)

❺ 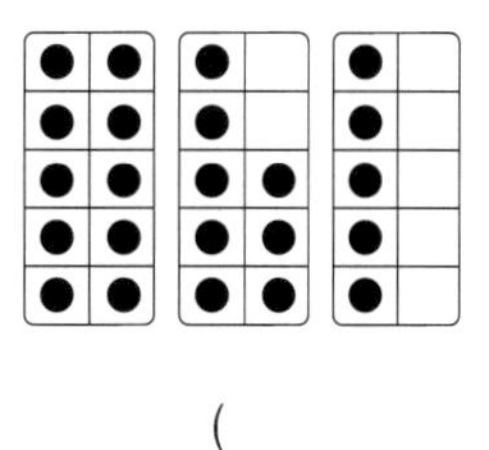

(　　　　　)

❻ 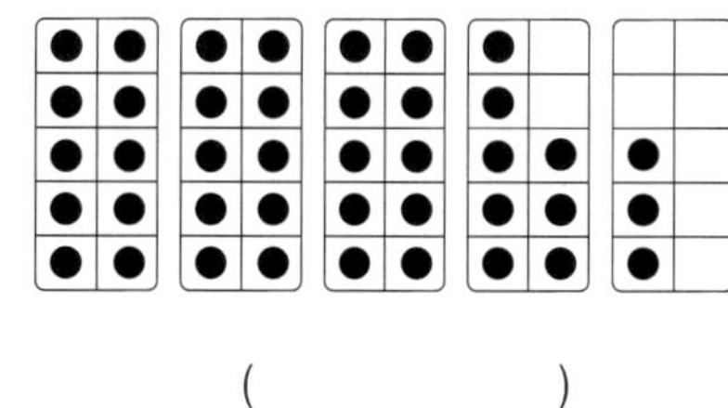

(　　　　　)

❼ 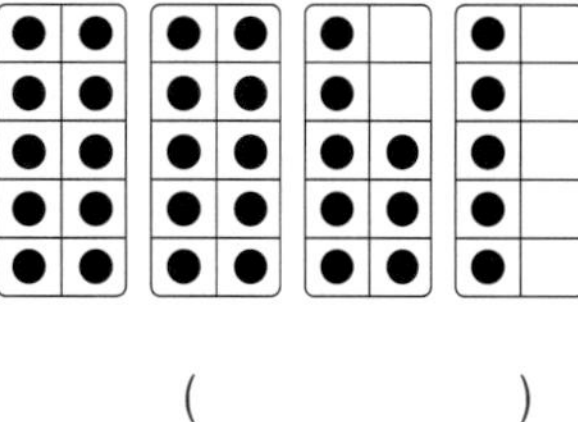

(　　　　　)

❽ 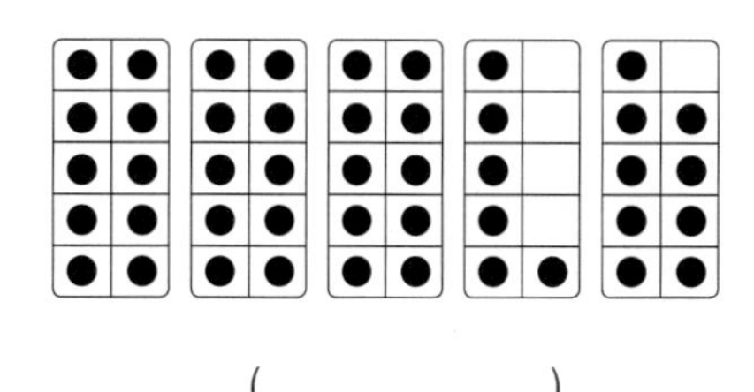

(　　　　　)

❾ 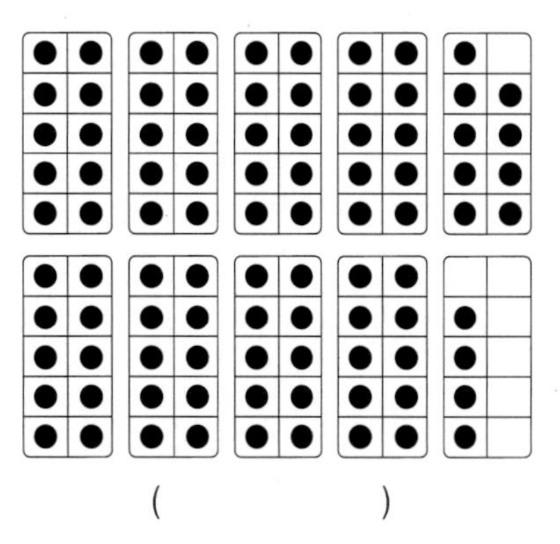

(　　　　　)

❿

(　　　　　)

3. 다양한 묶음 이용한 직산

이해하기

선생님

점의 개수가 모두 몇인지 묻는 질문에
학생들이 다양한 방법으로 점의 수를 파악했습니다.

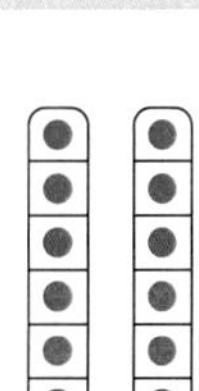

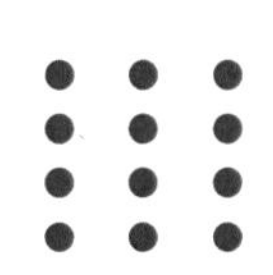

〈방법1. 10 묶음 만들며 세기〉

하나

10묶음이 3, 낱개가 2이므로 32예요.

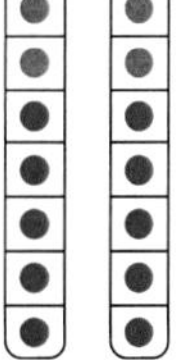

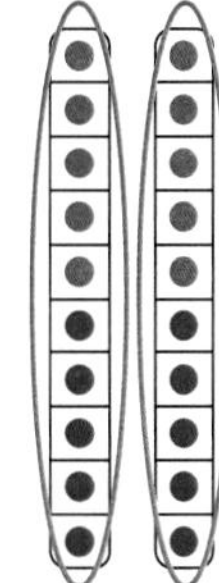

〈방법2. 단위 바꿔가며 뛰어세기〉

두리

10, 20, 24, 28, 32. 32예요.

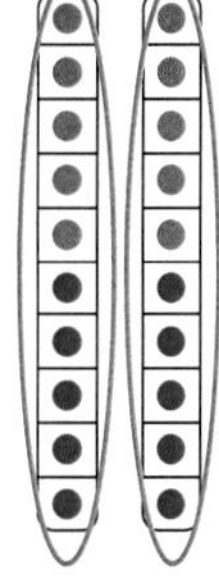

〈방법3. 곱셈을 생각하기〉

마루

10묶음이 2이므로 20, 3개씩 4줄이므로 $3 \times 4 = 12$
그러므로 모두 32예요.

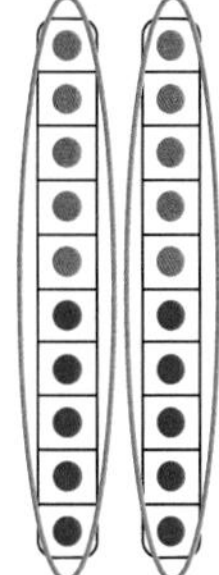

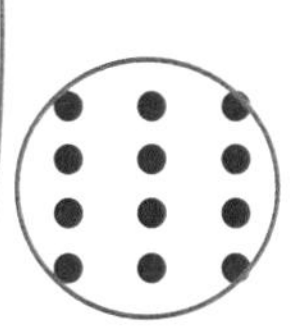

Guide 위의 그림과 같이 교재에 직접 표시해보며 점의 수를 파악해봅니다.

함께 하기 1) 방법1. 10 묶음 만들며 세기로 점의 개수를 말해봅시다.

❶

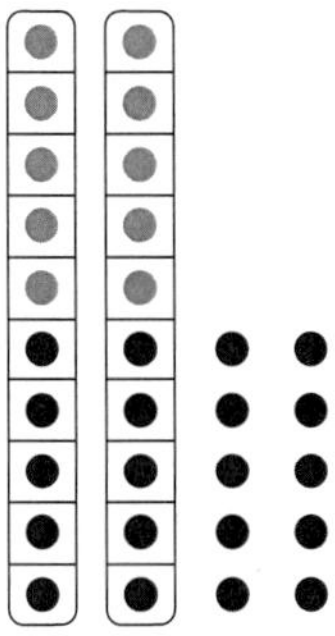

❷

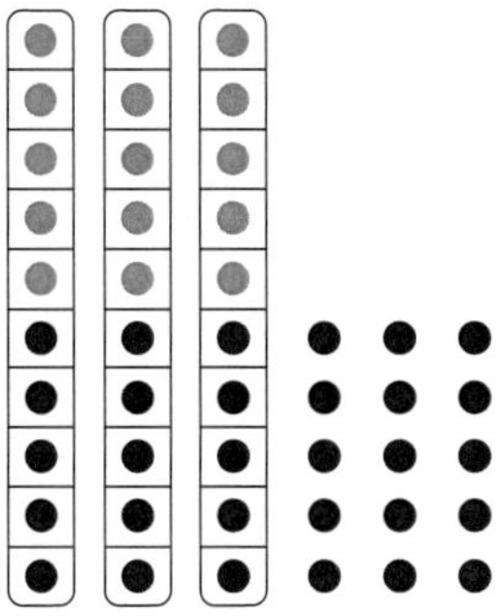

❸

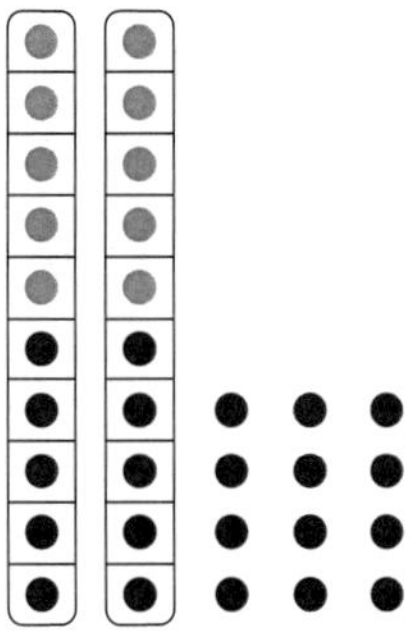

❹

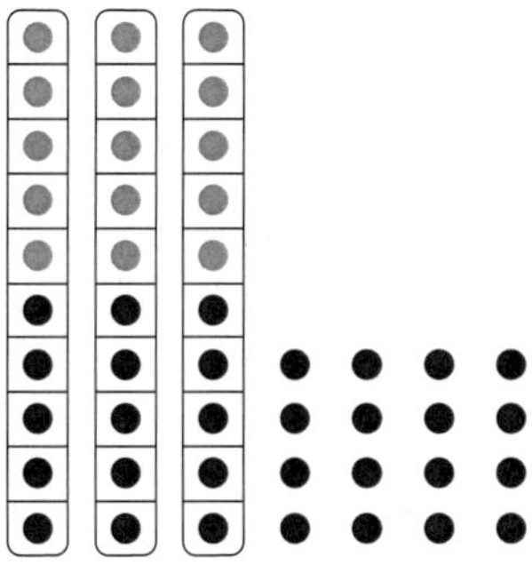

❺

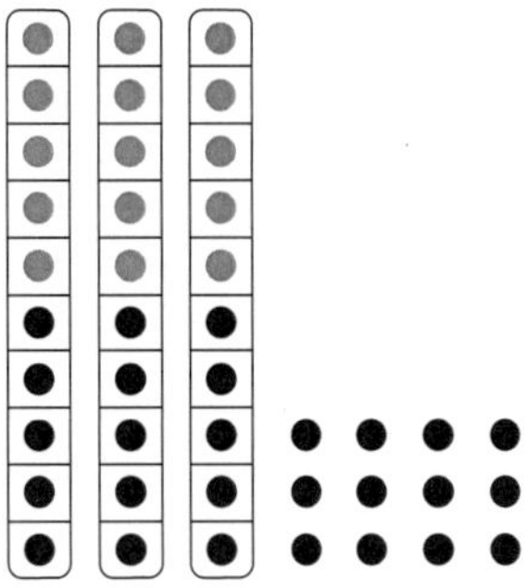

❻

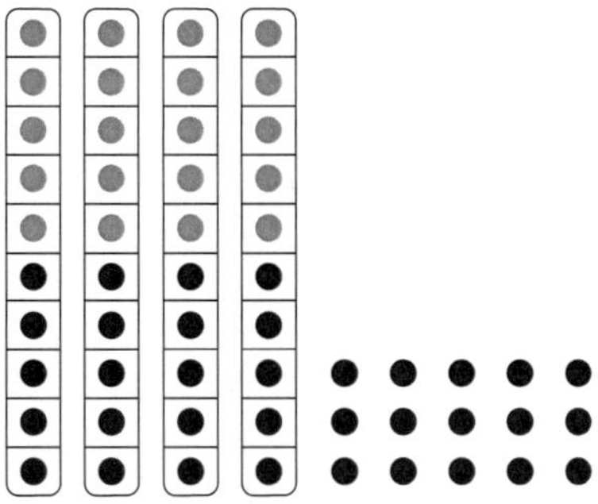

❼

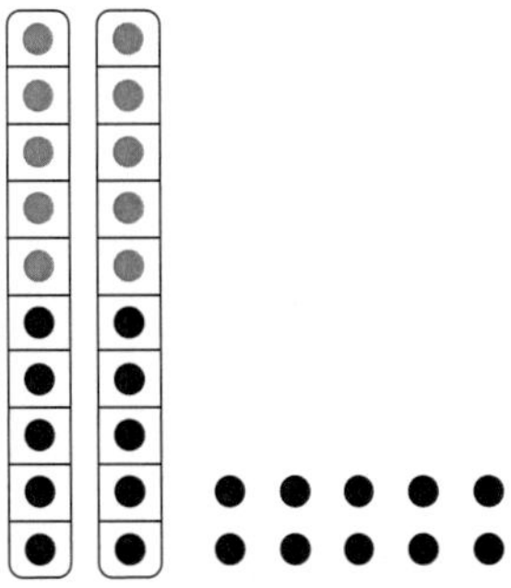

❽

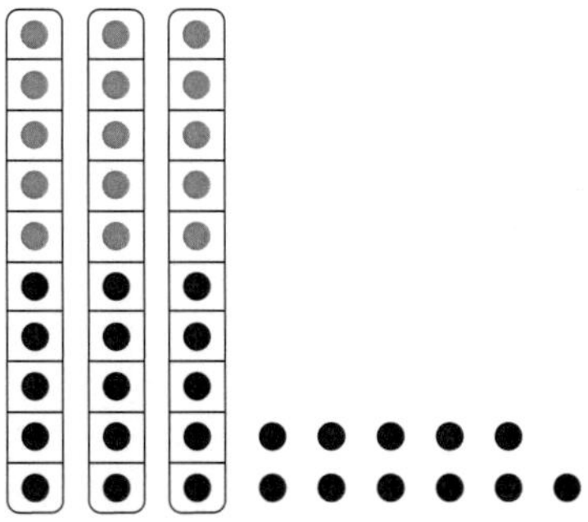

함께 하기 2) 방법2. 단위 바꿔가며 뛰어세기로 점의 개수를 말해봅시다.

❶

❷

❸

❹

❺

❻

❼

❽

함께 하기 3) 방법3. 곱셈 생각하기로 점의 개수를 말해봅시다.

❶

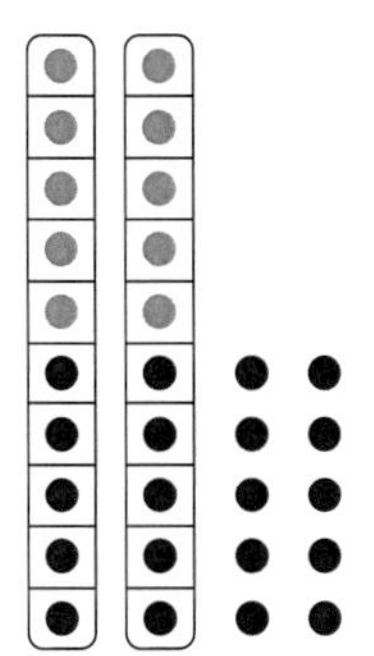

❷

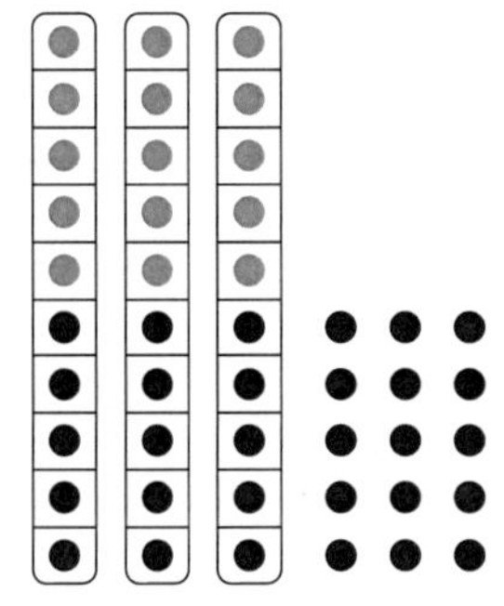

❸

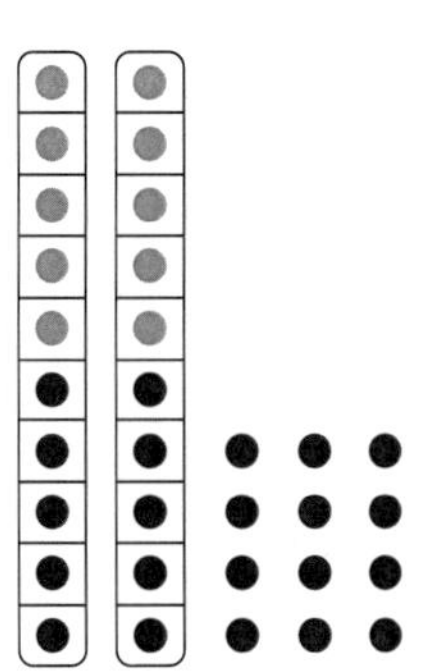

❹

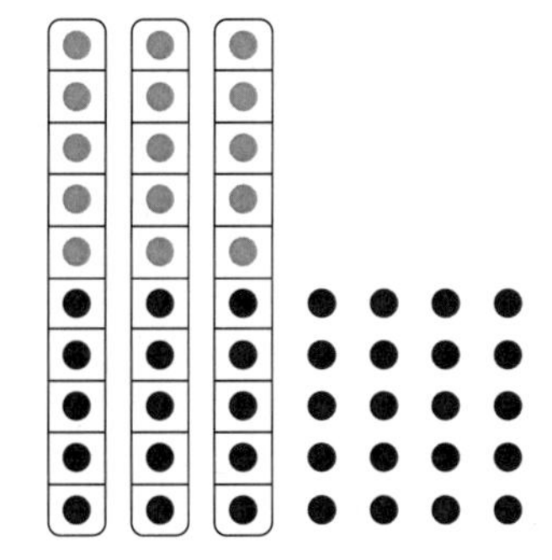

❺

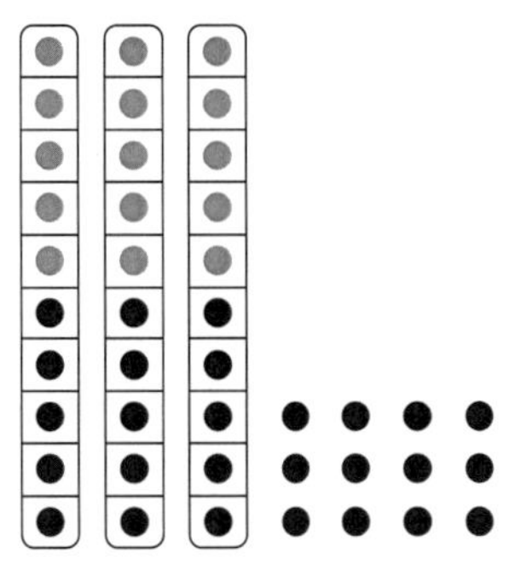

❻

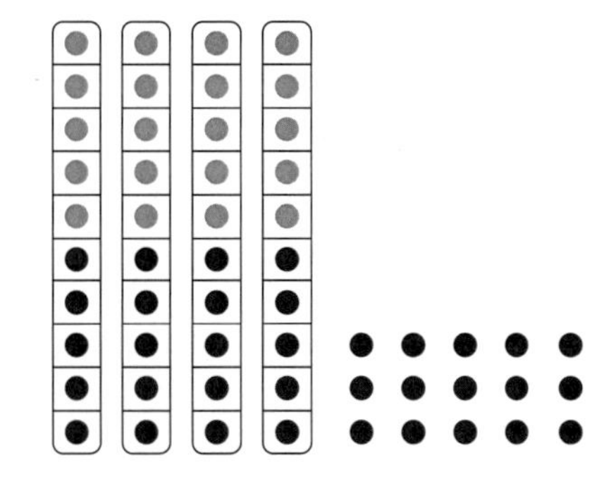

❼

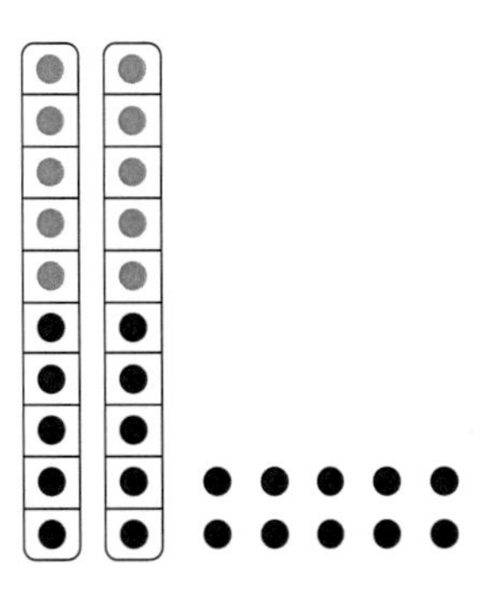

❽

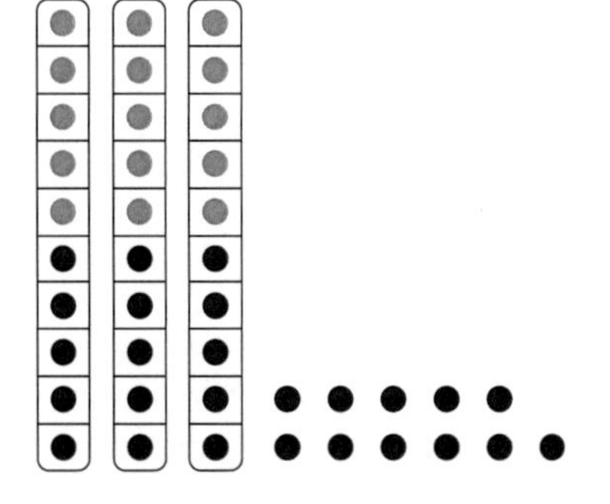

C단계 4. 두 자릿수와 수직선

이해하기 1) 수직선의 수를 수 카드로 나타내기

준비물 : 부록 71~100번

선생님: 수직선에서 10씩 몇 뛰었나요?

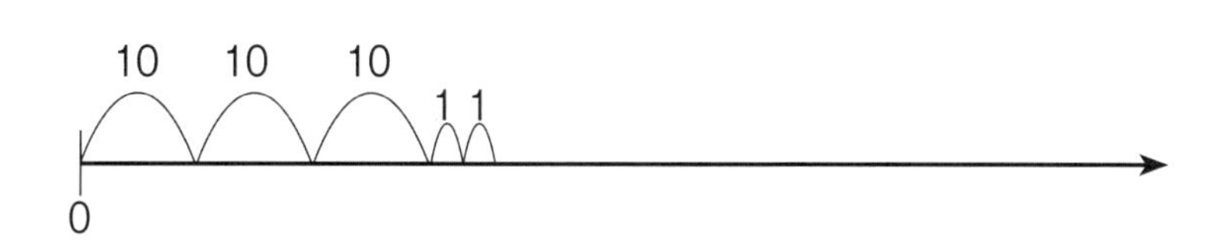

하나: 3 뛰었어요.

선생님: 그런 다음 1씩 몇 뛰었나요?

하나: 2 뛰었어요.

선생님: 부록 71~100번으로 수직선이 나타내는 수를 만들어 보세요.

함께 하기 부록 71~100번으로 수직선이 나타내는 수를 만들어 봅시다.

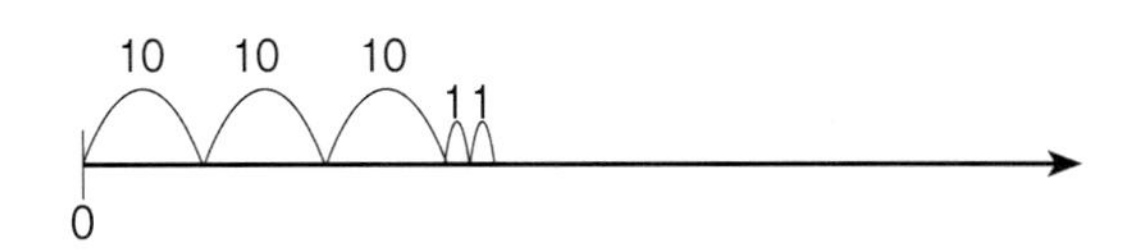

2

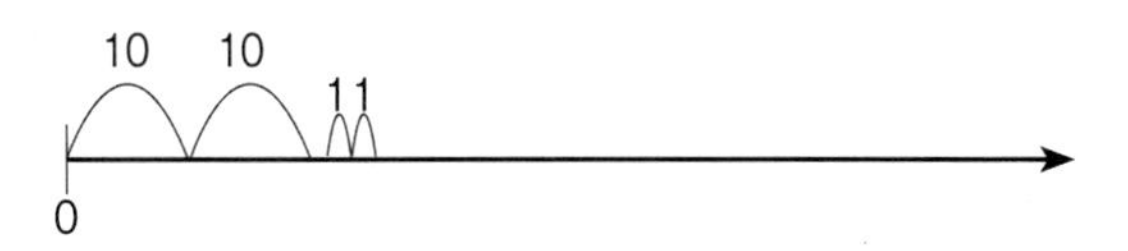

3

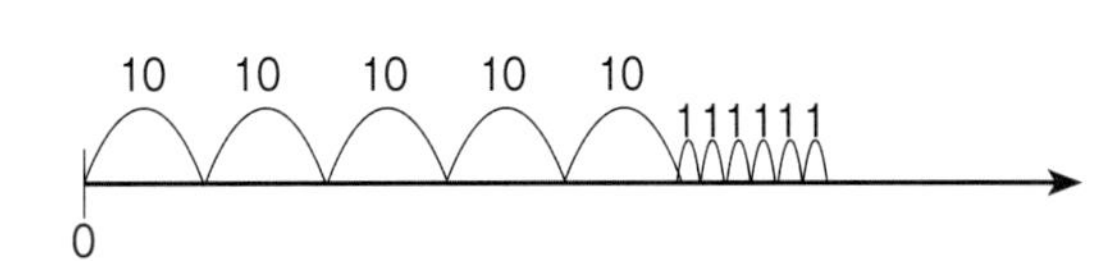

4

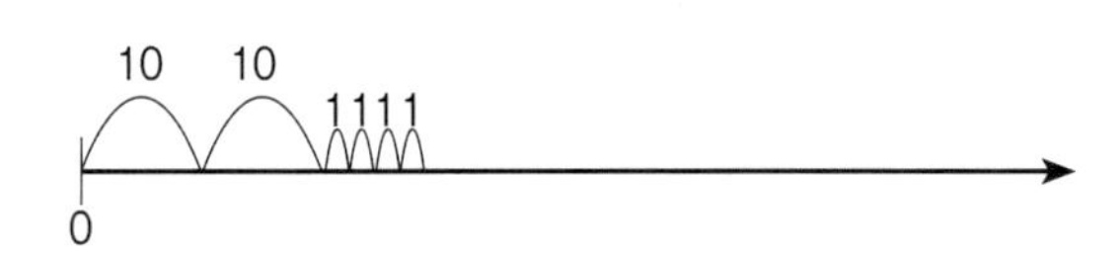

5

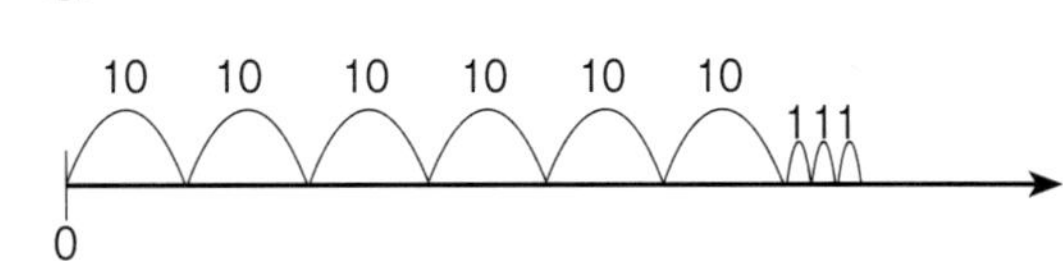

6

10
1 1 1 1 1 1 1
0

7

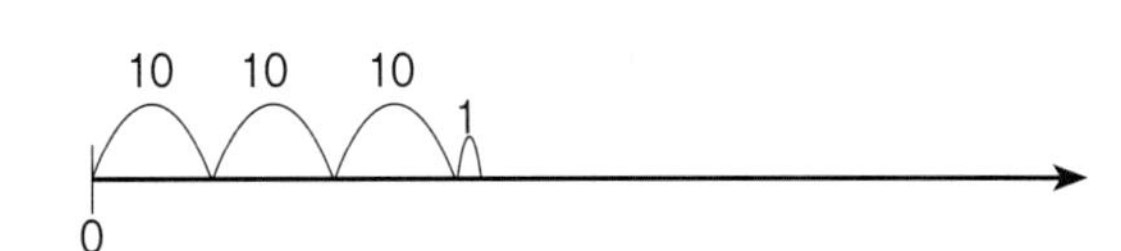

8

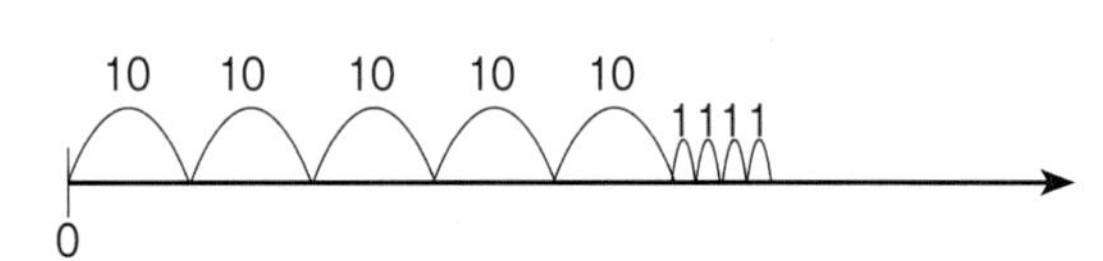

9

10

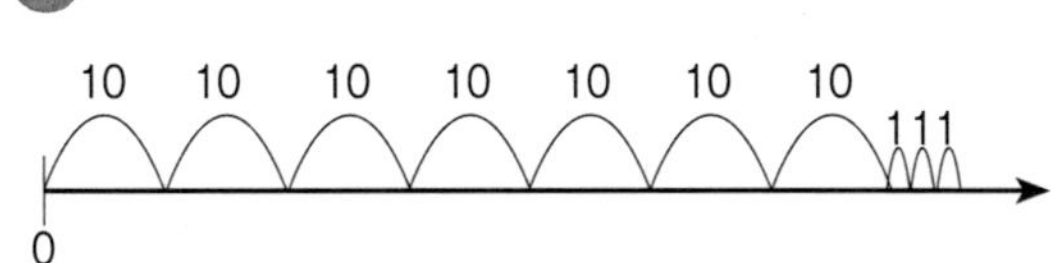

이해하기 2) 수카드를 수직선에 나타내기 준비물 : 부록 71~100번

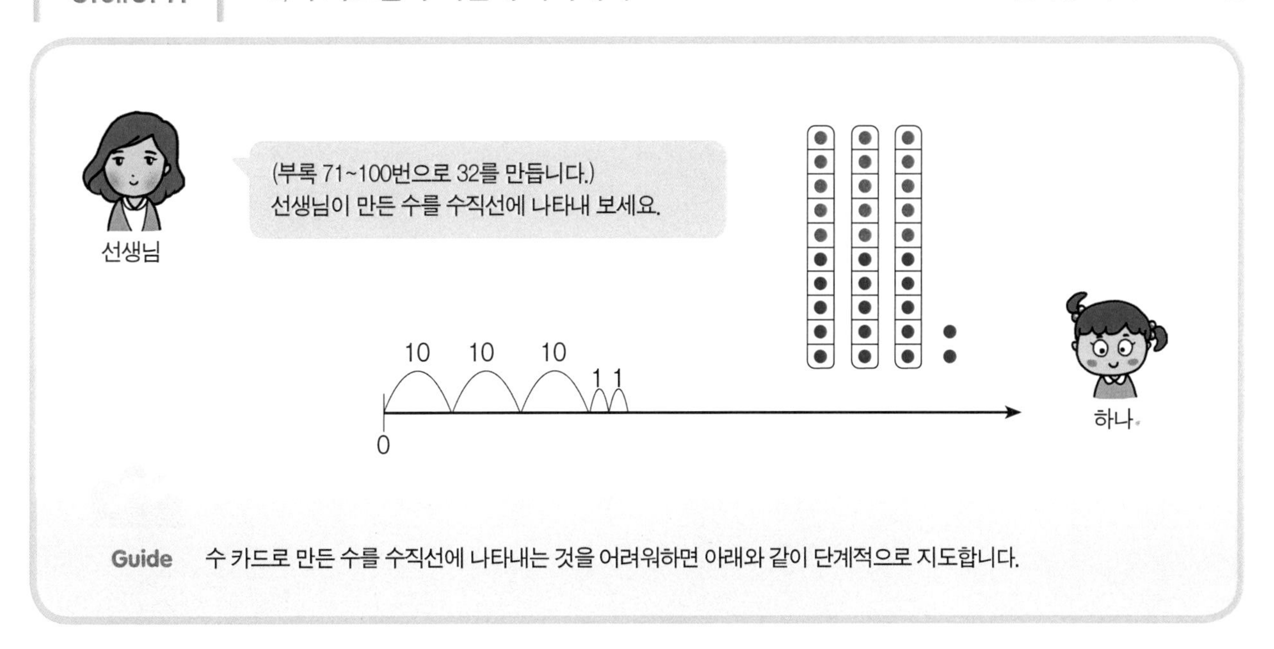

Guide 수 카드로 만든 수를 수직선에 나타내는 것을 어려워하면 아래와 같이 단계적으로 지도합니다.

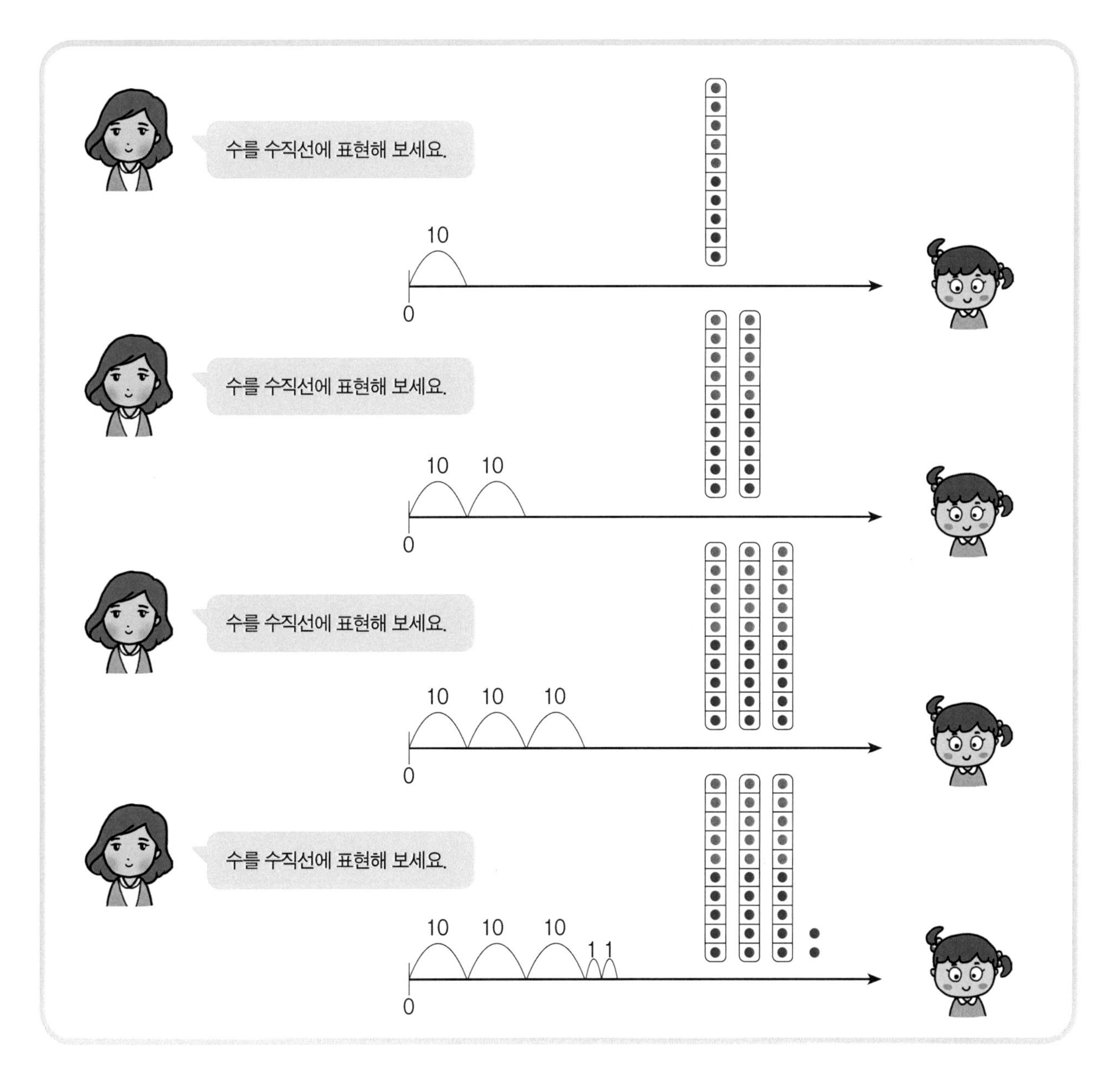

함께 하기

부록 71~100번으로 11~99 사이 수를 만들고
선생님이 나타낸 수만큼 수직선에 나타내봅시다.

❶

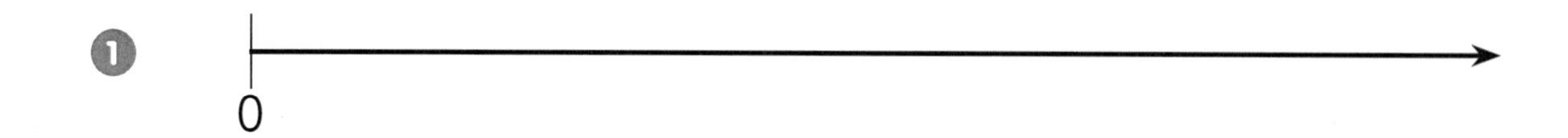

❷

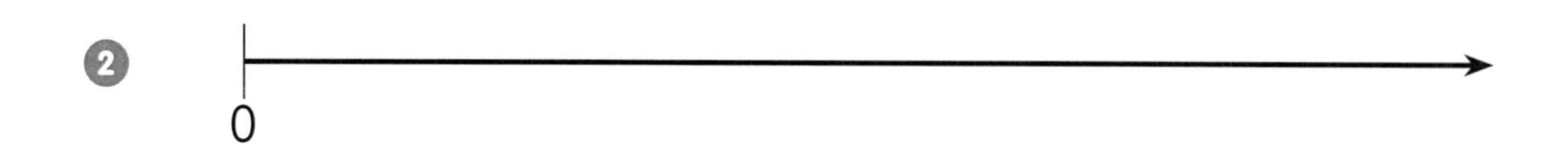

❸

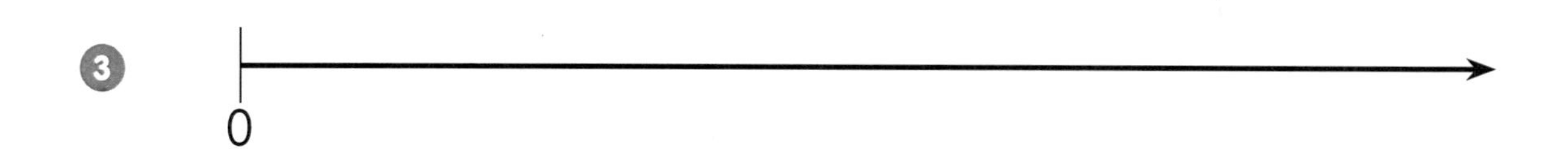

❹

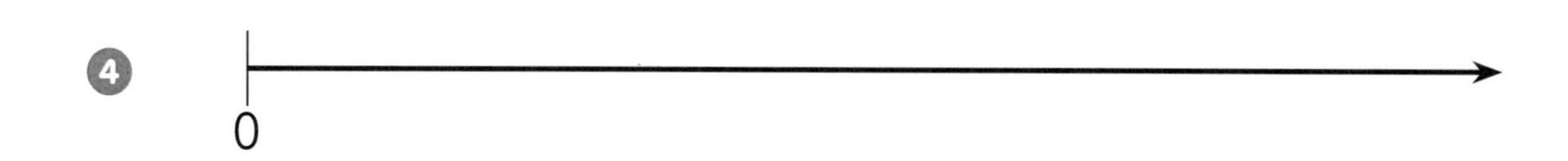

❺

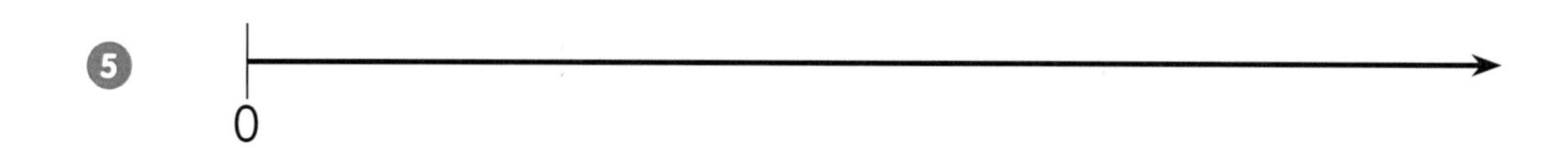

❻

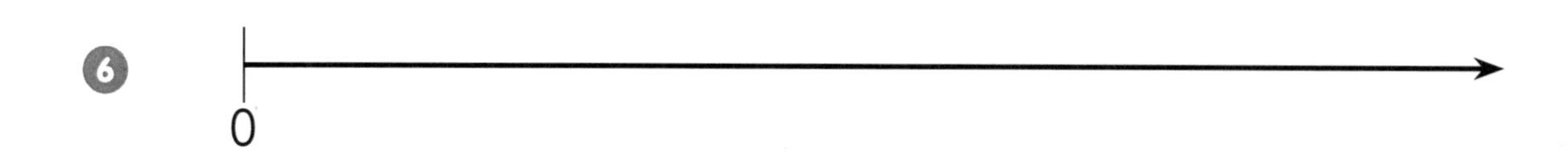

❼

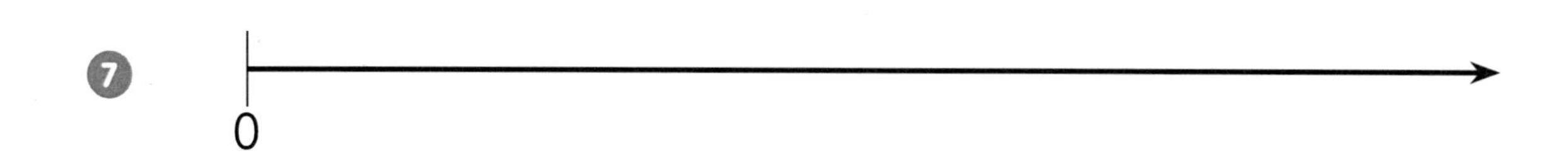

❽

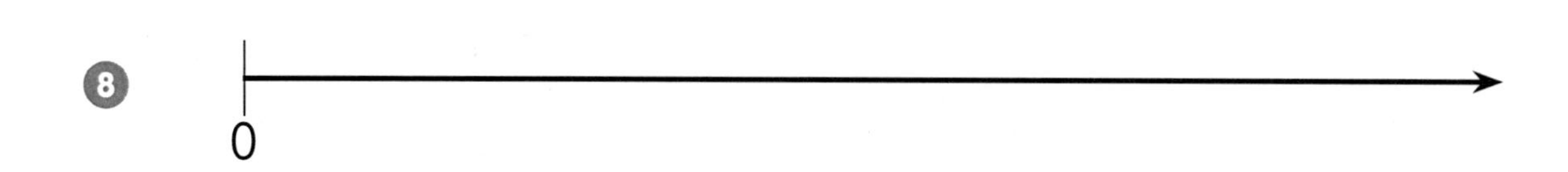

스스로 하기

1) 왼쪽 수를 수직선에 나타내 보세요.

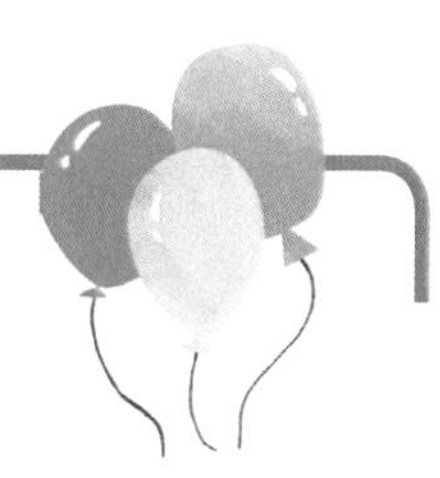

❶
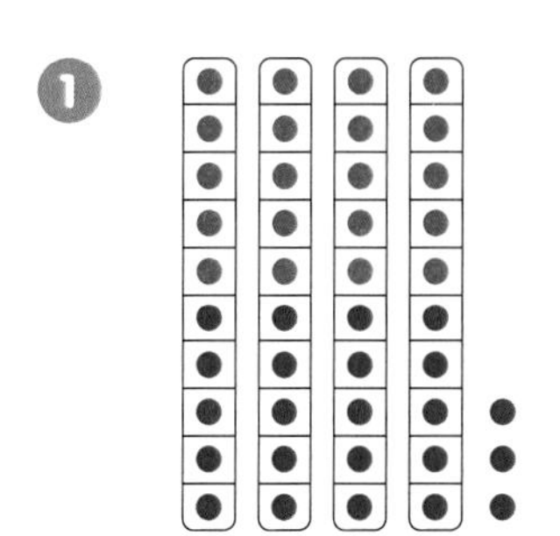
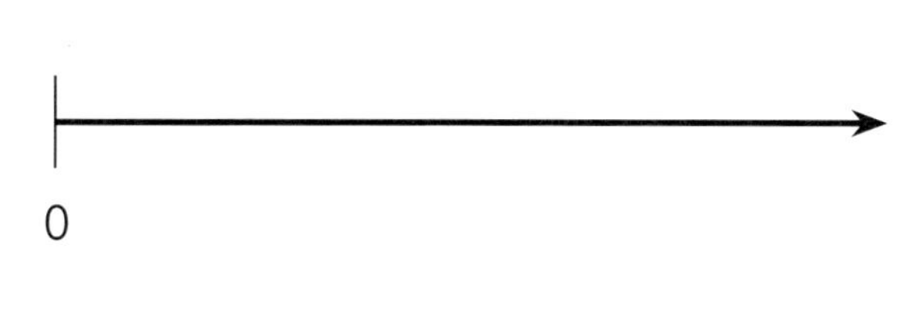

❷
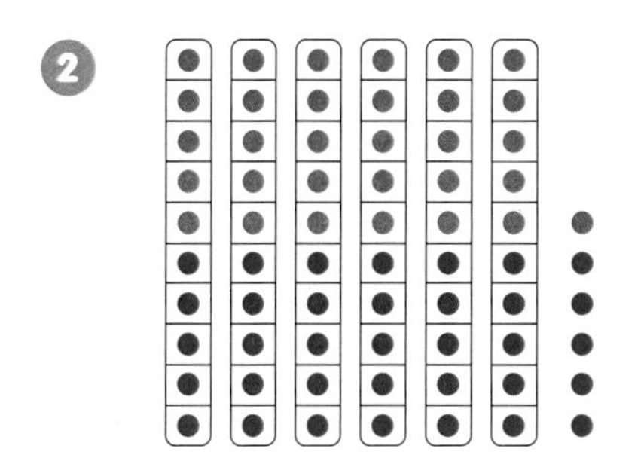
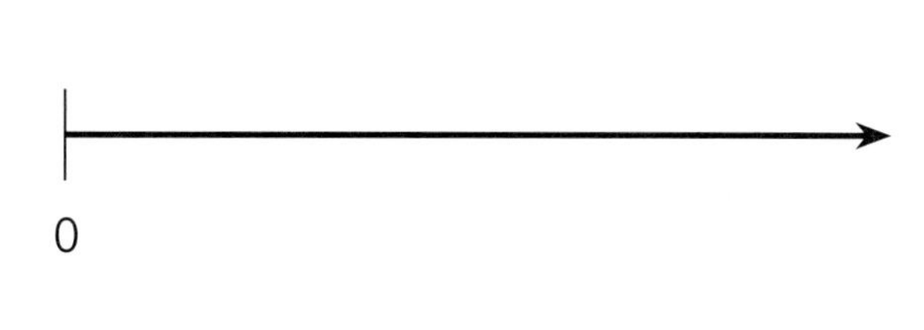

❸
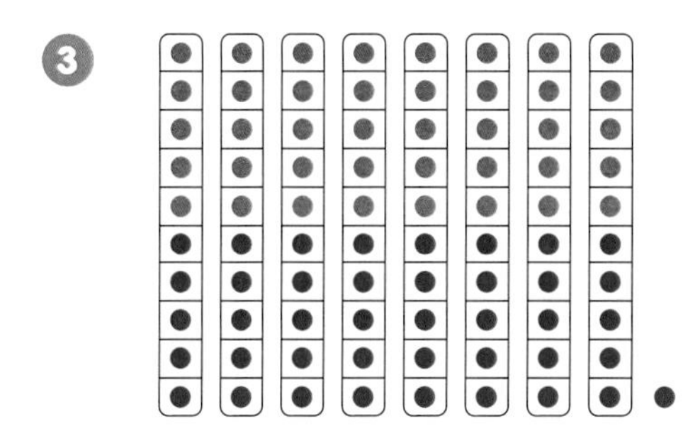
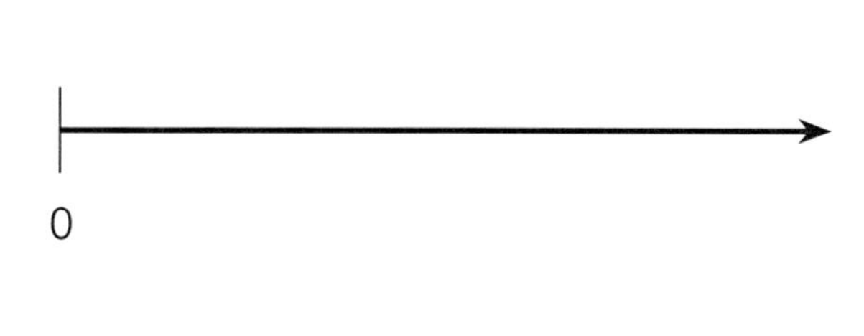

❹
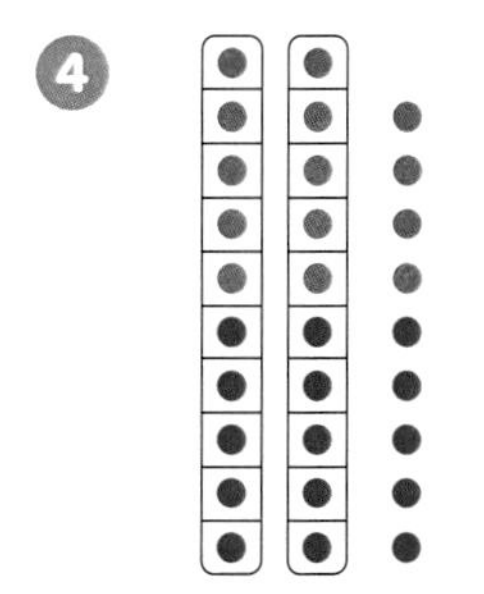
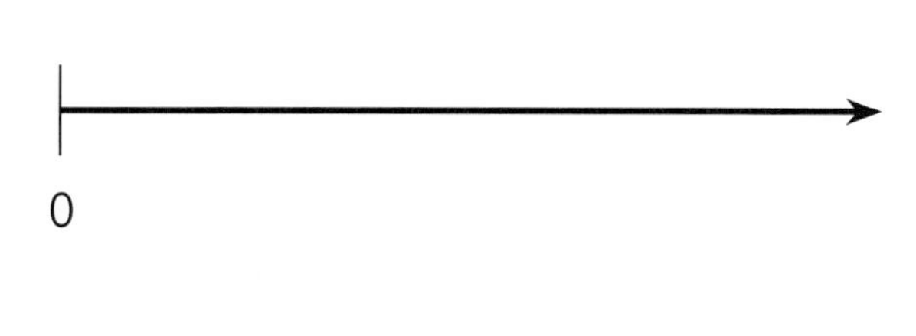

❺
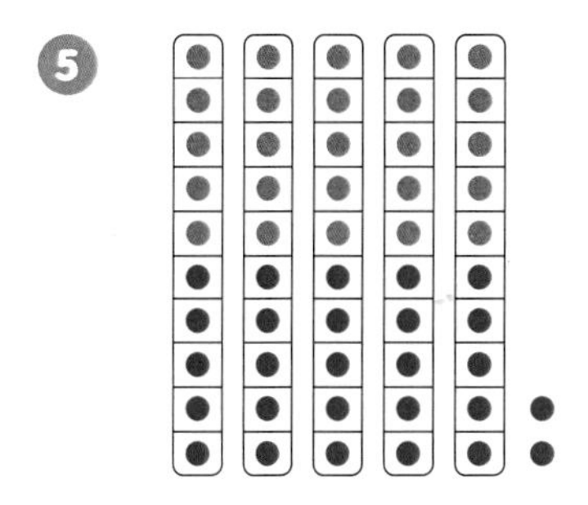
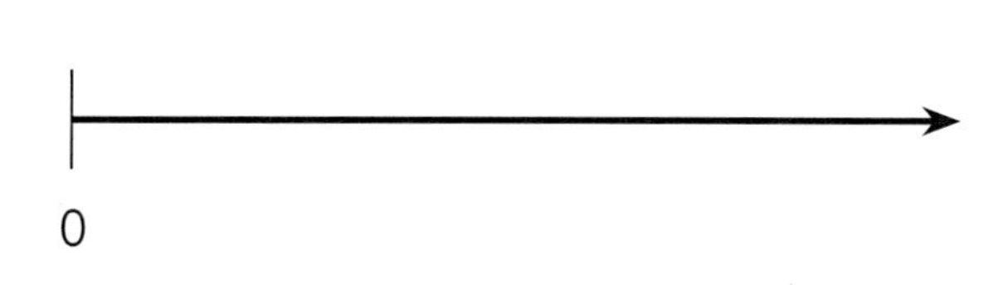

스스로 하기 2) 왼쪽 수를 수직선에 나타내 보세요.

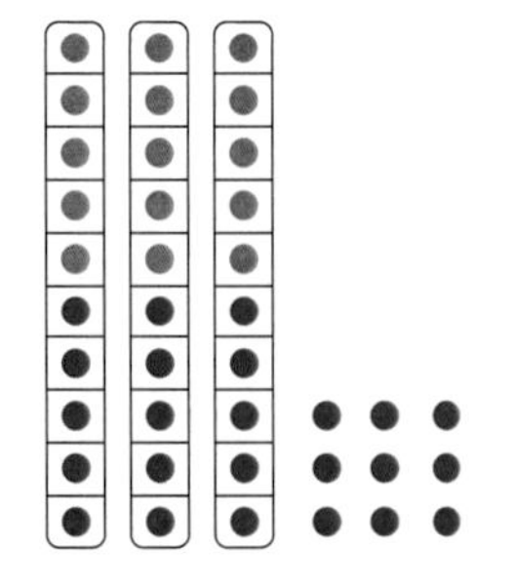

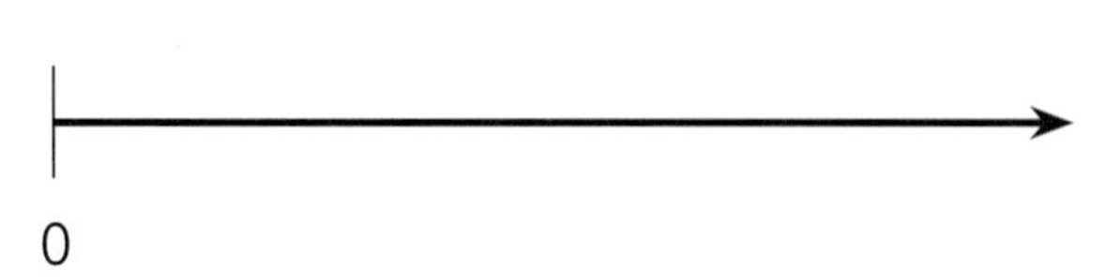

❷

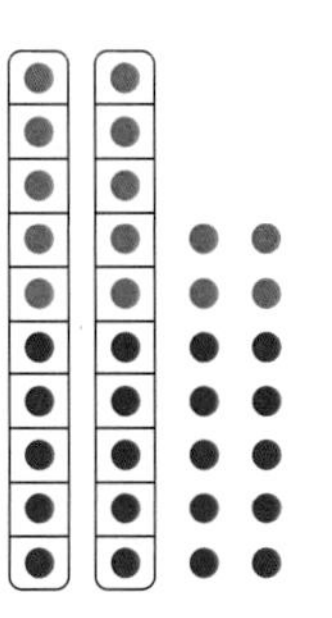

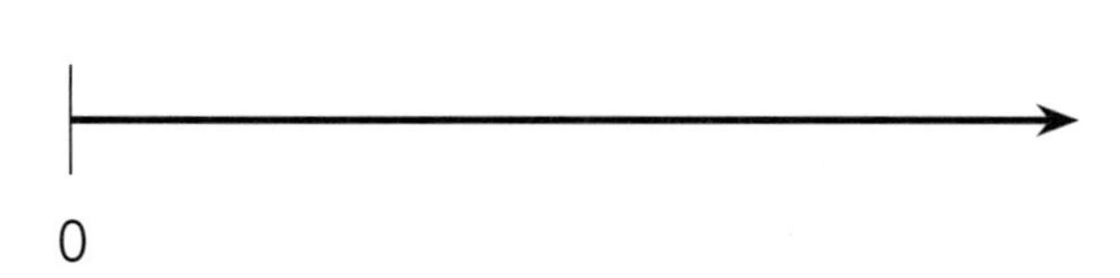

❸

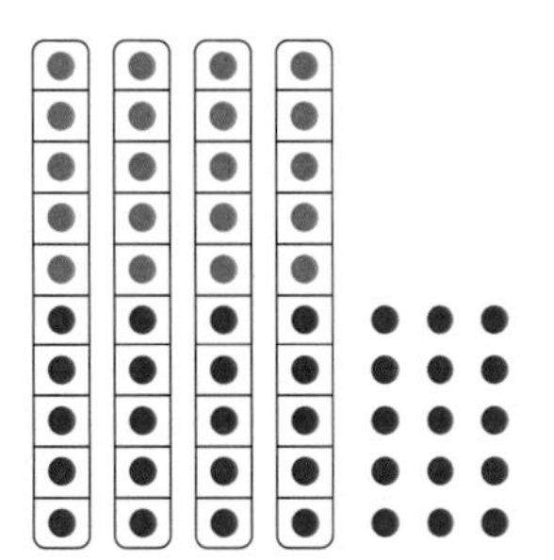

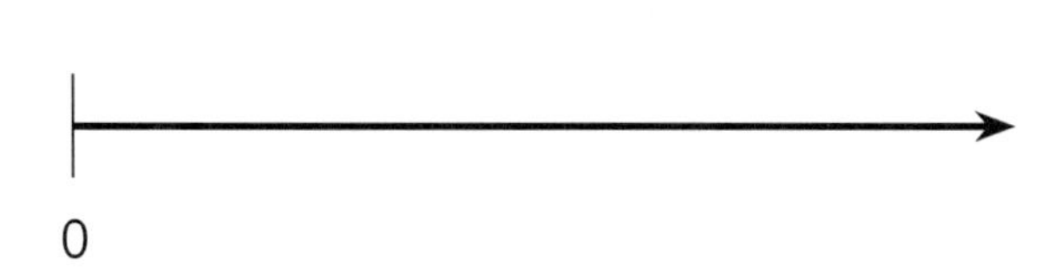

❹

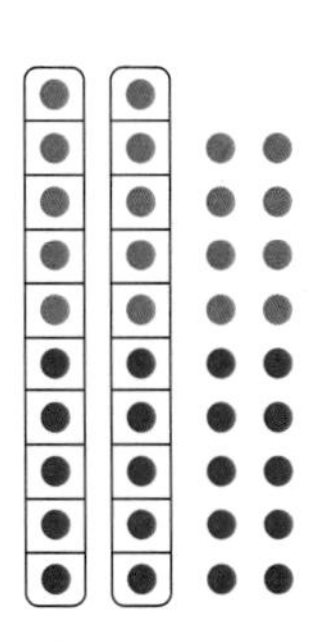

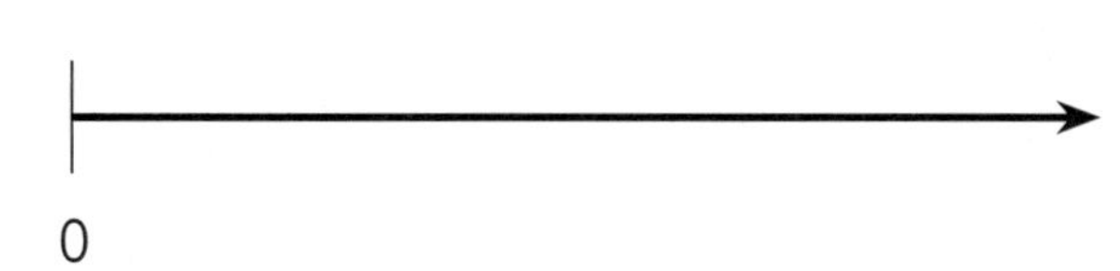

❺

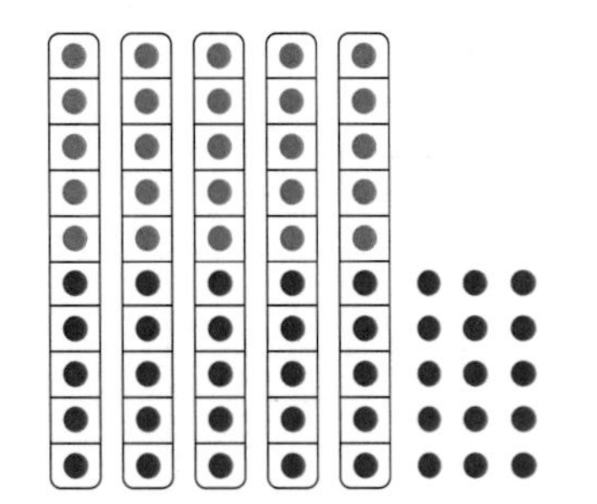

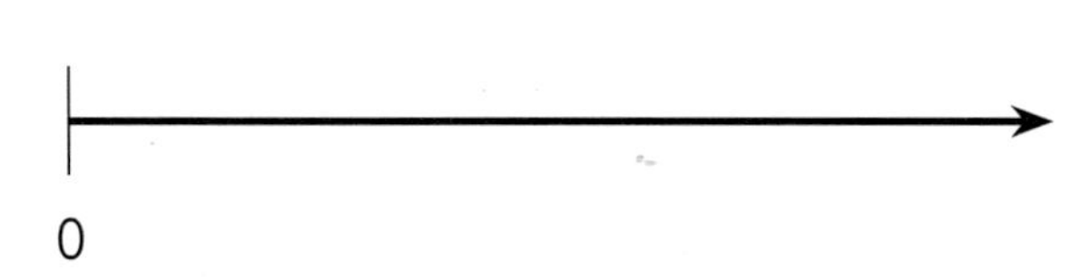

D단계

세 자릿수 직산

D단계 1. 100묶음, 10묶음과 세 자릿수

이해하기 1) 점의 개수 말하기

준비물 : 부록 71~110번

선생님

(부록 71~110번으로 135를 만듭니다.)
점의 개수는 모두 몇인가요?

135예요.

하나

어떻게 알았나요?

10, 20, 30, 40, 50, 60, 70, 80, 90, 100, 110, 120, 130, 135 해서 135입니다.

두리

저는 작은 수부터 세었어요. 5, 15, 25, 35, 135 해서 135입니다.

마루

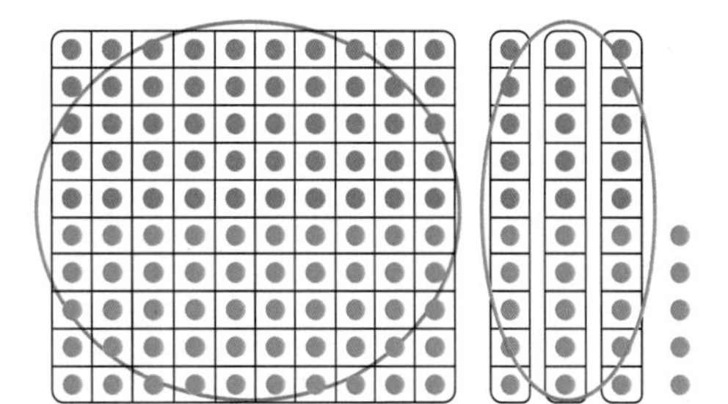

100묶음이 1, 10묶음이 3,
낱개가 5이므로 135입니다.

Guide 능숙하게 하면 잠시 보여주고 가리개로 가립니다. 하나씩 세려고 하면 "100묶음이 몇이었나요?", "10묶음이 몇이었나요?", "낱개는 몇인가요?"라고 질문하며 패턴으로 세도록 해주세요.

함께 하기

부록 71~110번으로 101~999 사이의 수를 만들고 점의 개수가 몇인지 말해봅시다.

이해하기 2) 세 자릿수 쓰기

준비물 : 부록 71~110번

선생님

(부록 71~110번으로 212를 만듭니다.)
100묶음의 개수는 모두 몇인가요?

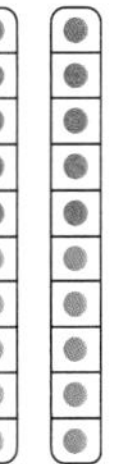
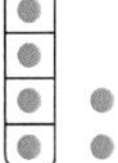

2 예요.

하나

맞아요. 100묶음이 2개면 200이니까
00을 먼저 써보세요.

200

100묶음 빼고 남은 것 중에서
10묶음의 개수는 모두 몇인가요?

1 이요.

그러면 200에 10묶음 1개니까 10이라고 써보세요.
(이해하지 못하면 시범을 보여줍니다.)

210

100묶음, 10묶음 빼고 남은
점의 개수는 몇인가요?

2 예요.

이제 2를 쓰는데 210 위에 겹쳐서 쓰세요.

212

Guide 겹쳐 쓰기 활동은 십진법에 대한 이해를 돕습니다.
겹쳐 쓰기를 한 후에 옆이나 밑에 깨끗하게 '212'라고 다시 쓰도록 해주세요.

함께 하기 부록 71~110번으로 101~999 사이의 수를 만들고 점의 개수를 위와 같은 방법으로 써봅시다.

스스로 하기 그림을 잠시만 보고 점의 개수가 모두 몇인지 괄호 안에 쓰세요.

❶ (　　　　)

❷ (　　　　)

❸ (　　　　)

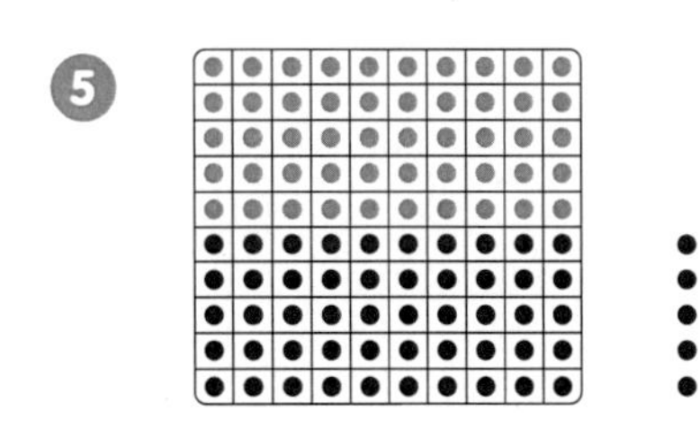

❹ (　　　　)

❺ (　　　　)

❻ (　　　　)

이해하기　3) 가리개 밑 점의 개수 추측하기

준비물 : 부록 71~110번, 가리개

선생님

(부록 71~110번으로 135를 만들고 가리개로 가린 다음 시작합니다.)
카드에 점은 모두 135입니다.
100묶음의 개수는 몇일까요?

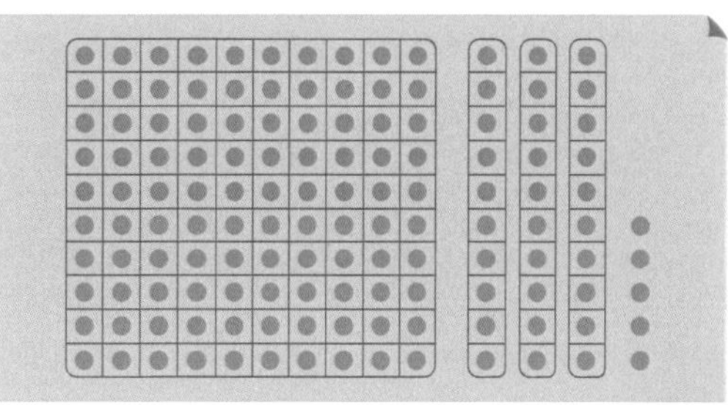

1 이요.

하나

10묶음의 개수는 모두 몇일까요?

3 이요.

낱개의 개수는 모두 몇일까요?

5 예요.

(가리개를 치우고 확인합니다.)

Guide "100묶음이 1, 10묶음이 3, 낱개가 5일 때 점의 개수는 모두 몇일까요?"라고 질문을 바꿔서 할 수도 있습니다.

함께 하기

부록 71~110번으로 101~999 사이의 수를 만들고 가리개로 가린 후 추측하기 활동을 해봅시다.

스스로 하기

오른쪽처럼 100묶음, 10묶음, 낱개가 있으면 모두 몇 개일지 □ 안에 쓰세요.

❶ □
100묶음 3개
10묶음 5개
낱개 7개

❷ □
100묶음 5개
10묶음 0개
낱개 6개

❸ □
낱개 5개
100묶음 3개
10묶음 7개

❹ □
100묶음 5개
10묶음 0개
낱개 6개

❺ □
낱개 6개
100묶음 4개
10묶음 0개

❻ □
낱개 5개
10묶음 7개
100묶음 3개

❼ □
낱개 8개
10묶음 4개
100묶음 0개

❽ □
낱개 9개
10묶음 0개
100묶음 9개

❾ □
100묶음 3개
낱개 6개
10묶음 5개

❿ □
100묶음 1개
10묶음 2개
낱개 7개

⓫ □
100묶음 5개
10묶음 9개
낱개 0개

⓬ □
100묶음 6개
10묶음 8개
낱개 4개

2. 100묶음 만들며 직산

이해하기

1) 가리개 밑 10묶음의 개수 추측하기

준비물 : 가리개

선생님

(표시된 부분을 가리개로 가립니다.)
가리개 밑에 점 330이 있어요.
100묶음이 3개 있을 때 10묶음은 몇일까요?

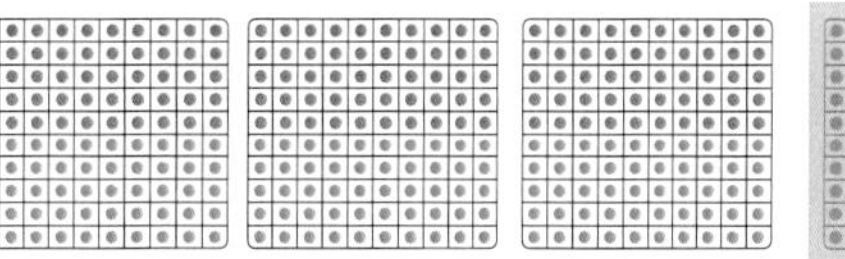

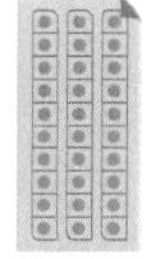

3 이요.

하나

(확인시켜줍니다.)

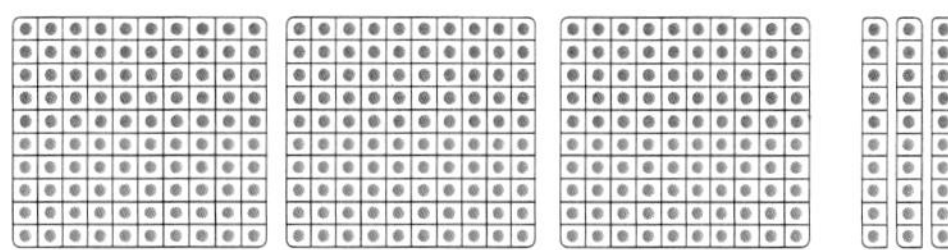

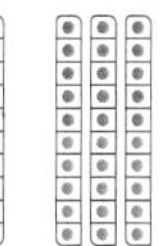

(표시된 부분을 가리개로 가립니다.)
가리개 밑에 점 330이 있어요.
이번에는 100묶음이 2일 때
10묶음은 몇일까요?

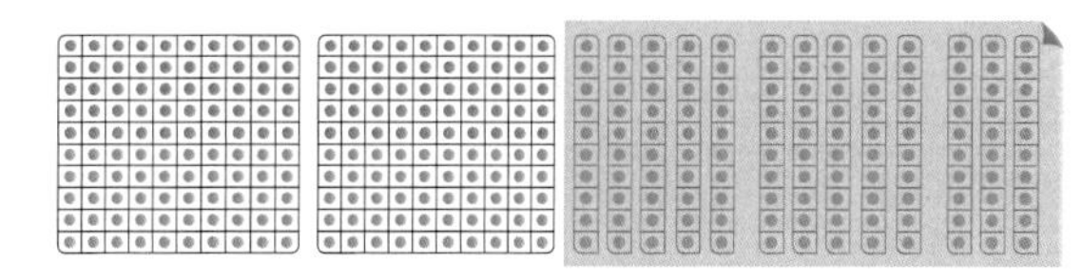

13 이요.

(확인시켜줍니다.)

함께 하기

□ 안 숫자만큼 점이 있을 때 가리개 밑에 있는 10묶음의 수를 말해봅시다.

❶ 220

❷ 220

❸ 340

❹ 340

❺ 250

❻ 250

함께 하기 □안 숫자만큼 점이 있을 때 가리개 밑에 있는 10묶음의 수를 말해봅시다.

⑦ 420

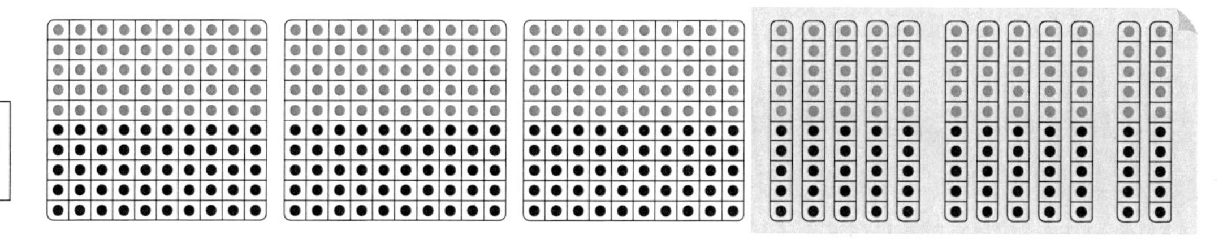

⑧ 420

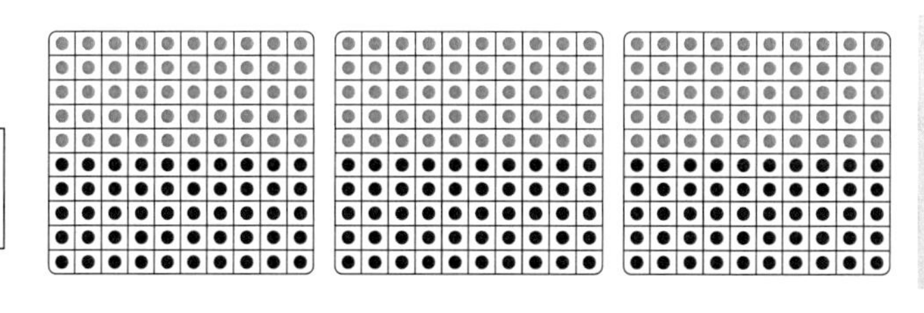

⑨ 300

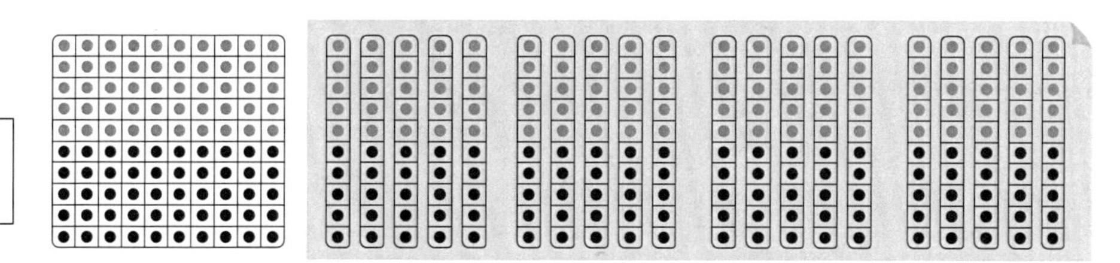

⑩ 300

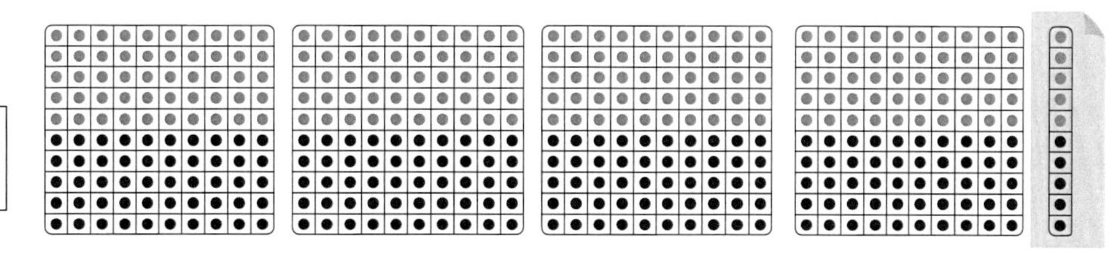

⑪ 410

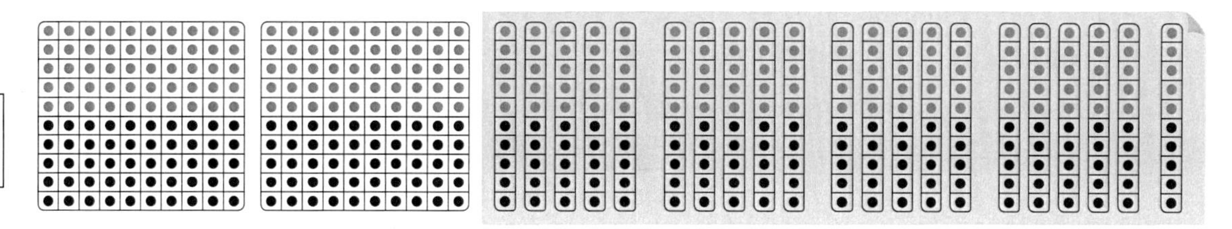

⑫ 410

스스로 하기

□ 안 숫자만큼 점이 있을 때 10 묶음의 수를 ( )안에 쓰세요.

❶ 220
100 묶음 : 2개
10 묶음 : ( )개

❷ 220
100 묶음 : 1개
10 묶음 : ( )

❸ 310
100 묶음 : 3개
10 묶음 : ( )개

❹ 310
100 묶음 : 2개
10 묶음 : ( )개

❺ 440
100 묶음 : 4개
10 묶음 : ( )개

❻ 440
100 묶음 : 3개
10 묶음 : ( )개

❼ 740
100 묶음 : 7개
10 묶음 : ( )개

❽ 740
100 묶음 : 6개
10 묶음 : ( )개

❾ 900
100 묶음 : 9개
10 묶음 : ( )개

❿ 900
100 묶음 : 8개
10 묶음 : ( )개

⓫ 660
100 묶음 : 6개
10 묶음 : ( )개

⓬ 660
100 묶음 : 4개
10 묶음 : ( )개

⓭ 390
100 묶음 : 3개
10 묶음 : ( )개

⓮ 390
100 묶음 : 1개
10 묶음 : ( )개

⓯ 530
100 묶음 : 5개
10 묶음 : ( )개

⓰ 530
100 묶음 : 2개
10 묶음 : ( )개

D단계 3. 다양한 묶음 이용한 직산

이해하기

점의 개수가 모두 몇인지 묻는 질문에 학생들이 다양한 방법으로 점의 개수를 파악했습니다.

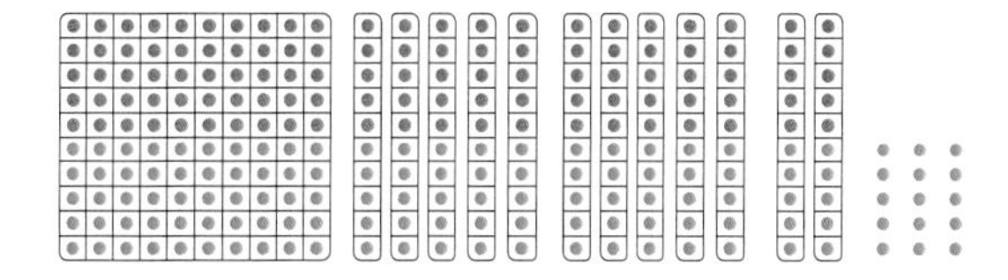

<방법1. 100묶음, 10묶음 만들며 세기>

100묶음이 2, 10묶음이 3,
낱개가 5이므로 235예요.

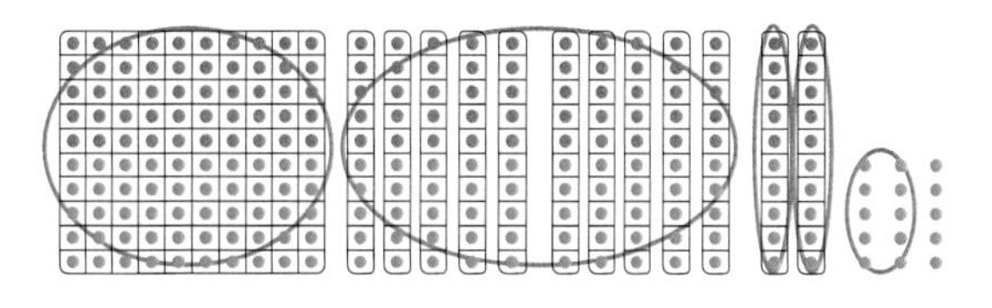

<방법2. 단위 바꿔가며 뛰어세기>

100, 110, 120, 130, 140, 150, 160,
170, 180, 190, 200, 210, 220, 225,
230, 235 이예요.

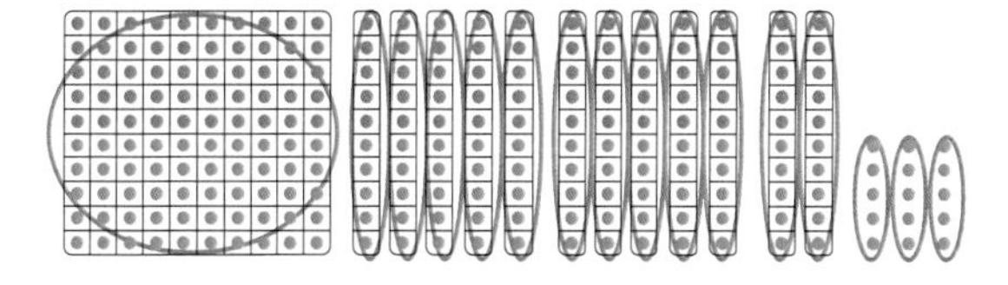

<방법3. 곱셈을 생각하기-묶음과 덧셈>

100묶음이 1이므로 100
10묶음이 12이므로 120
3개씩 5줄 3 x 5 = 15
모두 더하면 235예요.

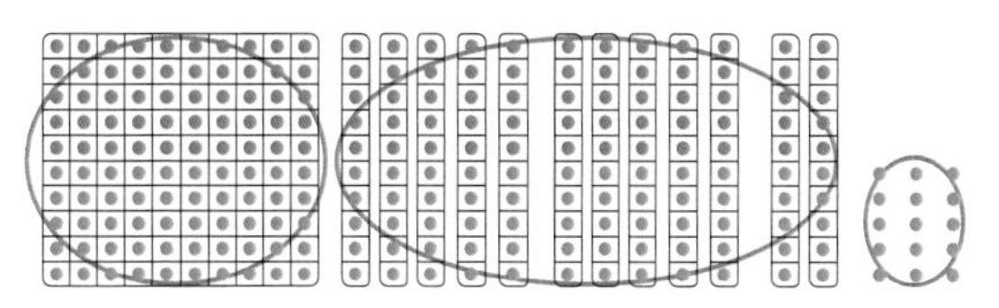

Guide 위의 그림과 같이 교재에 직접 표시해보며 점의 수를 파악해봅니다.

함께 하기 1) 방법1. 100 묶음, 10묶음 만들며 세기로 점의 개수를 말해봅시다.

❶

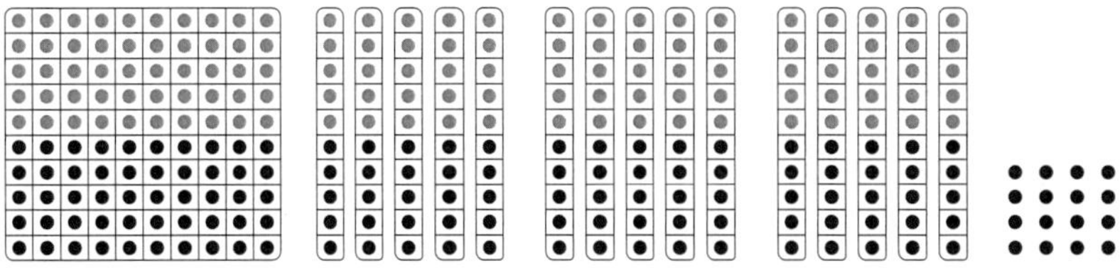

❷
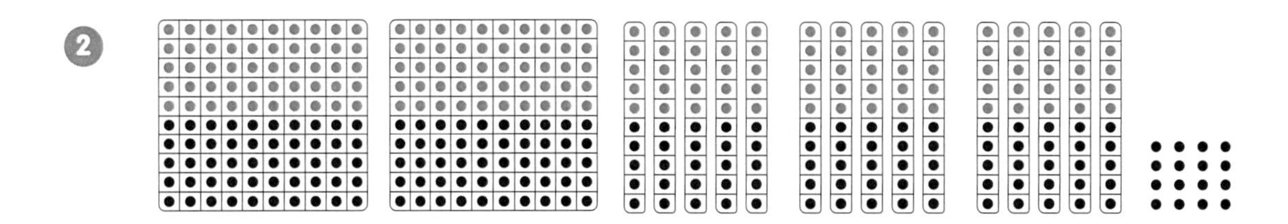

❸
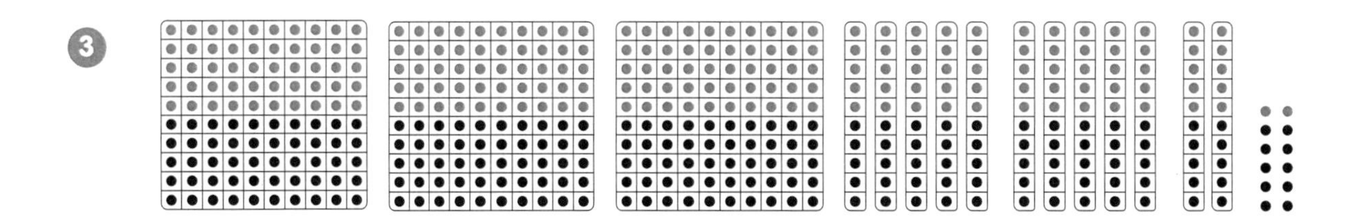

❹
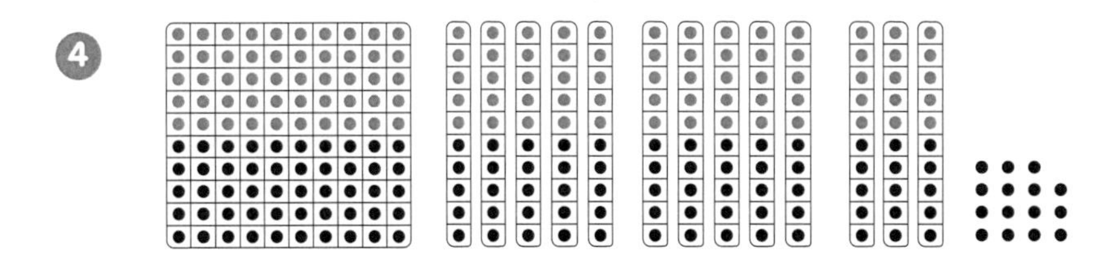

❺
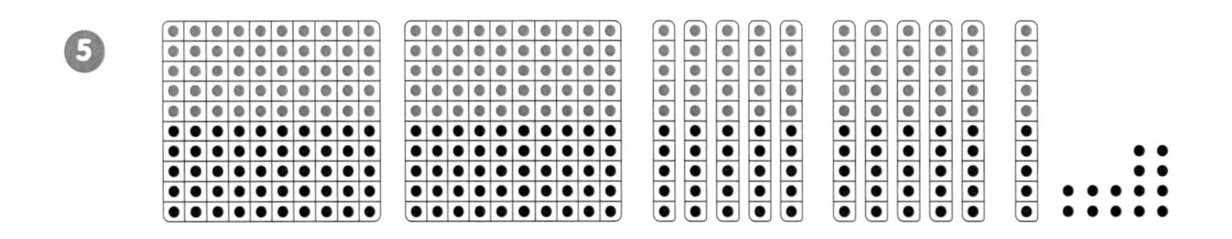

❻
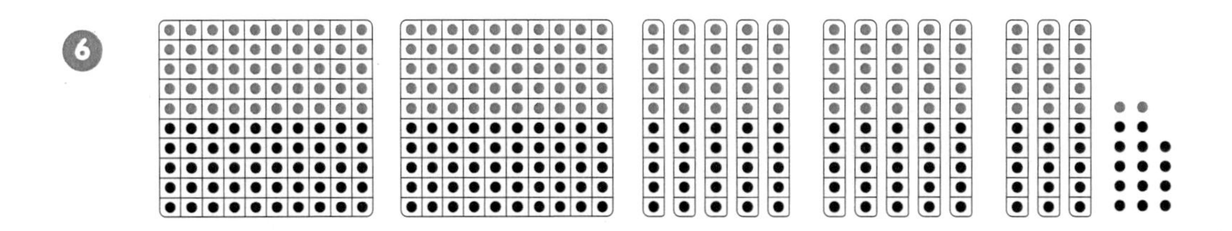

함께 하기 2) 방법2. 단위 바꿔가며 뛰어세기로 점의 개수를 말해봅시다.

❶

❷

❸

❹

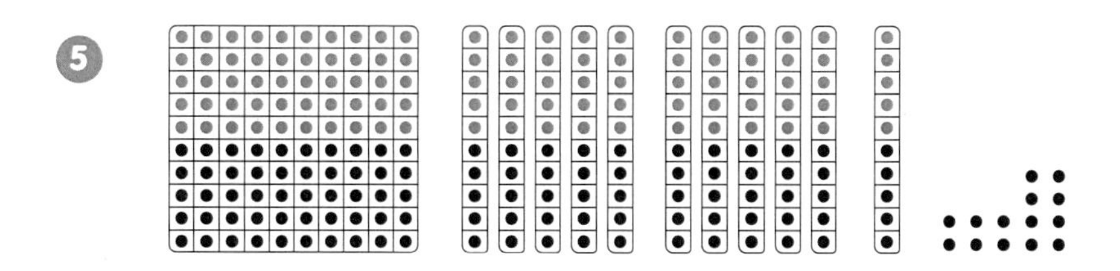

❺

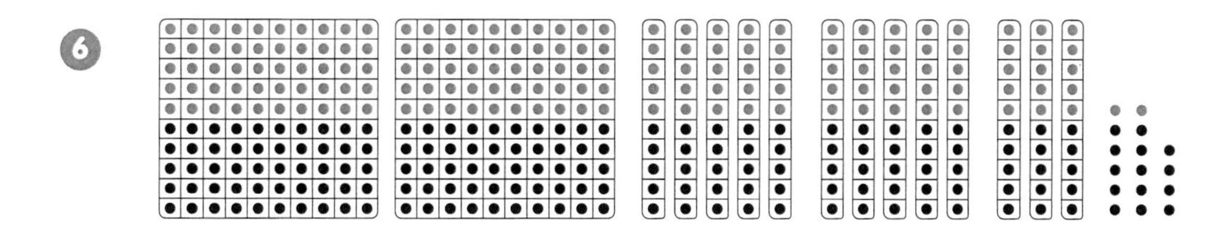

❻

함께 하기 3) 방법3. 곱셈 생각하기-묶음과 덧셈으로 점의 개수를 말해봅시다.

❶

❷

❸

❹

❺

❻

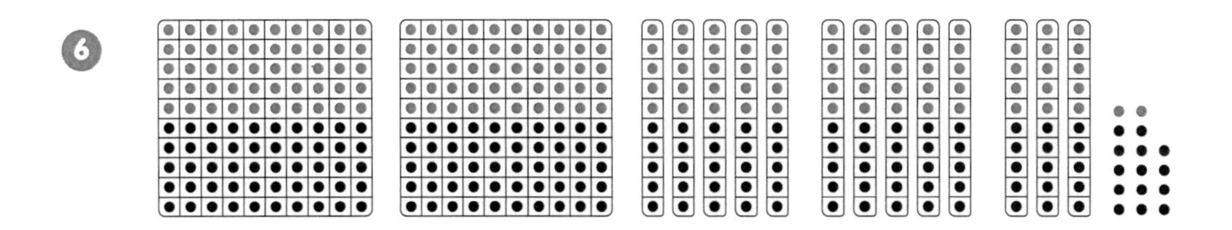

4. 세 자릿수와 수직선

이해하기

1) 수직선의 수를 점으로 나타내기

준비물 : 부록 71~110번

선생님

수직선에서 100씩 몇 뛰었나요?

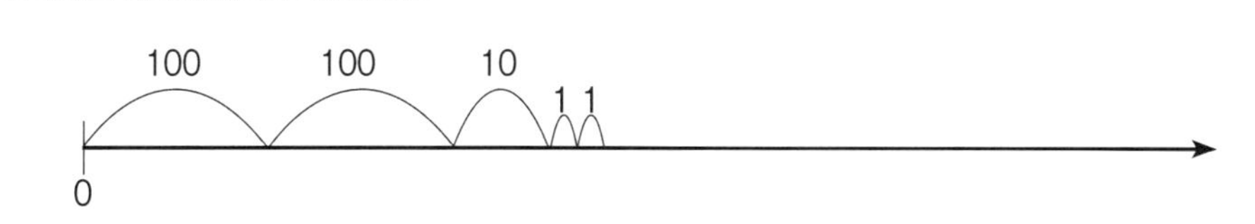

하나

그런 다음 10씩 몇 뛰었나요?

1 뛰었어요.

그런 다음 1씩 몇 뛰었나요?

2 뛰었어요.

수직선이 나타내는 수를 부록 71~110번으로 만들어보세요.

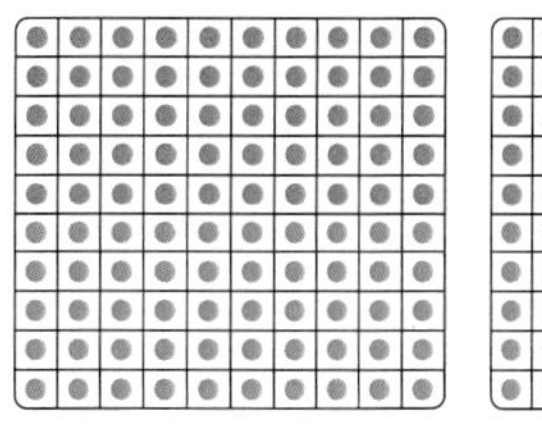

함께 하기 수직선이 나타내는 수를 부록 71~110번으로 나타내봅시다.

❶

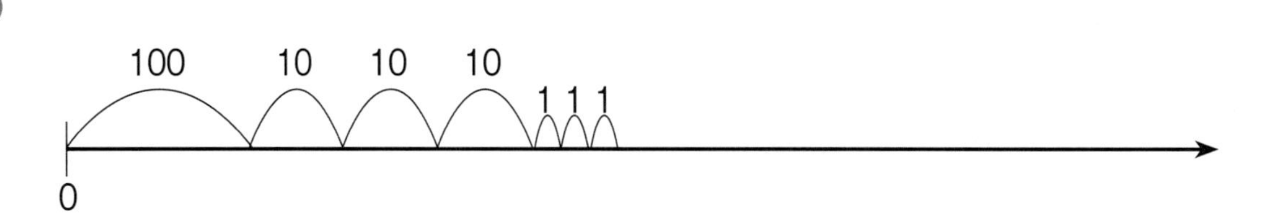

❷

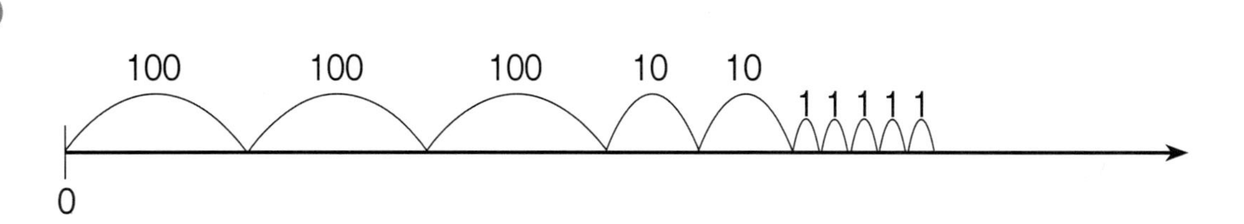

❸

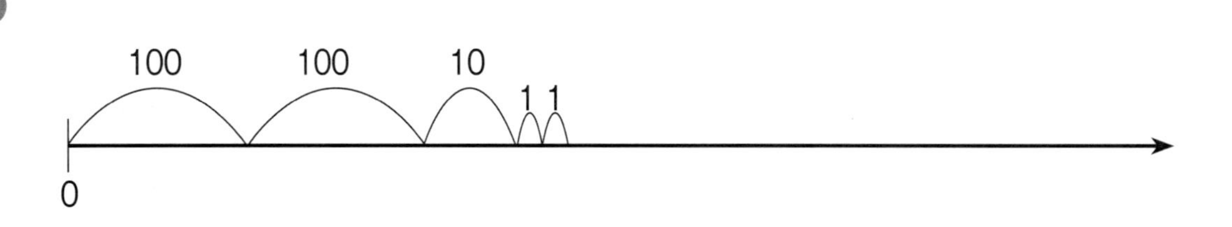

❹

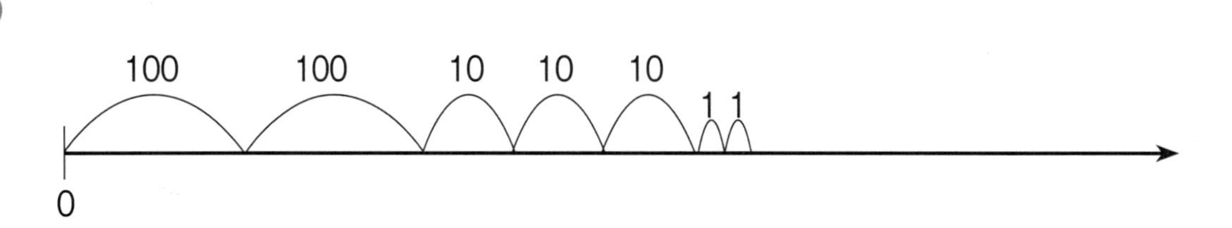

❺

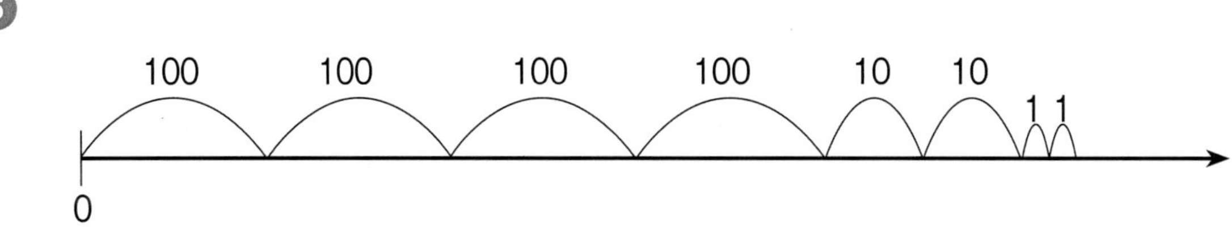

이해하기 2) 점의 개수를 수직선에 나타내기

준비물 : 부록 71~110번

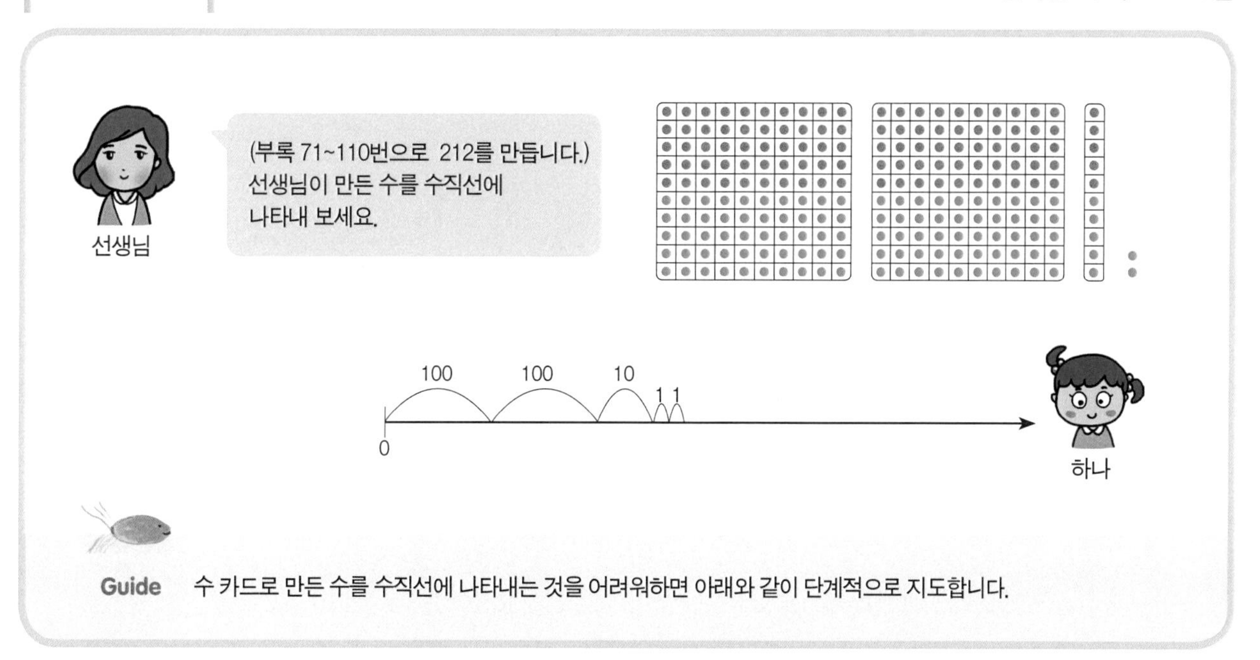

Guide 수 카드로 만든 수를 수직선에 나타내는 것을 어려워하면 아래와 같이 단계적으로 지도합니다.

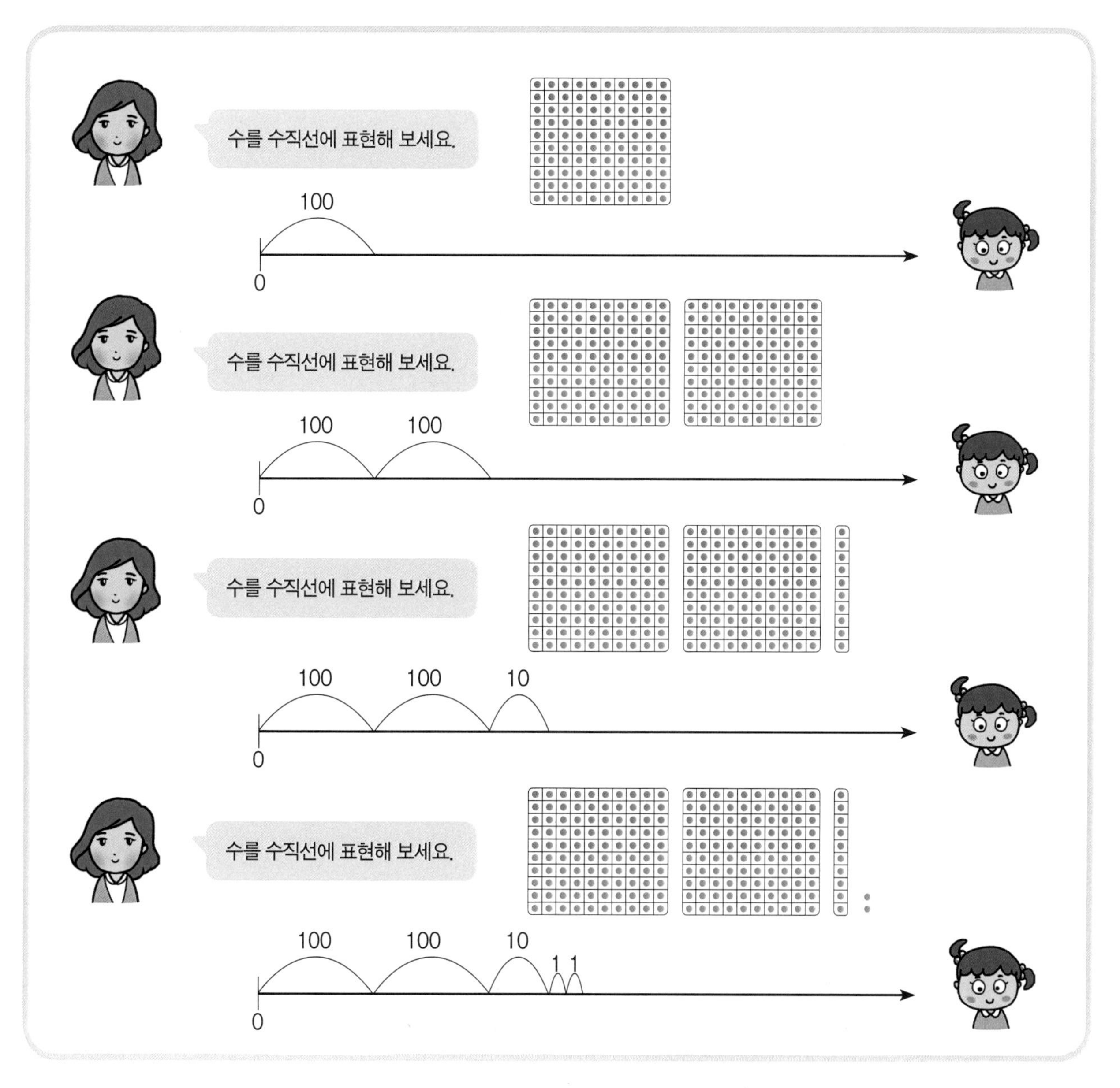

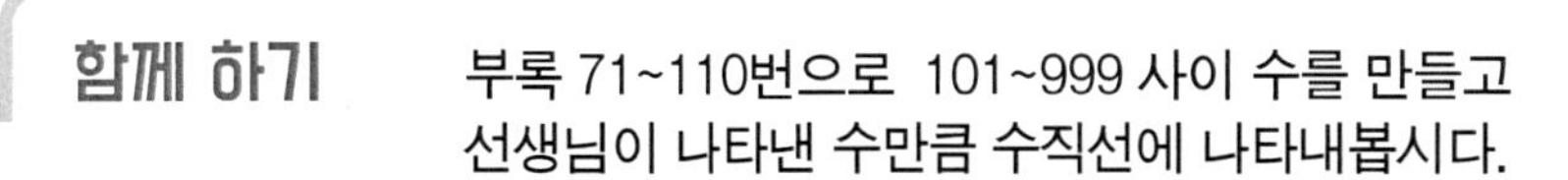

함께 하기 부록 71~110번으로 101~999 사이 수를 만들고
선생님이 나타낸 수만큼 수직선에 나타내봅시다.

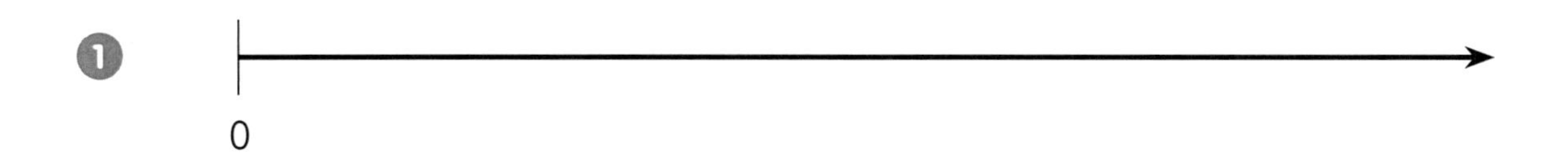

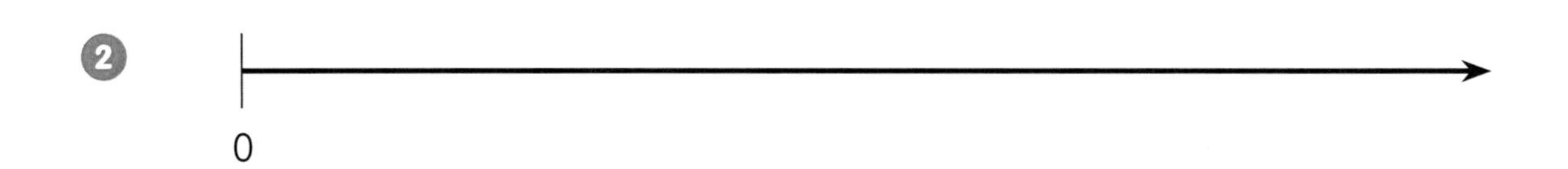

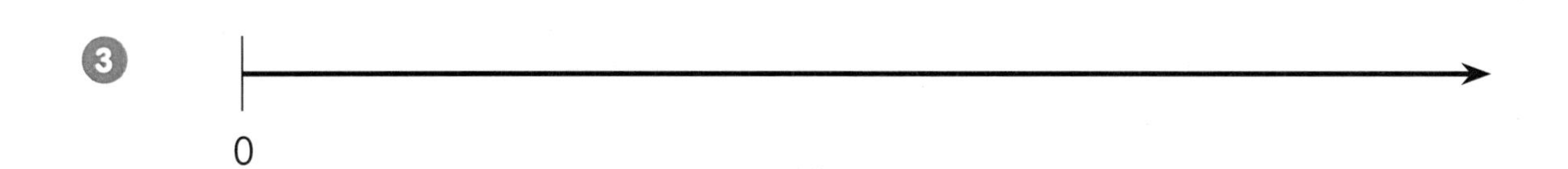

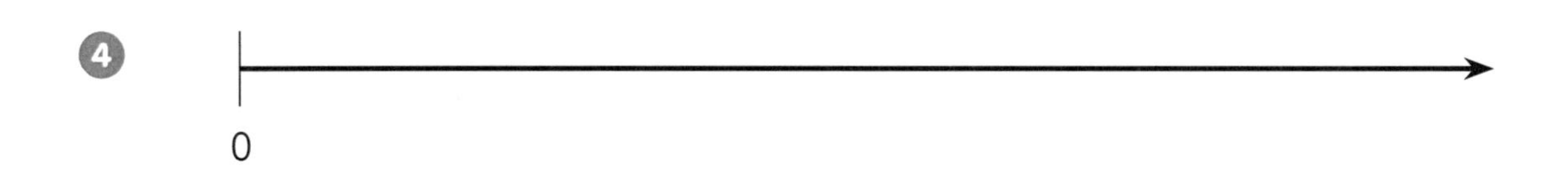

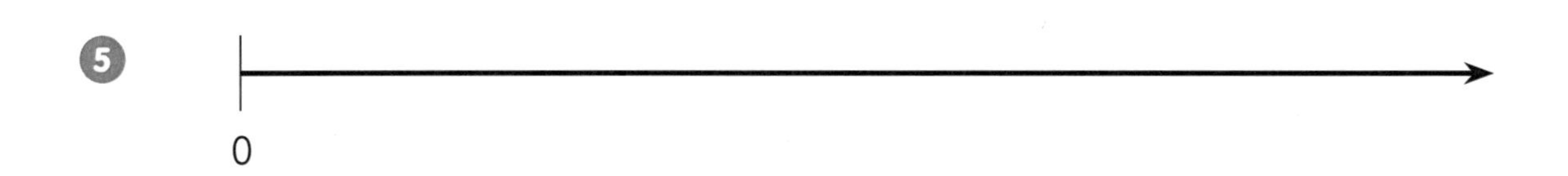

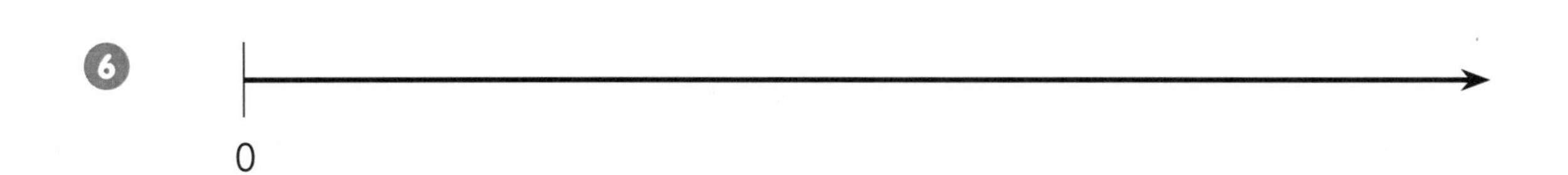

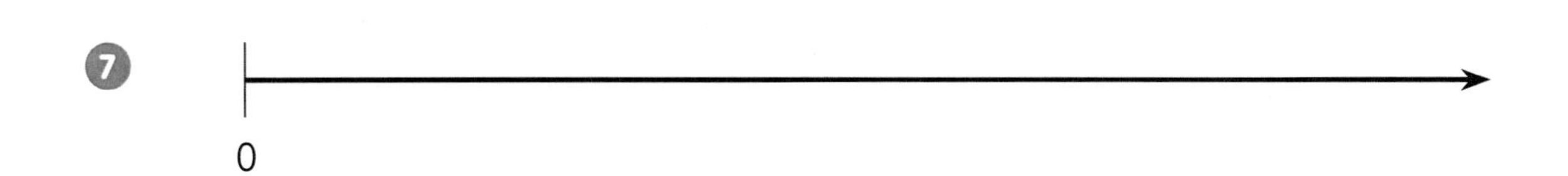

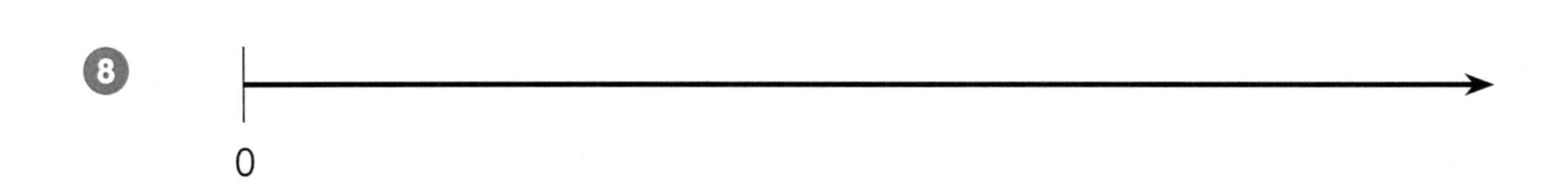

스스로 하기 왼쪽 수를 수직선에 나타내 보세요.

❶

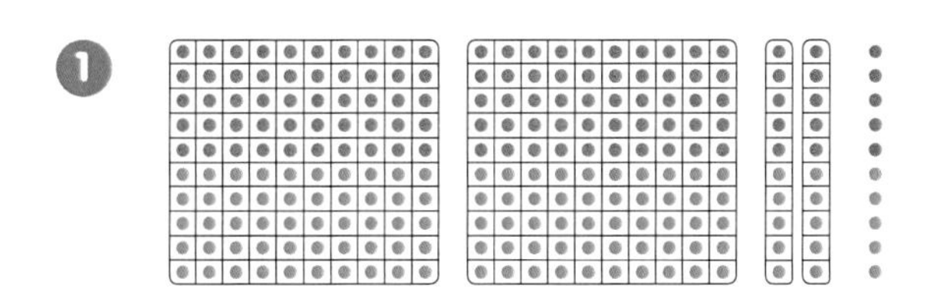

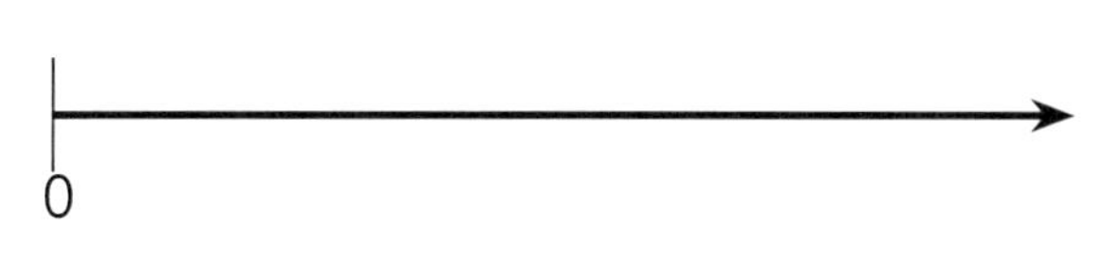

❷

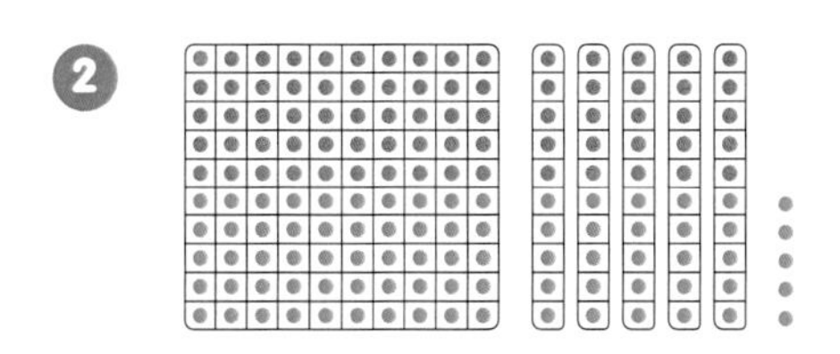

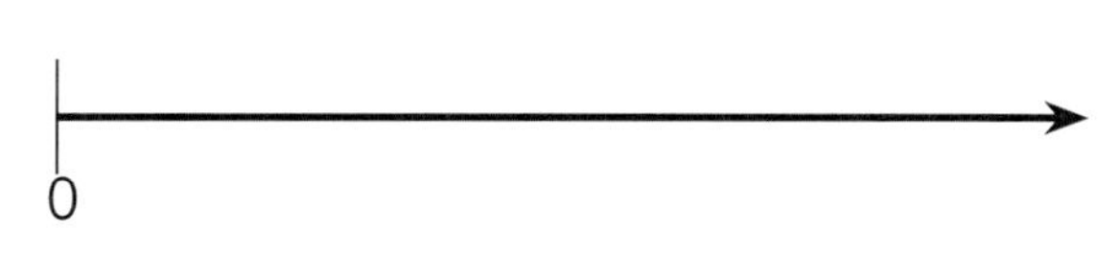

❸

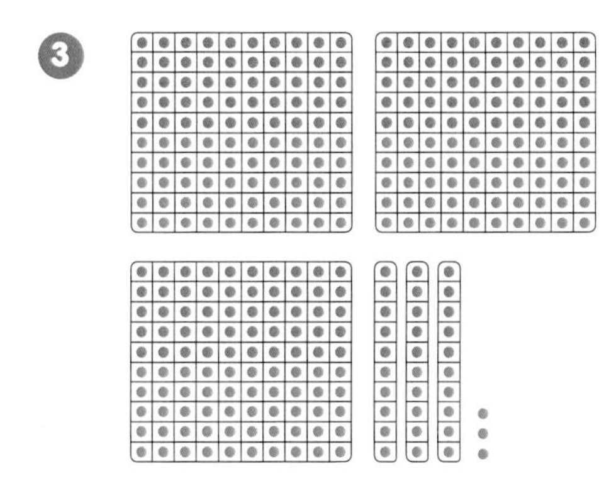

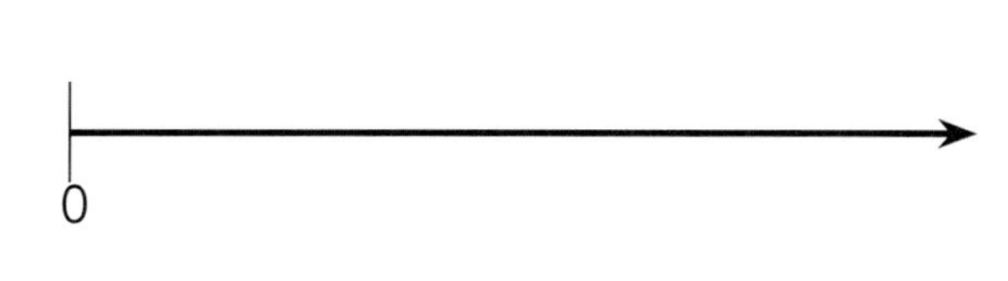

❹

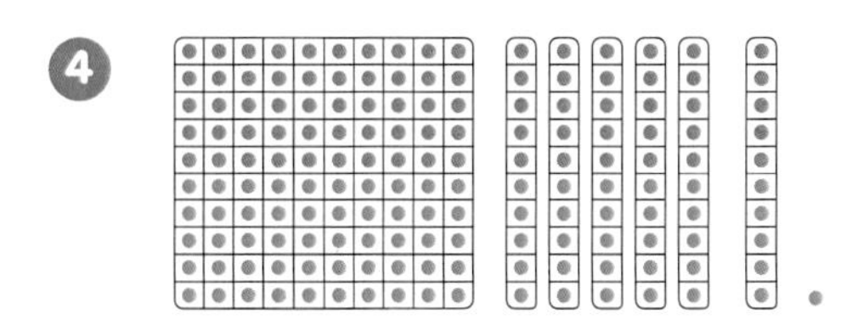

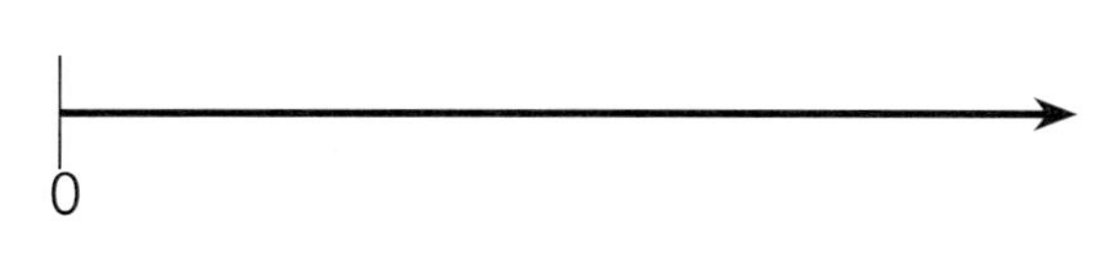

❺

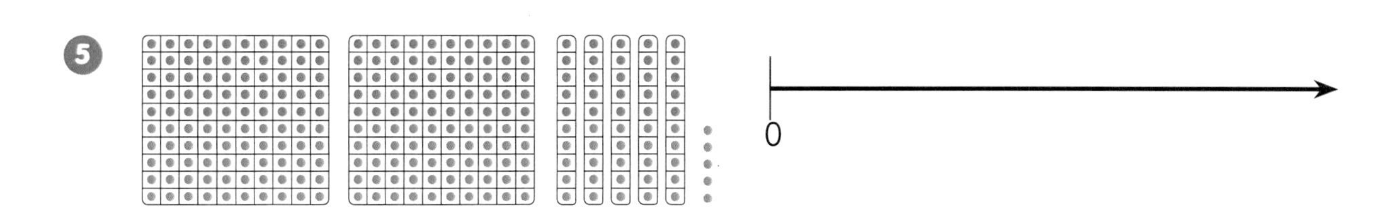

1+2=?

Numeracy for All

계산 자신감

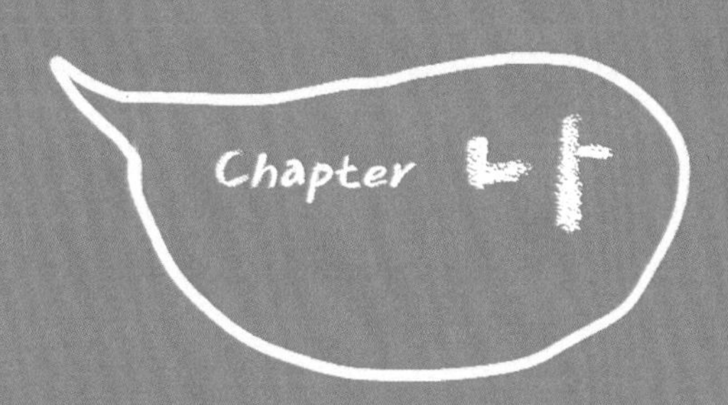

수끼리의 관계

수끼리의 관계 진단 평가

수끼리 관계 진단 평가에 관한 안내

수끼리 관계 진단 평가에 관한 안내

1. 1권의 진단 평가의 문항지는 PPTX 파일로 제시됩니다. (QR 코드로 연결)
   - 네이버 계산 자신감 카페 '1권-진단' 게시판에서 문항지를 다운 받아 출력하거나 학생에게 컴퓨터 화면으로 보여주면서 실시하세요.

   학생은 문항지를 보며 대답하고 교사는 교사용 기록지에 학생의 반응을 기록합니다.
2. 진단 평가 C, D, E, F

   진단 평가 C로부터 시작하며 각 단계에서 미도달 시 다음 단계는 실시하지 않습니다.

   총 점수가 8점 이상이면 도달로 간주합니다.
3. 각 단계 미도달 시 아래의 프로세스에 따라 지도해 주시기 바랍니다.

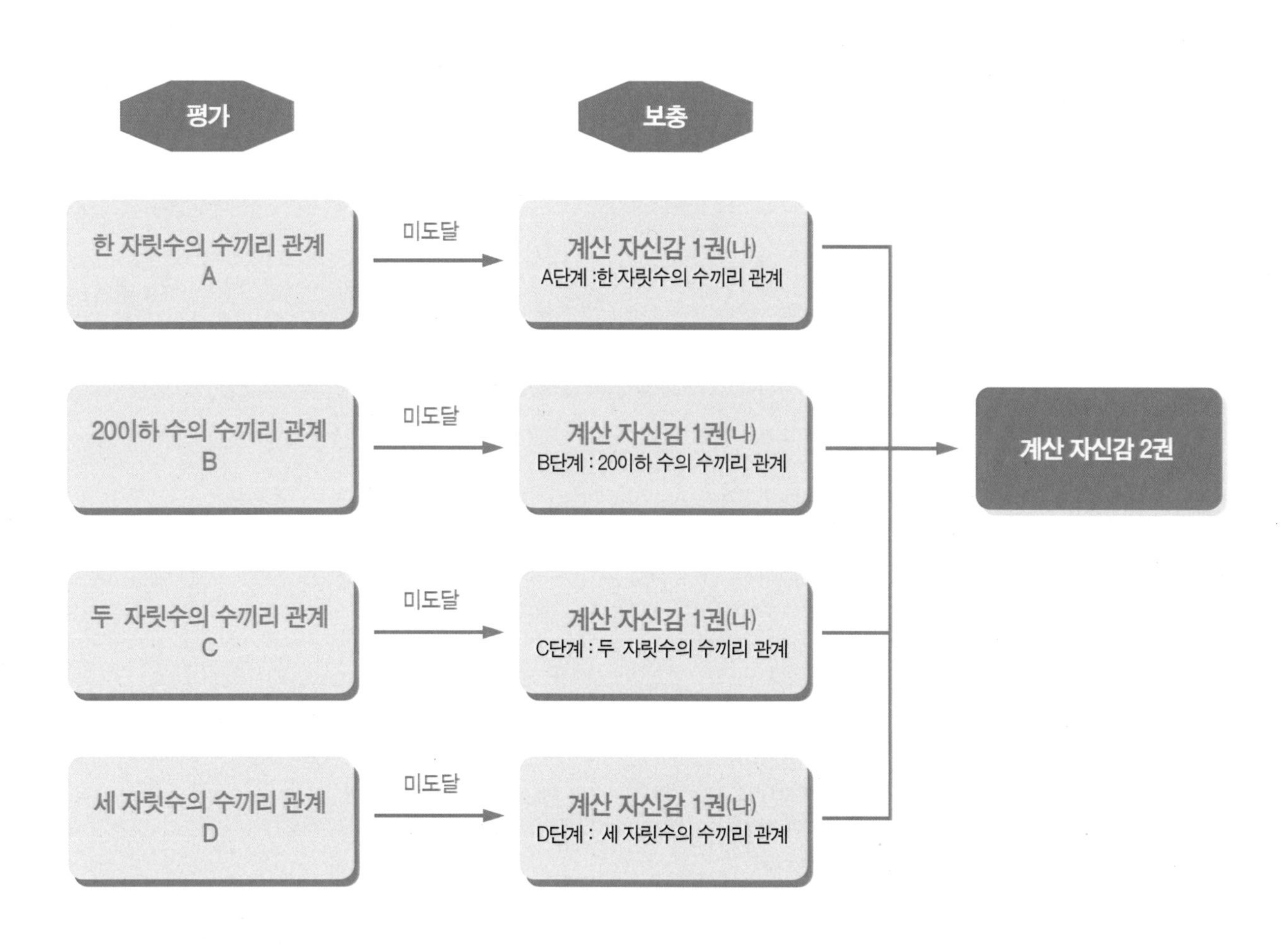

A단계

한 자릿수의 수끼리 관계

1. 크기 비교하기
2. 1 더 많은, 1 더 적은
3. 크기 순서 찾기
4. 더 가까운 수 찾기
5. 세로 수직선에서 수끼리의 관계
6. 가로 수직선에서 수끼리의 관계
7. 수 스무고개 놀이
8. 절반 찾기
9. 수직선에서 수의 위치 어림하기

A단계 1. 크기 비교하기

이해하기 1) 표상과 표상 크기 비교하기

준비물 : 부록 51~60번, 연결큐브

(부록 51~60번 중 2개를 보여줍니다.)
둘 중 더 큰 수는 무엇인가요?

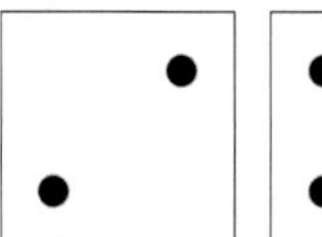

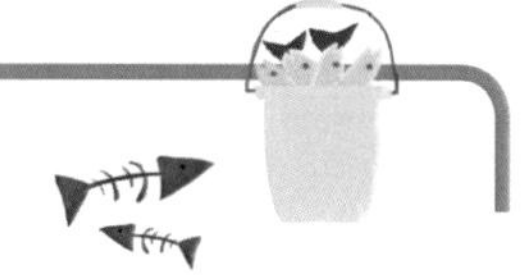

Guide 세지 않고 직산으로 수량을 파악하여 말하는 것이 중요해요.
능숙하게 하면 카드 2개 중 한 개는 잠시만 보여주고 가립니다. 연결큐브를 이어서 비교하는 활동도 좋습니다.

함께하기 부록 51~60번으로 크기 비교 활동을 해봅시다.

스스로 하기 더 큰 수에 ○ 하세요.

1 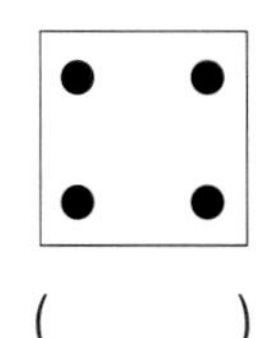 ( ) 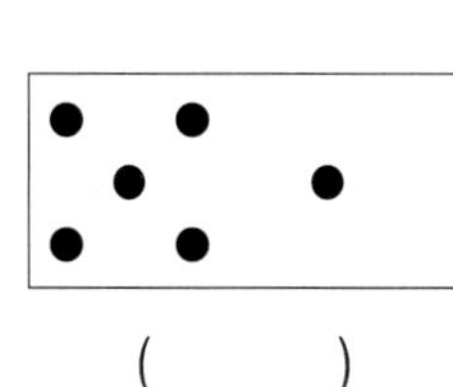 ( )

2 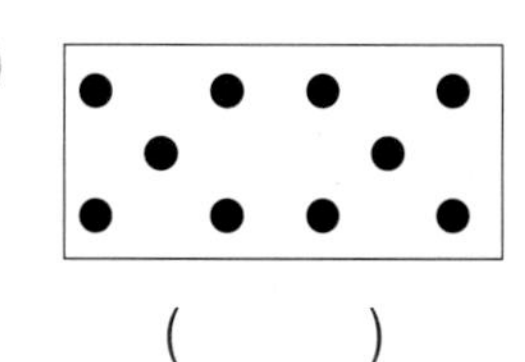 ( ) 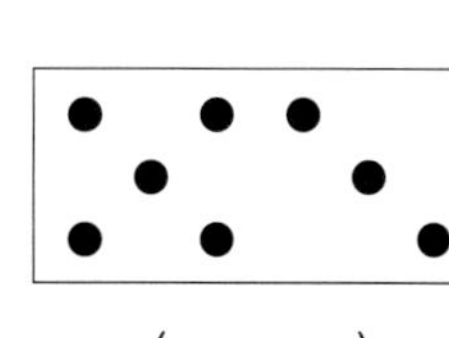 ( )

3 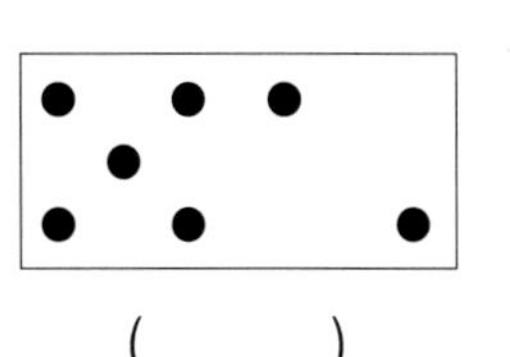 ( ) 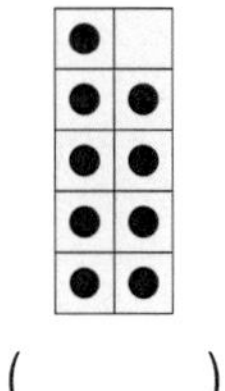 ( )

4 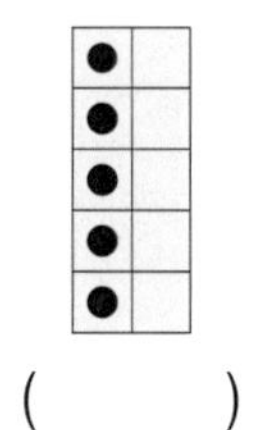 ( ) 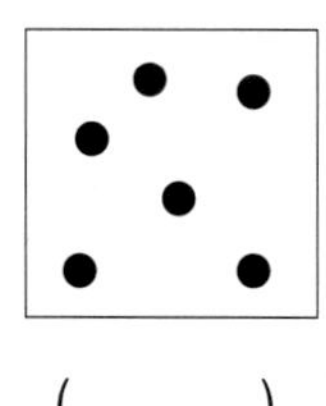 ( )

5 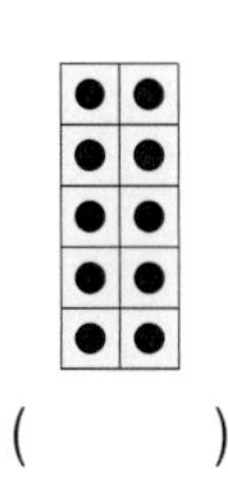 ( ) 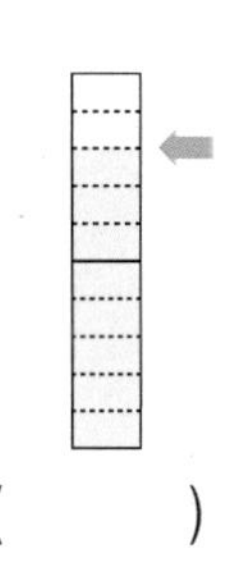 ( )

6 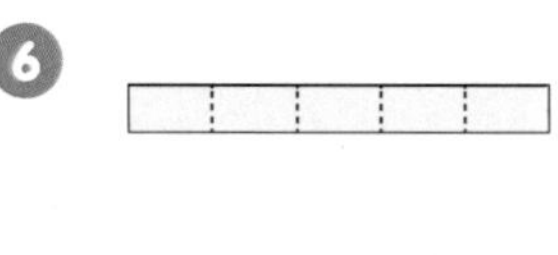 ( ) 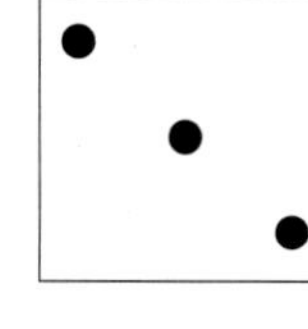 ( )

이해하기 2) 표상과 숫자 크기 비교하기

준비물 : 부록 1~10번, 부록 51~60번, 연결큐브

선생님: (부록 53번과 6번을 보여줍니다.) 둘 중 더 큰 수는 무엇인가요?

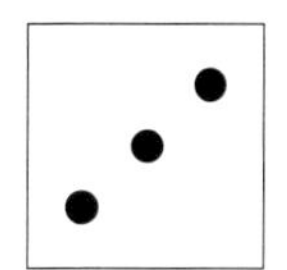

6

하나: 6이요.

함께하기 부록 1~10번과 51~60번으로 크기 비교 활동을 해봅시다.

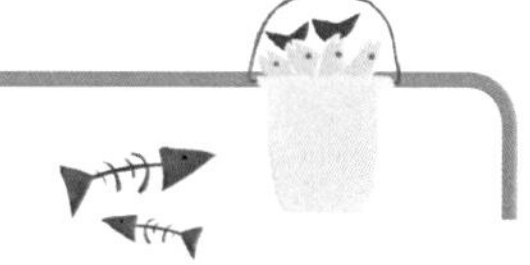

스스로 하기 더 큰 수에 ○ 하세요.

❶ 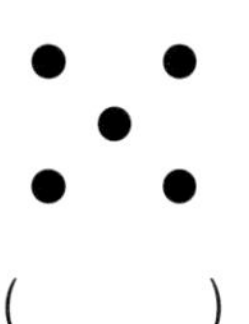 ( ) 3 ( )

❷ 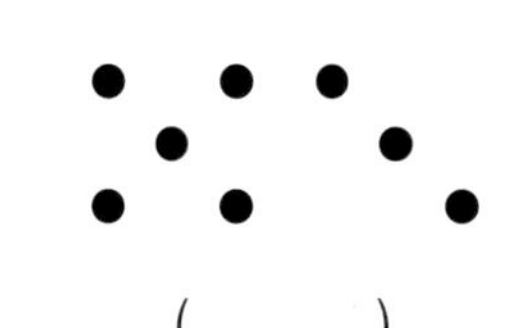 ( ) 10 ( )

❸ 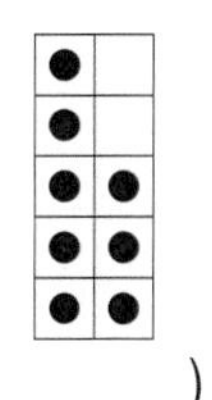 ( ) 6 ( )

❹ 9 ( ) 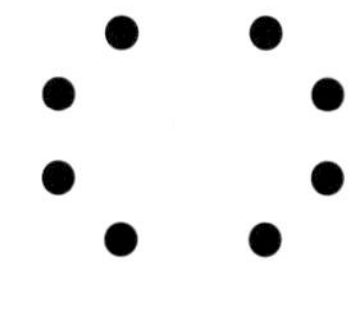 ( )

❺ 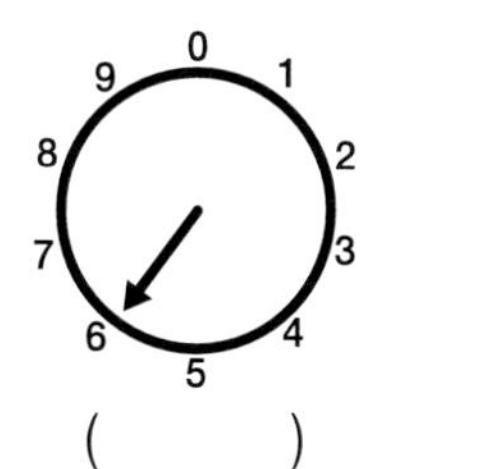 ( ) ( )

❻ 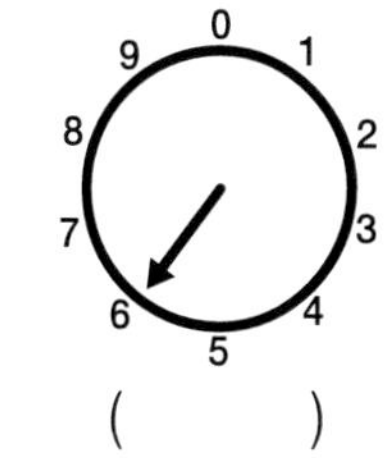 ( ) 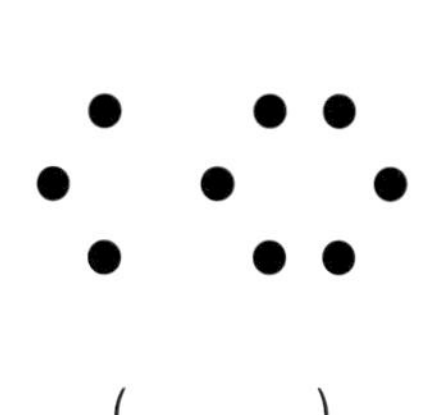 ( )

❼ 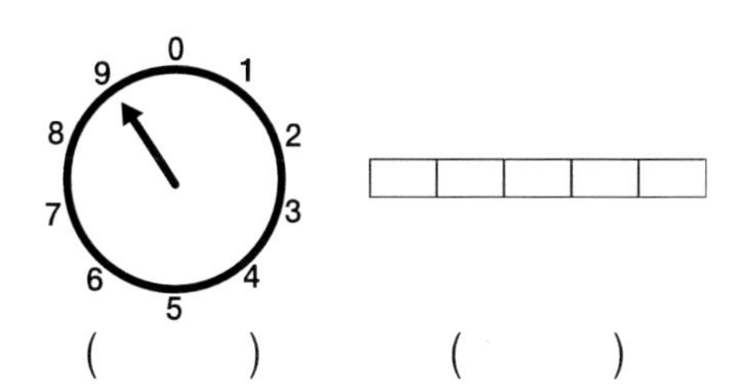 ( ) ( )

❽ 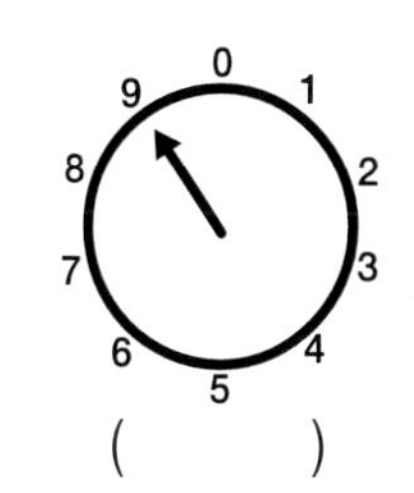 ( ) ( )

이해하기 3) 숫자와 숫자 크기 비교하기

준비물 : 부록 1~10번, 연결큐브

(부록 8번과 4번을 보여줍니다.)
둘 중 더 큰 수는 무엇인가요?

선생님

8	4

8 이요.

하나

함께하기 부록1~10번으로 크기 비교 활동을 해봅시다.

스스로 하기 더 큰 수에 ○ 하세요.

❶ 3 ( ) 4 ( )

❷ 7 ( ) 8 ( )

❸ 10 ( ) 5 ( )

❹ 9 ( ) 6 ( )

❺ 

( ) 10 ( )

❻ 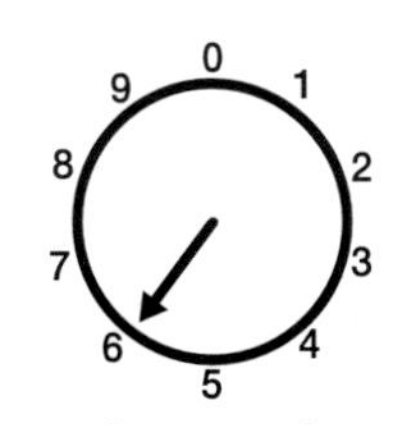

( ) 7 ( )

❼ 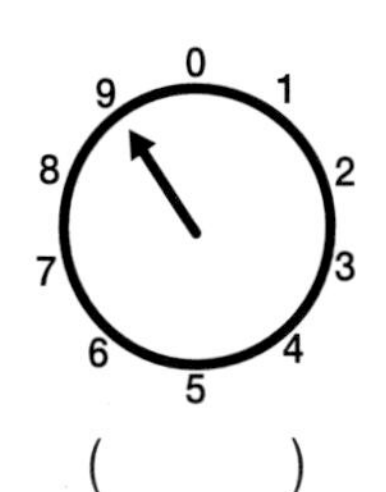

( ) 7 ( )

❽ 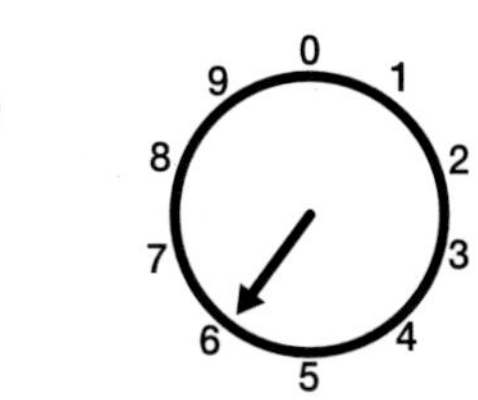

( ) 3 ( )

A단계 2. 1 더 많은, 1 더 적은

이해하기

준비물 : 부록 51~60번

(부록 51~60번을 무작위로 펼쳐 놓는다. 부록 54번 집어서 잠시만 보여주고 뒤집는다.)
선생님이 고른 카드의 수보다 1 더 많은 카드를 찾아보세요.

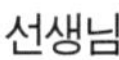
선생님

(5 카드를 찾는다.)

하나

선생님이 고른 카드의 수보다 1 더 적은 카드를 찾아보세요.

(3 카드를 찾는다.)

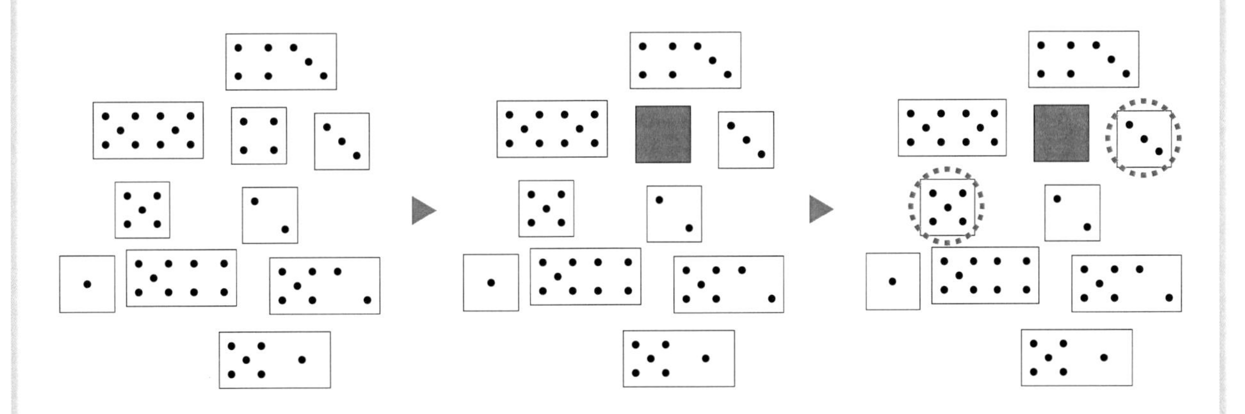

Guide 익숙해지면 점 카드 대신 숫자 카드를 제시하고 1 더 많은, 1 더 적은 카드를 찾아보세요.
숫자가 커지고 배열이 복잡한 점의 경우 학생이 어려워하면 카드를 가리지 않고 계속 보여주세요.

함께하기

선생님이 고른 카드(부록 51~60번)보다 1 더 많은,
1 더 적은 카드를 찾으세요.

스스로 하기

가운데 그림보다 1 더 적게, 1 더 많게 그려보세요.

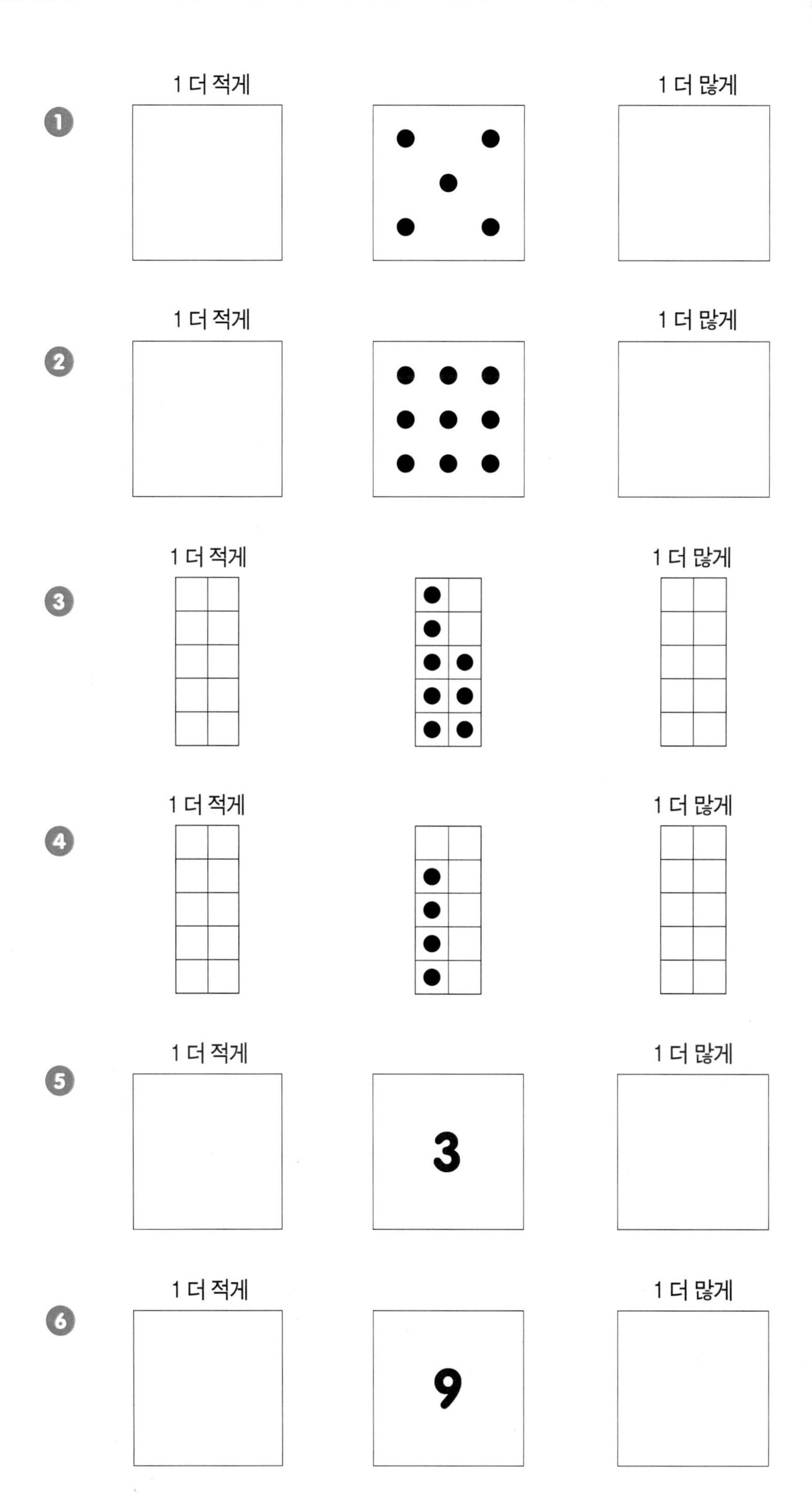

3. 크기 순서 찾기

이해하기

준비물 : 부록 51~60번, 연결큐브

선생님

(부록 51~60번 중 3개를 무작위로 놓습니다.)
가장 적은 것부터 순서대로 놓아 보세요.

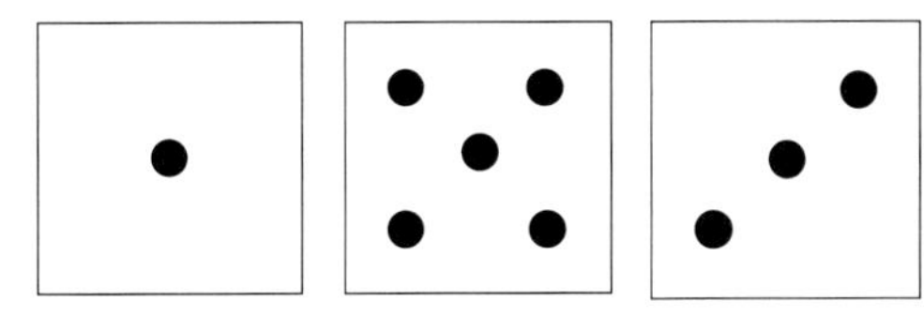

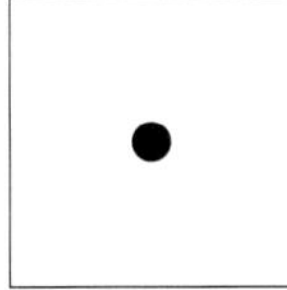
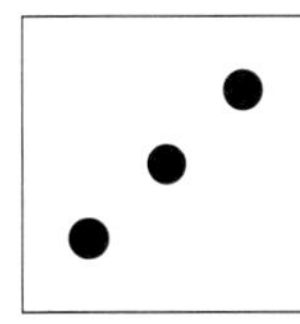
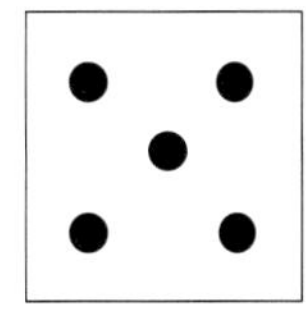

하나

Guide 익숙해지면 점 카드, 숫자 카드를 섞어서 제시해 보세요. 수를 연결큐브로 나타내보고 비교해보는 활동을 하면 좋습니다.

7 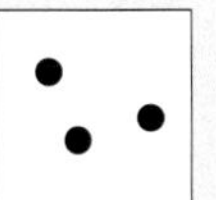 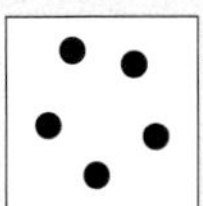

6 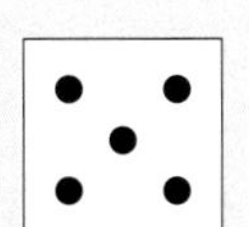 1

7 10 9

함께하기

선생님이 보여준 카드(부록 51~60번)를 크기 순서대로 놓아보세요.

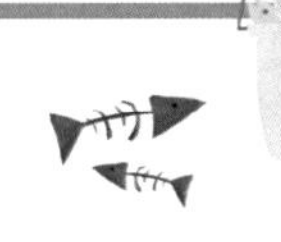

스스로 하기

적은 것부터 큰 순서로 번호를 매겨보세요.

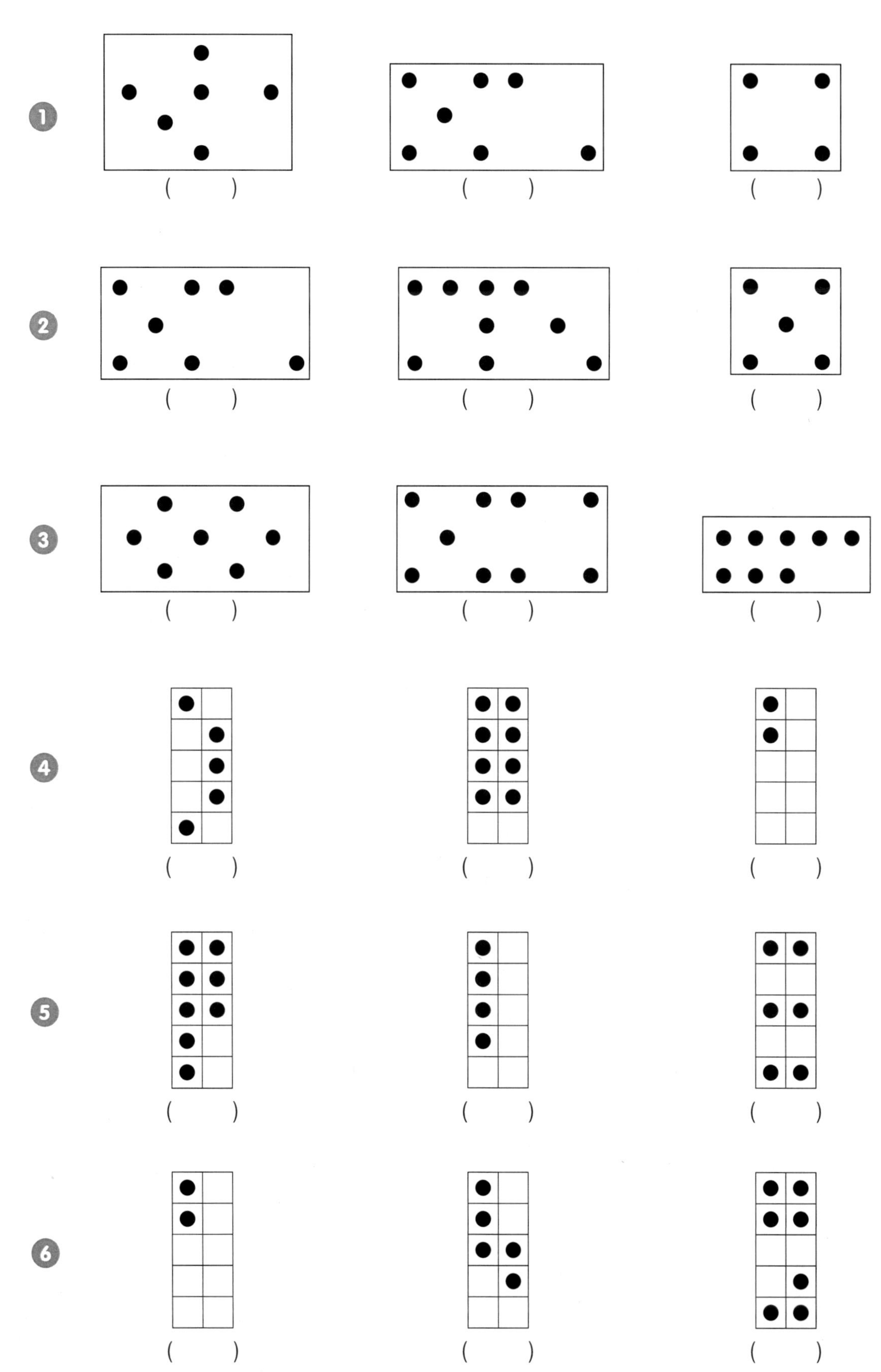

4. 더 가까운 수 찾기

이해하기

준비물 : 1~10 숫자카드

(숫자카드 3개를 크기 순서대로 놓습니다.)
숫자들을 넘버 패스 위에 표시해 보세요.

3	5	9

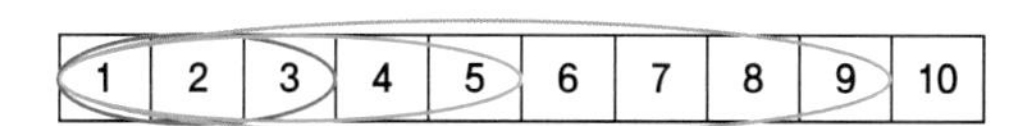

(넘버 패스 위의 숫자에 동그라미 한다.)

가운데 숫자 5는 3과 9 중 어떤 수와 더 가깝나요?

3과 더 가깝습니다.

Guide 가운데 숫자를 기준으로 하여 가까운 수를 물어봐 주세요.
익숙해지면 넘버패스에 표시하지 않고 숫자만으로 활동을 해 보세요.

함께하기 선생님이 제시하는 수만큼 〈보기〉처럼 넘버패스 위에 표시해 보세요.

〈보기〉

4

1	2	3	4	5	6	7	8	9	10

❶ **8**

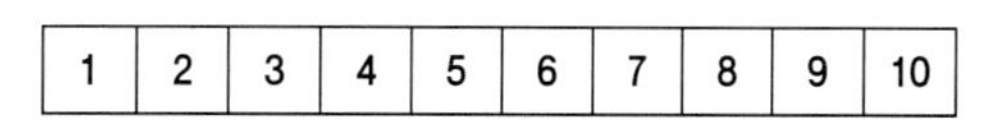

❷ **3**

1	2	3	4	5	6	7	8	9	10

❸ **7**

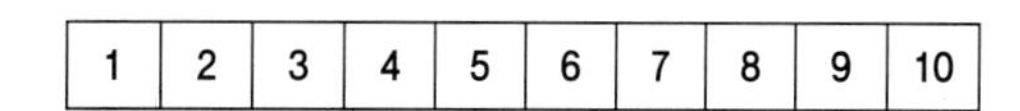

❹ **9**

1	2	3	4	5	6	7	8	9	10

❺ **6**

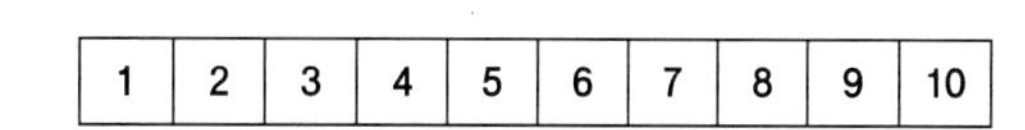

스스로 하기 선생님이 보여 주는 덧셈을〈보기〉처럼 넘버 패스 위에 표시해 보세요.

〈보기〉

2+3

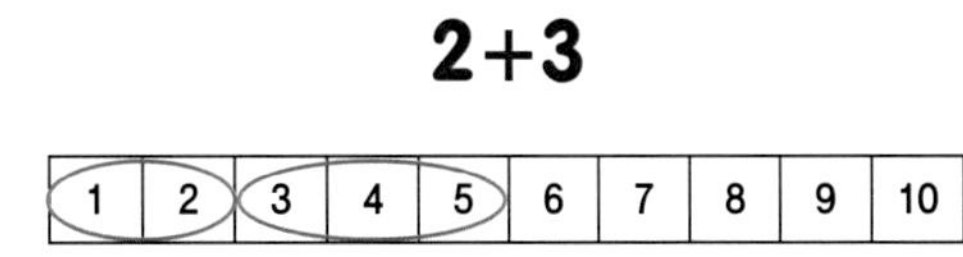

❶ **4+4**

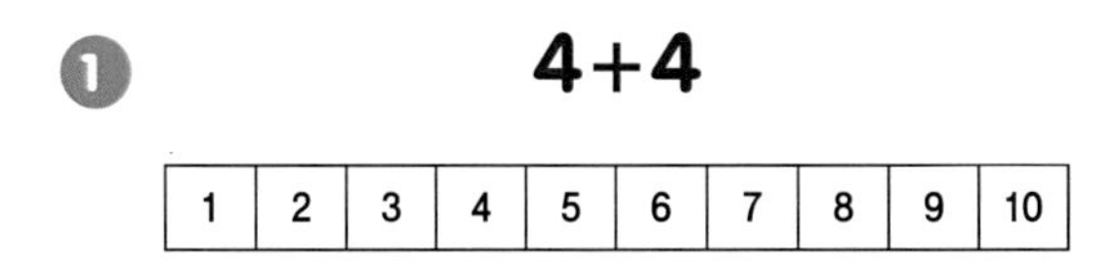

❷ **4+5**

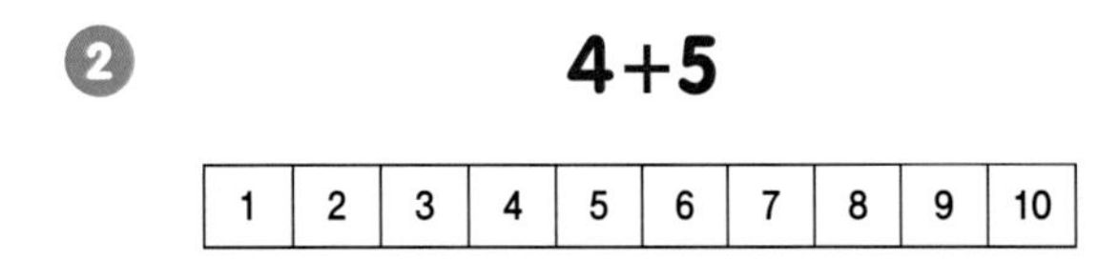

❸ **6+4**

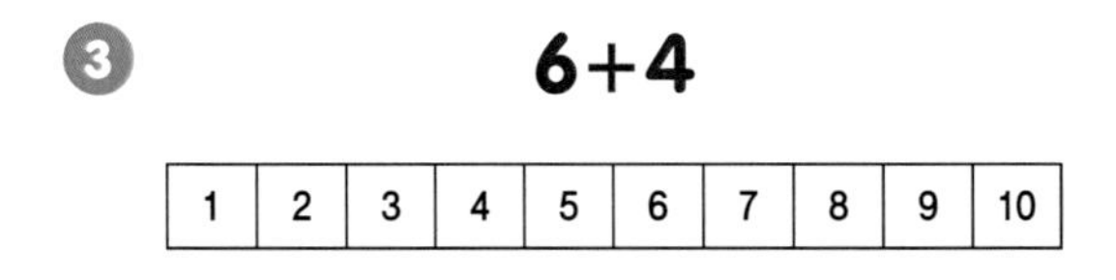

❹ **5+3**

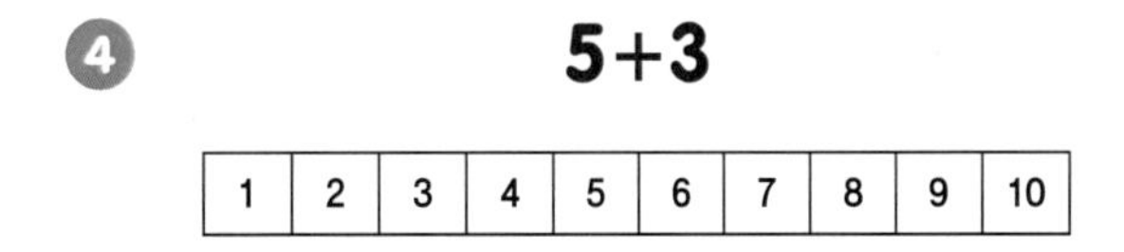

❺ **1+3**

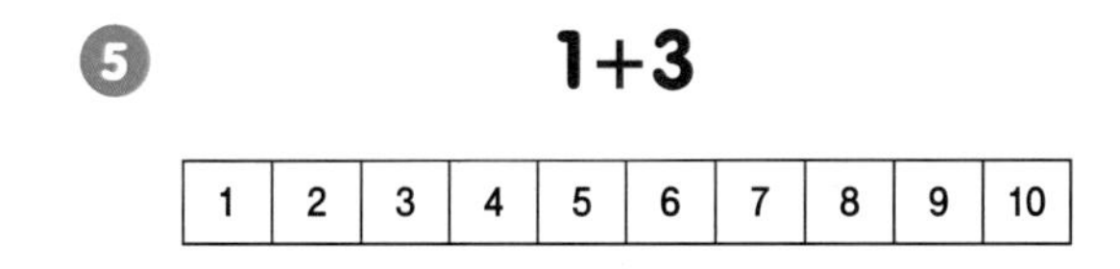

❻ **7+3**

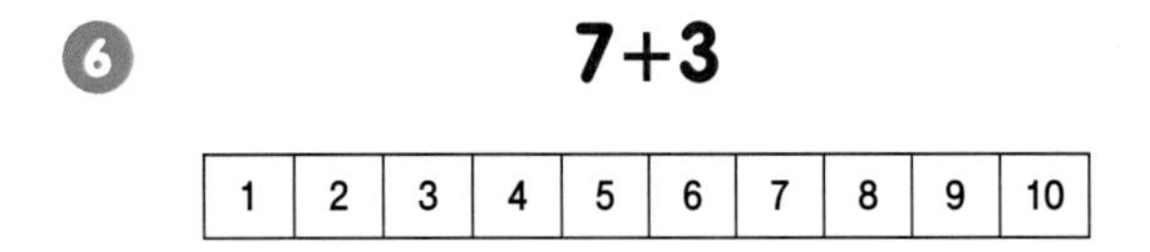

❼ **1+9**

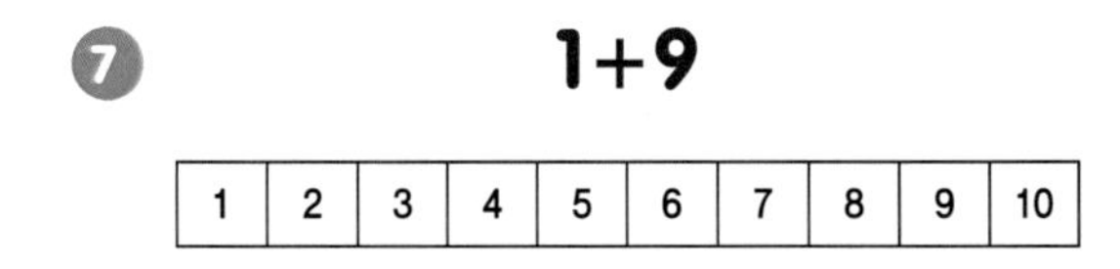

❽ **6+2**

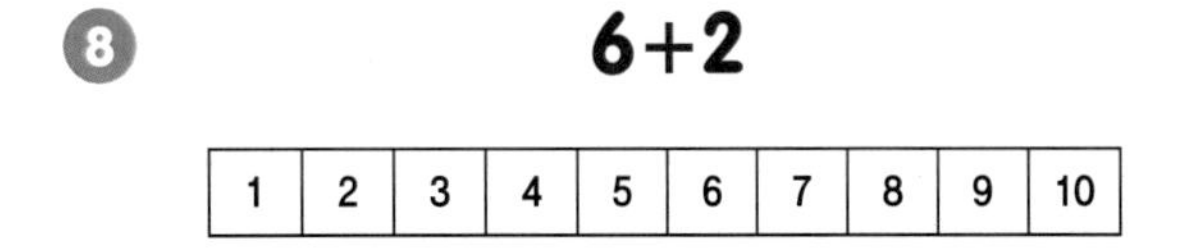

❾ **1+7**

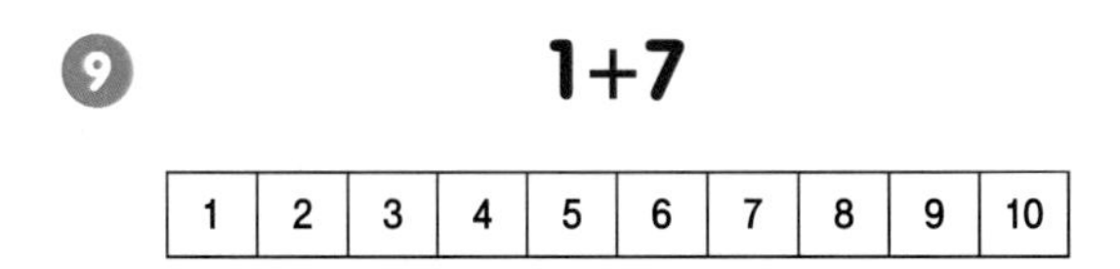

❿ **2+8**

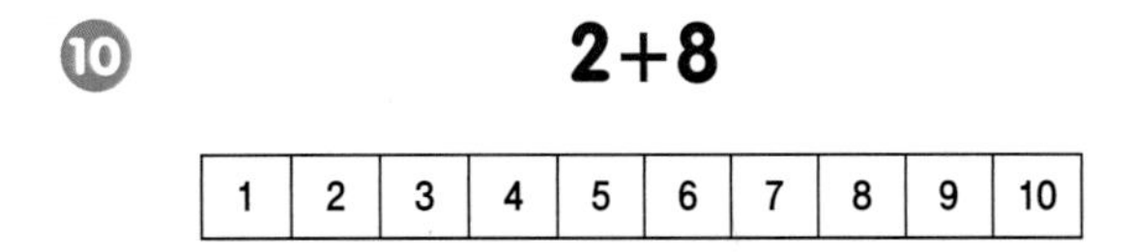

⓫ **5+5**

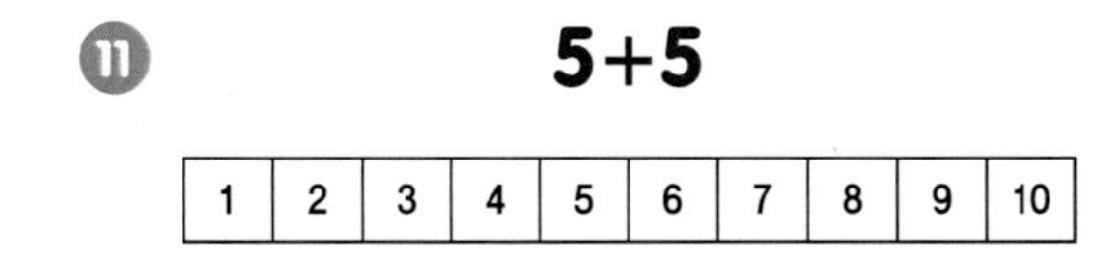

스스로 하기 선생님이 보여 주는 뺄셈을 〈보기〉처럼 넘버 패스 위에 표시해 보세요.

〈보기〉

5-3

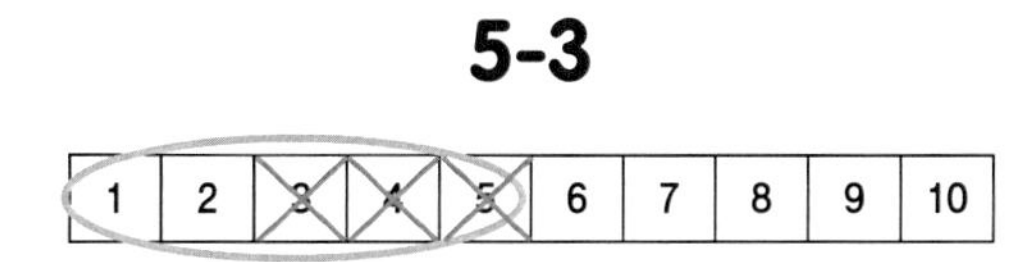

❶ **10-3**

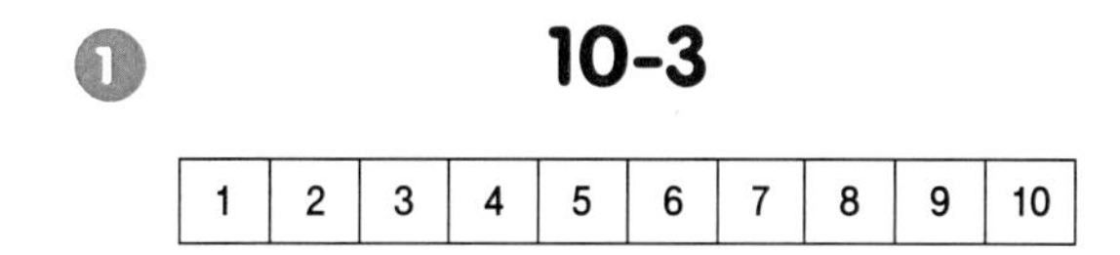

❷ **9-2**

1	2	3	4	5	6	7	8	9	10

❸ **10-8**

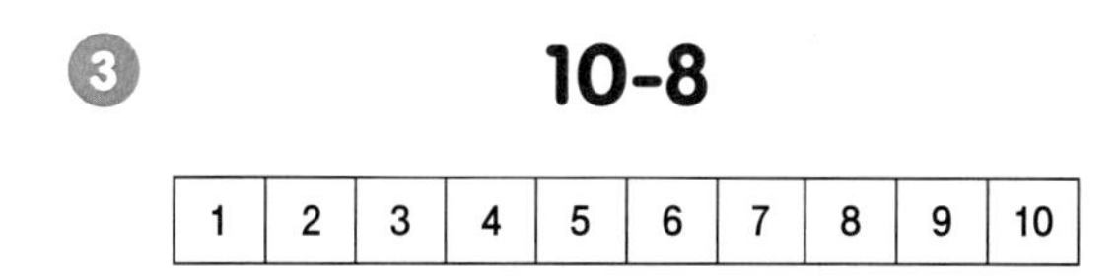

❹ **9-3**

1	2	3	4	5	6	7	8	9	10

❺ **9-5**

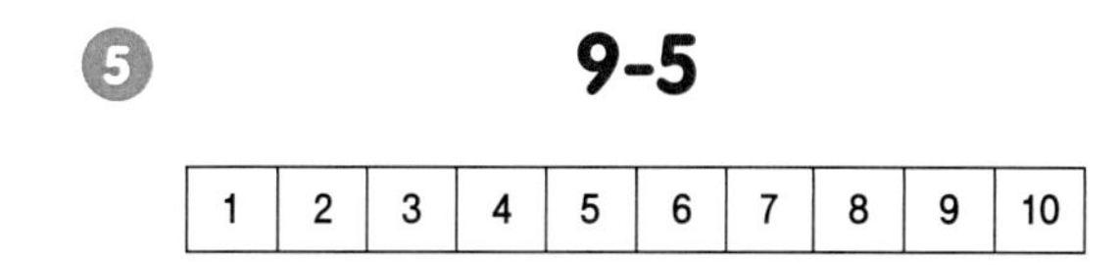

❻ **8-4**

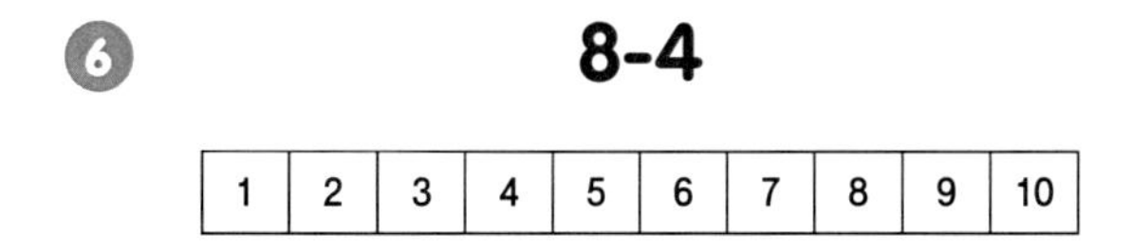

❼ **7-5**

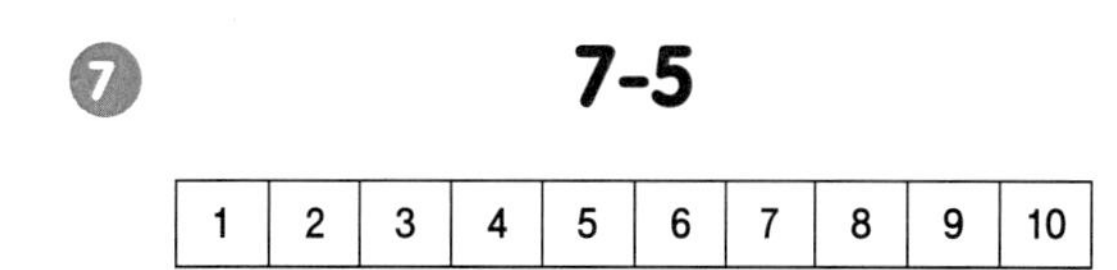

❽ **8-3**

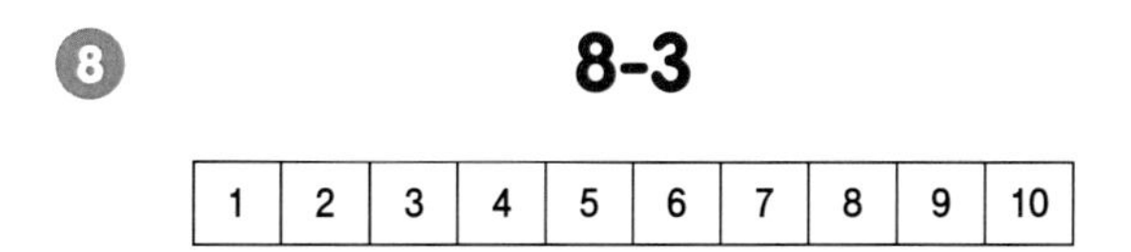

❾ **10-2**

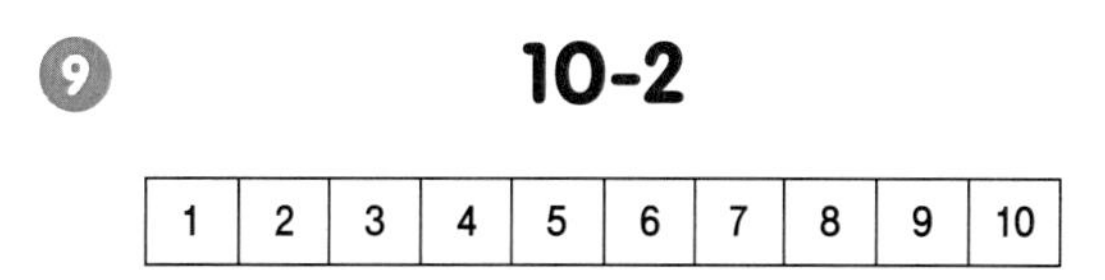

❿ **6-3**

1	2	3	4	5	6	7	8	9	10

⓫ **10-7**

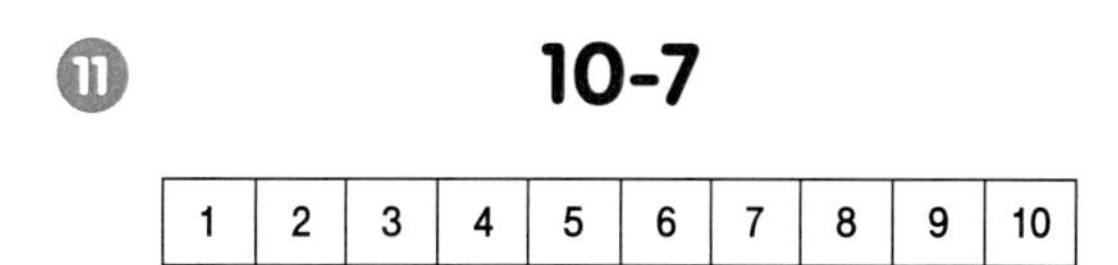

A단계 # 5. 세로 수직선에서 수끼리의 관계

이해하기

준비물 : 연결큐브

선생님

수직선 위에 3만큼 연결큐브를 올려놓아보세요.

하나

(연결큐브 3개를 수직선 위에 올려놓습니다.)

3 위에 수는 몇일까요?

4 예요.

연결큐브로 4를 나타내려면 어떻게 해야 할까요?
직접 나타내 보세요.

연결큐브 1을 더해요.

(연결 큐브를 다시 3으로 만듭니다.)
3 아래 수는 몇일까요?

2예요.

연결큐브로 2를 나타내려면 어떻게 해야 할까요? 직접 나타내 보세요.

연결큐브 1을 빼요.

(아래의 질문을 이어서 해봅니다.)
위에 위에 수는?
아래 아래 수는?
위에 위에 위에 수는?
아래 아래 아래 수는?

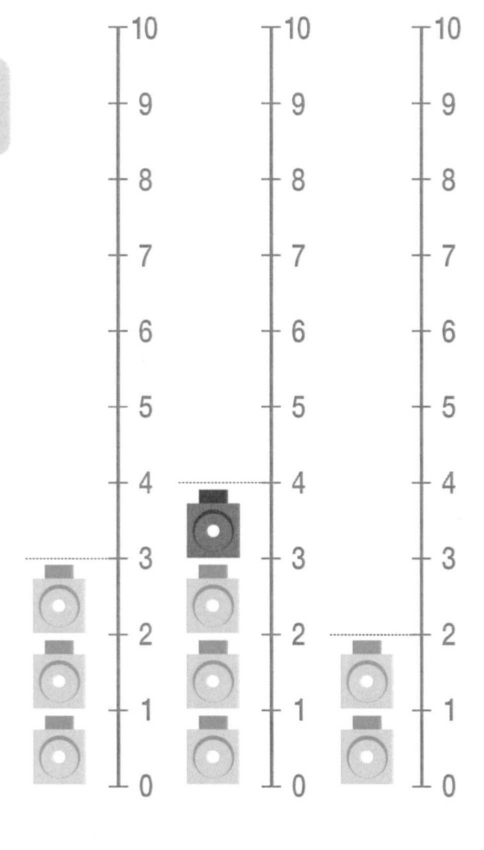

Guide 수직선 활동을 통해서 '하나 위 = 더하기 1', '하나 아래 = 빼기 1' 의 의미를 알게 해주세요.

함께하기 1 연결큐브 또는 레고를 가지고 아래 그림처럼 계단을 만들어 보세요. 10은 7보다 얼마나 큰가요? 엄지와 검지를 벌려 표현해 보세요. 7은 6보다 얼마나 큰가요?

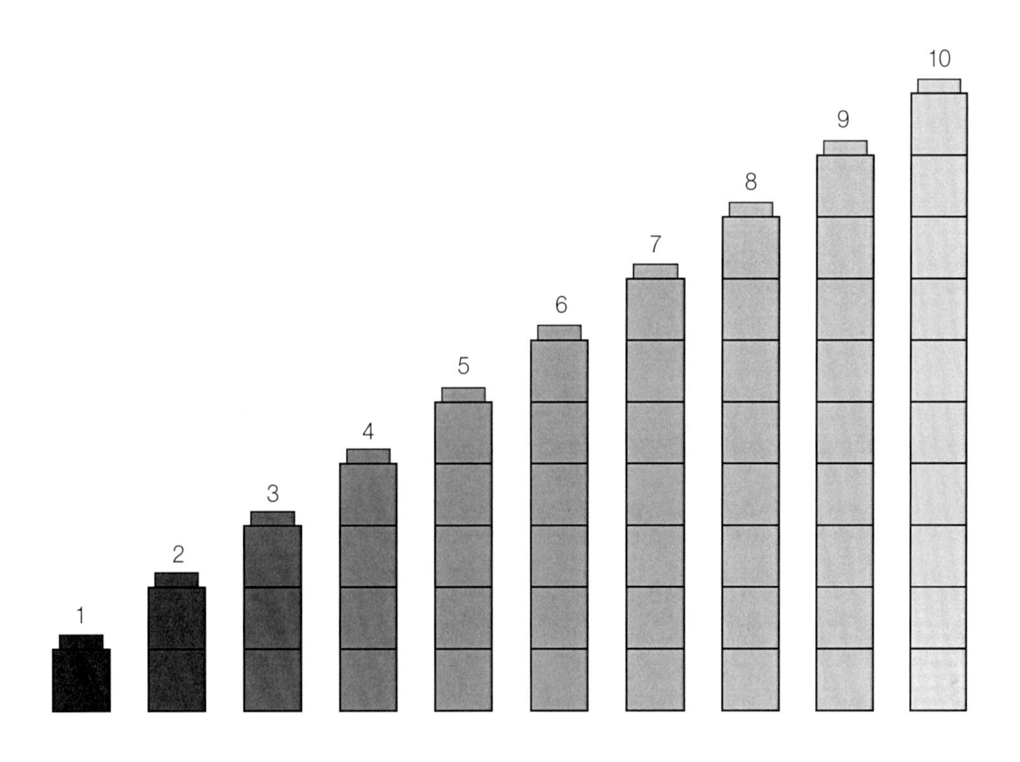

함께하기 2 연결큐브 또는 레고를 가지고 아래 그림의 숫자만큼 큰 빌딩을 만들어 보세요. 제일 높은 빌딩은 어디인가요? 제일 낮은 빌딩은 어디인가요? 두 빌딩의 높이 차를 엄지와 검지를 벌려 표현해 보세요.

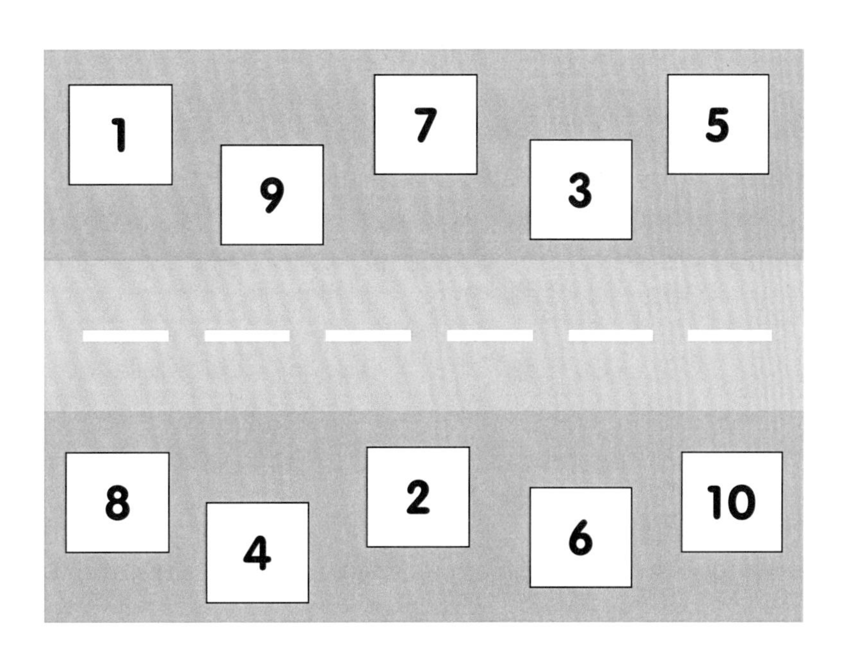

스스로 하기

〈보기〉처럼 덧셈과 뺄셈을 표현해 보세요.

〈보기〉 4+5	❶ 3+7	❷ 2+4	❸ 9+1
10	10	10	10
9	9	9	9
8	8	8	8
7	7	7	7
6	6	6	6
5	5	5	5
4	4	4	4
3	3	3	3
2	2	2	2
1	1	1	1

❹ 6+4	❺ 7+1	❻ 3+3	❼ 10-7
10	10	10	10
9	9	9	9
8	8	8	8
7	7	7	7
6	6	6	6
5	5	5	5
4	4	4	4
3	3	3	3
2	2	2	2
1	1	1	1

A단계 # 6. 가로 수직선에서 수끼리의 관계

이해하기

준비물 : 연결큐브

수직선 위에 3만큼 연결큐브를 올려놓아보세요.

선생님

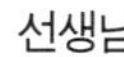

수직선 위에 연결큐브로 3을 나타냅니다.

하나

3 다음 수는 몇일까요?

4예요.

연결큐브로 4를 나타내려면 어떻게 해야 할까요? 직접 나타내 보세요.

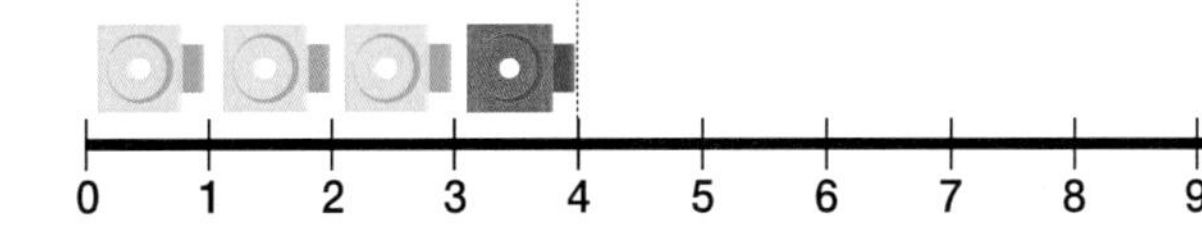

연결큐브 1을 더해요.

(연결 큐브를 다시 3으로 만듭니다.) 3 앞에 수는 몇일까요?

2예요.

연결큐브로 2를 나타내려면 어떻게 해야 할까요? 직접 나타내 보세요.

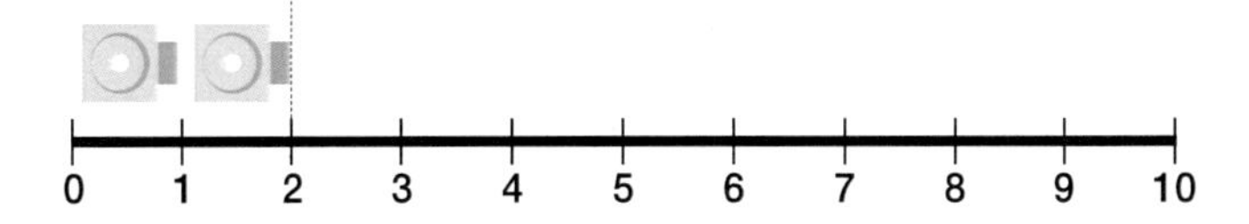

연결큐브 1을 빼요.

Guide 수직선 활동을 통해서 '다음 = 더하기 1', '앞에 = 빼기 1'의 의미를 알게 해주세요.

스스로 하기

〈보기〉처럼 덧셈을 표현하도록 빨간 색연필과 파랑 색연필로 네모 안에 색칠하세요. (연결큐브로 직접 해 보면 더 좋습니다.)

〈보기〉

5+4

❶ **3+5**

❷ **5+2**

❸ **6+3**

❹ **5+5**

❺ **8+2**

❻ **1+7**

7. 수 스무고개 놀이

이해하기

준비물 : 부록 1~10번

선생님

선생님이랑 수 스무고개 놀이를 할거에요. 부록 1~10번 중 하나를 뽑으세요.
적혀있는 숫자를 본 다음 선생님이 보지 않게 뒤집어 놓으세요.

카드를 뽑고 수를 본 다음 뒤집어 놓습니다.

하나

선생님이 하는 질문에 '네', '아니요'로 대답해주세요.
뽑은 수는 5보다 작은가요?

네.

5보다 작으면 0, 1, 2, 3, 4 중 하나이겠네요.
뽑은 수는 2보다 작은가요?

아니요.

그럼 2보다 크겠네요. 2보다 크고 5보다 작은 수는 3과 4가 있네요.
정답은 3인가요?

(뒤집은 카드를 보여주며) 맞아요.

Guide 수 스무고개 활동은 과제 9. 수 위치 어림하기의 연습과제 성격을 갖습니다. 교사가 수직선에서 수의 관계를 이용해 논리적으로 수를 찾는 과정을 모델링 해주세요. 처음에 교사가 수를 맞히고 역할을 바꿔 교사가 수 카드를 뽑고 학생이 교사가 뽑은 수 카드를 맞히는 활동도 좋습니다.

함께하기

부록 1~10번 중 카드 중 하나를 뽑아서 수 스무고개 놀이를 해봅시다.

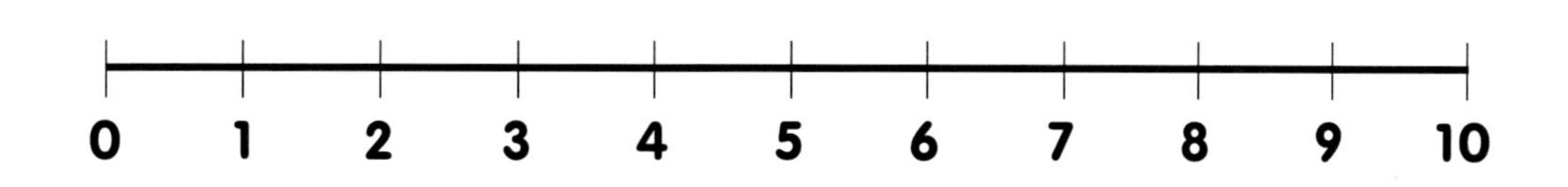

A단계 8. 절반 찾기

이해하기

준비물 : 바둑돌 2개

선생님

0~10 절반을 알아볼게요. 먼저 0과 10에 바둑돌을 올려놓고 0에 놓은 바둑돌은 오른쪽으로 10에 놓인 바둑돌은 왼쪽으로 한 칸씩 동시에 옮기세요.

하나

같은 방법으로 한 칸씩 바둑돌을 옮겨보세요.

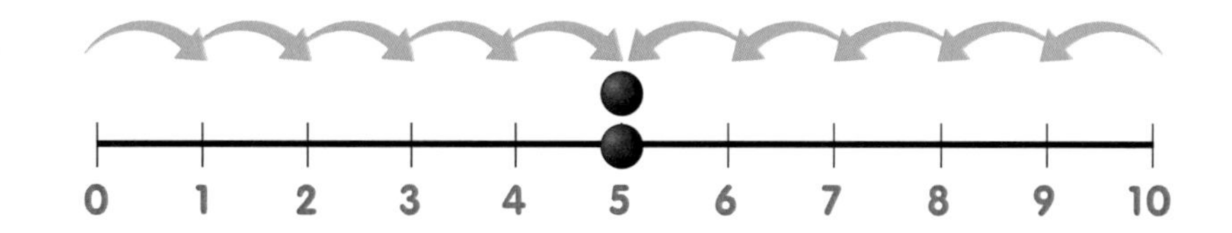

두 바둑돌이 만나는 곳은 어디인가요?

5 예요.

어떤 두 수에서 같은 거리만큼 움직여 만났을 때 그 위치를 두 수의 절반이라고 합니다. 0과 10의 절반은 몇인가요?

5 예요.

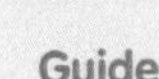

Guide 절반 찾기 활동은 과제 〈9. 수 위치 어림하기〉의 연습과제 성격을 갖습니다.
1 - 4처럼 절반이 자연수가 되지 않는 경우에는 2와 3 사이가 절반이라고 이해시켜주세요.

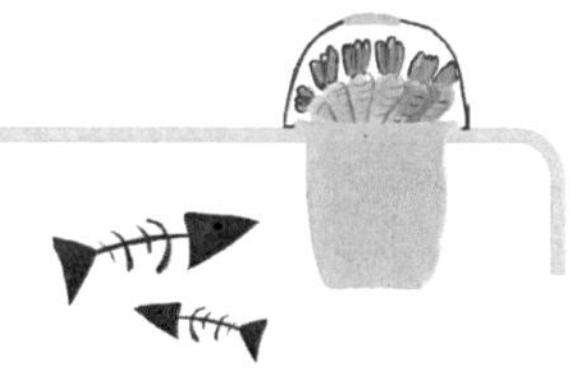

함께하기 수직선에 바둑돌을 놓아가며 주어진 수의 절반을 찾아봅시다.

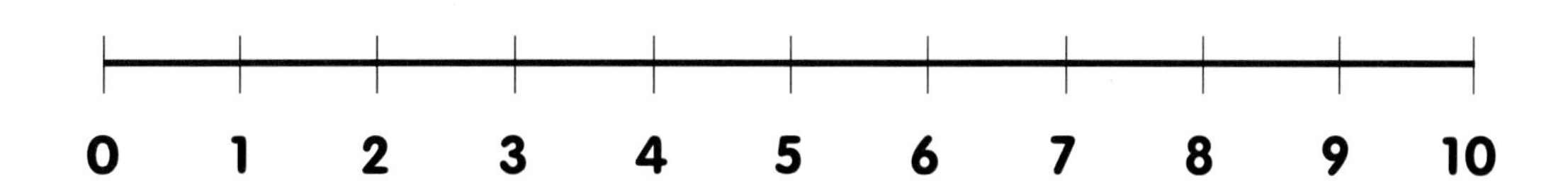

❶ 0 10

❷ 0 6

❸ 1 9

❹ 4 6

❺ 6 10

❻ 4 8

❼ 3 7

❽ 2 8

❾ 1 7

❿ 2 10

스스로 하기 두 수의 절반을 써보세요.

❶

1		9

❷

4		10

❸

0		6

❹

3		9

❺

2		8

❻

0		4

❼

3		7

❽

5		9

❾

6		10

❿

1		7

A단계 9. 수직선에서 수의 위치 어림하기

이해하기 1) 바둑돌 있는 곳의 숫자 말하기 (1)

준비물 : 바둑돌

함께하기 0~10 사이에 바둑돌을 올려놓고 바둑돌이 있는 곳의 숫자를 말해봅시다.

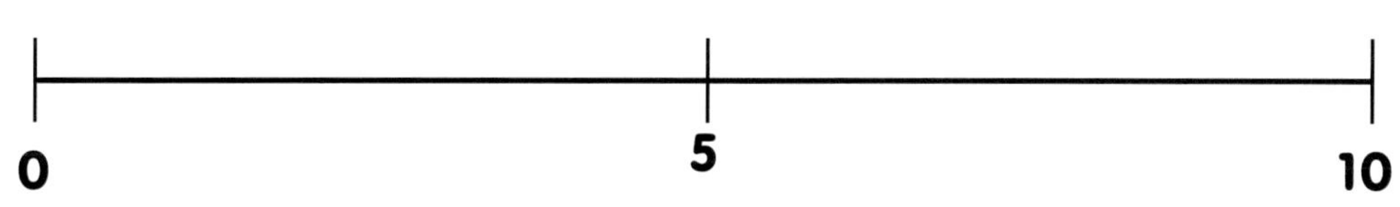

이해하기 2) 바둑돌 있는 곳의 숫자 말하기 (2)

준비물 : 바둑돌

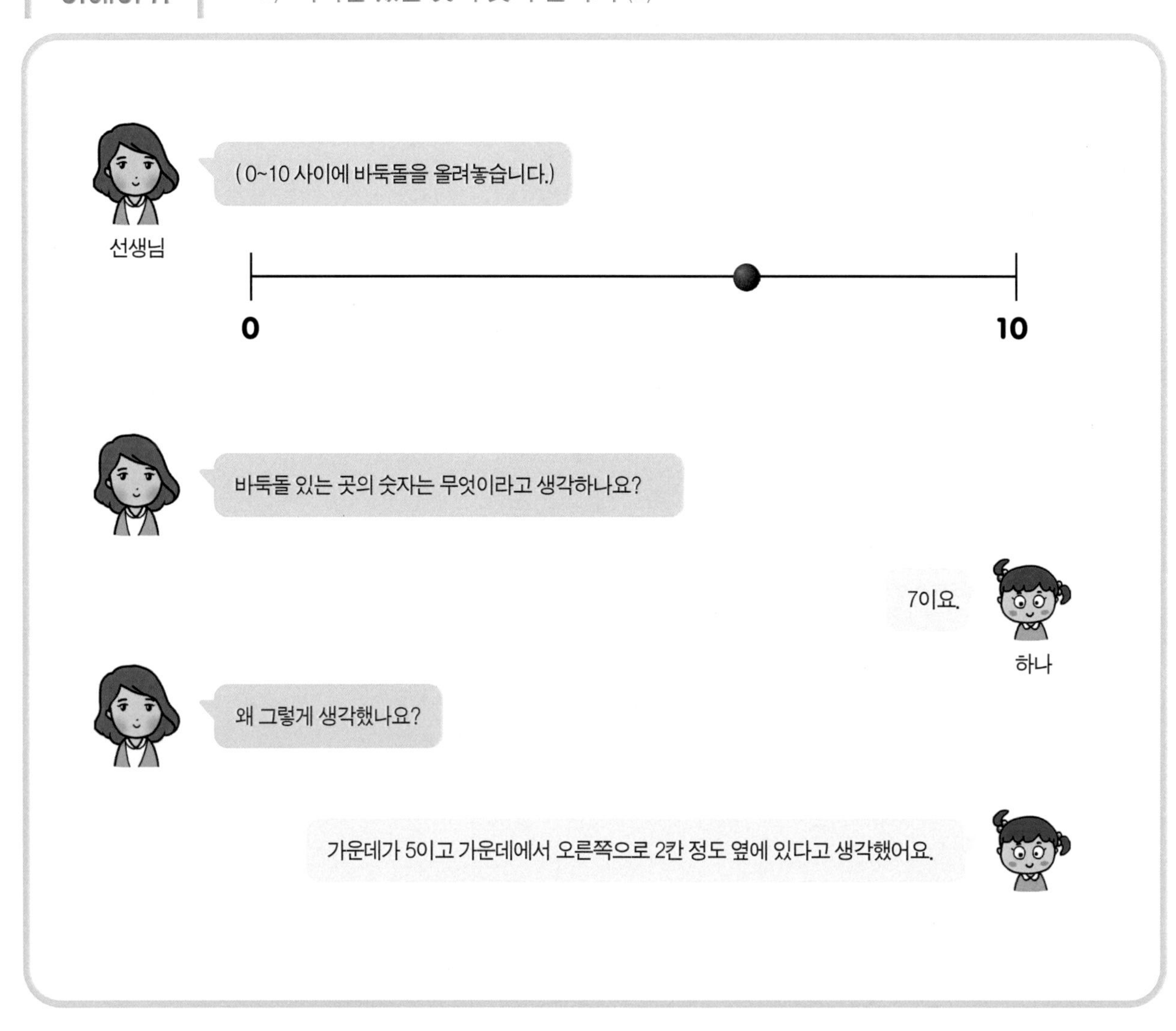

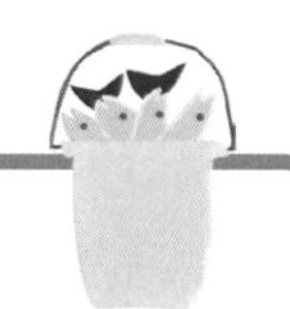

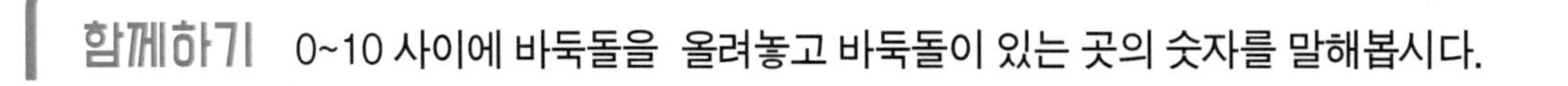

함께하기 0~10 사이에 바둑돌을 올려놓고 바둑돌이 있는 곳의 숫자를 말해봅시다.

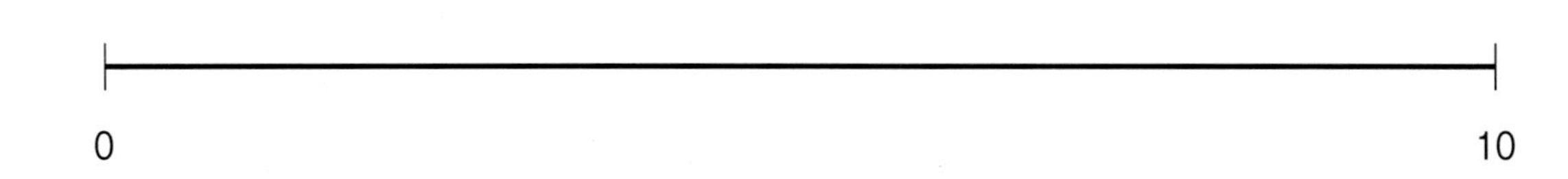

스스로 하기 바둑돌이 있는 곳의 숫자를 괄호 안에 써보세요.

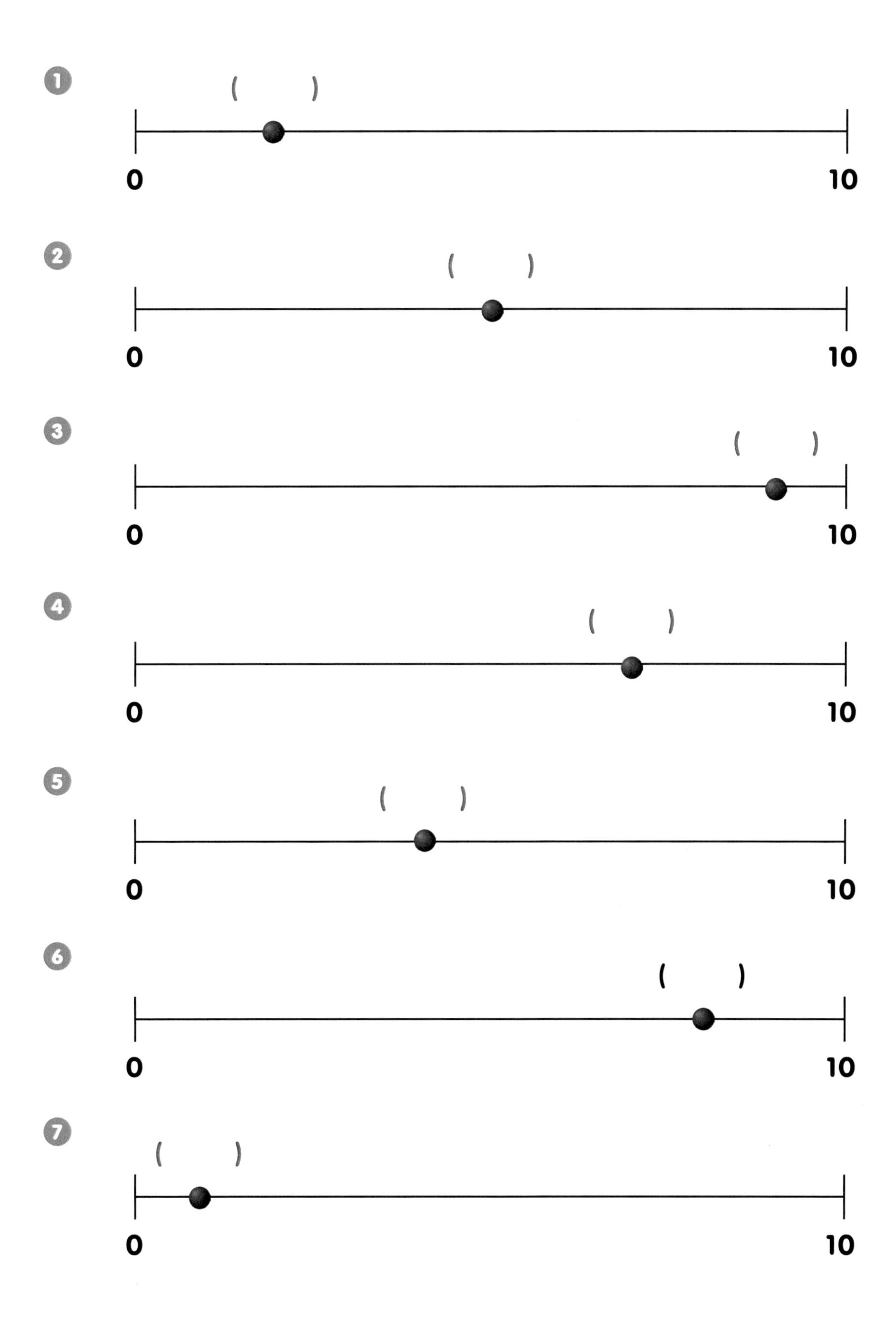

이해하기 3) 불러준 수를 수직선에 표시하기

준비물 : 바둑돌

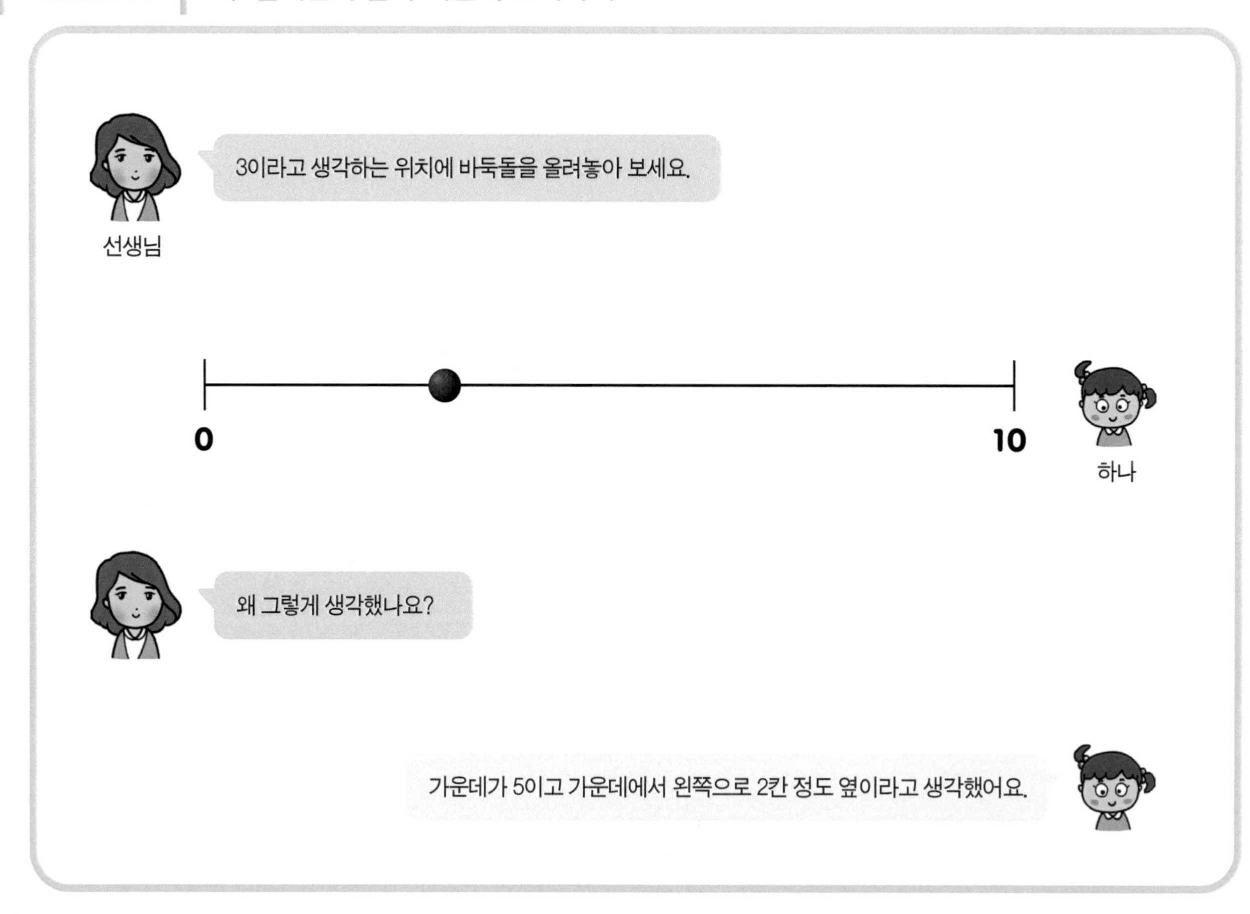

함께하기 수직선에서 선생님이 불러주는 숫자의 위치에 바둑돌을 놓아 봅시다.

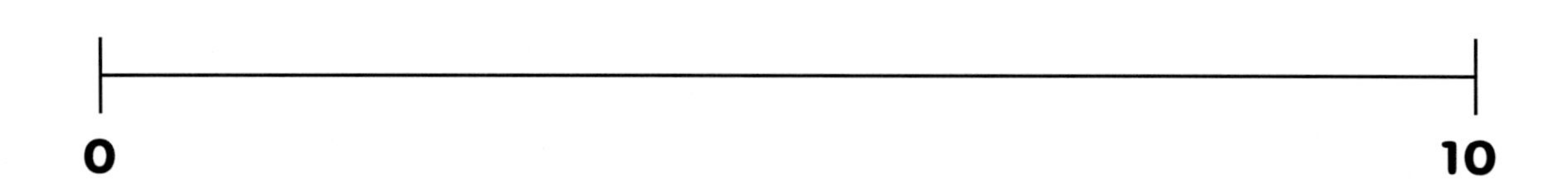

스스로 하기

❶ 5를 수직선에 표시해 보세요.

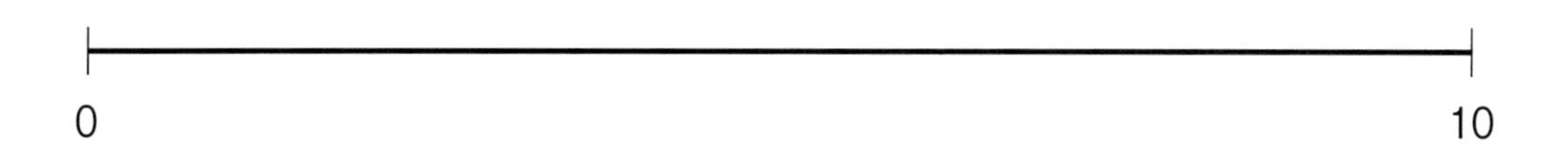

❷ 1을 수직선에 표시해 보세요.

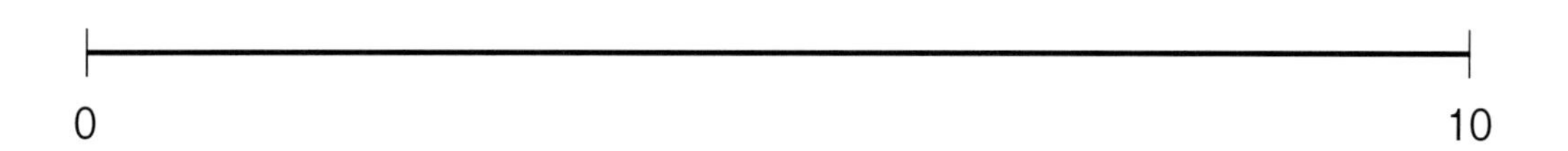

❸ 9를 수직선에 표시해 보세요.

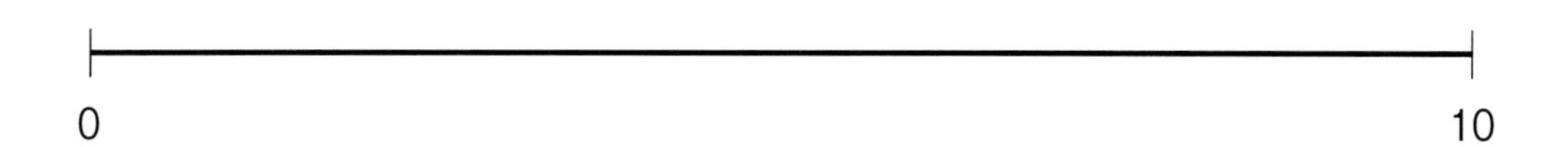

❹ 7을 수직선에 표시해 보세요.

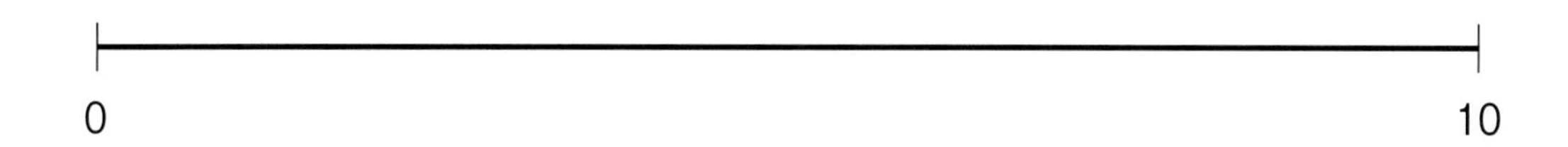

❺ 4를 수직선에 표시해 보세요.

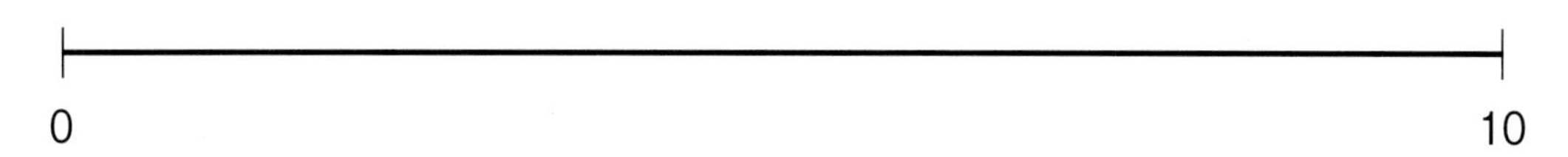

❻ 6을 수직선에 표시해 보세요.

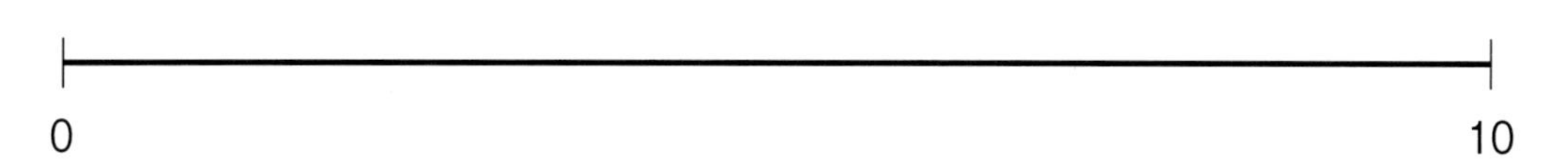

1+2=?

B단계

20 이하 수의 수끼리 관계

1. 크기 비교하기
2. 1 더 많은, 1 더 적은
3. 크기 순서 찾기
4. 더 가까운 수 찾기
5. 세로 수직선에서 수끼리의 관계
6. 가로 수직선에서 수끼리의 관계
7. 수 스무고개 놀이
8. 절반 찾기
9. 수직선에서 수의 위치 어림하기
10. 수직선에서 연산의 의미

1. 크기 비교하기

이해하기 1) 표상과 표상 크기 비교하기

준비물 : 부록 51~70번, 연결큐브

선생님: (부록 51~70번 중 2개를 보여줍니다.) 둘 중 더 큰 수는 무엇인가요?

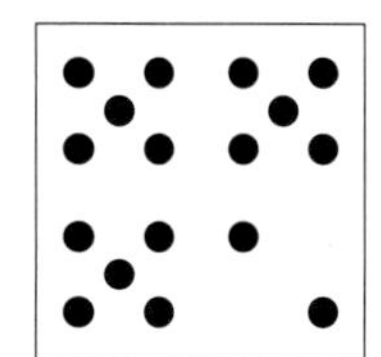

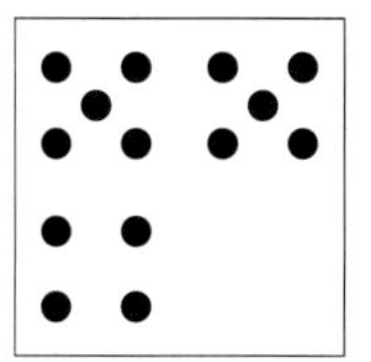

하나: 17이요.

Guide 세지 않고 직산으로 수량을 파악하여 말하는 것이 중요해요.
능숙하게 하면 카드 두 개 중 한 개는 잠시만 보여주고 가립니다. 연결큐브를 이어서 비교하는 활동도 좋습니다.

함께 하기 부록 51~70번으로 크기 비교 활동을 해봅시다.

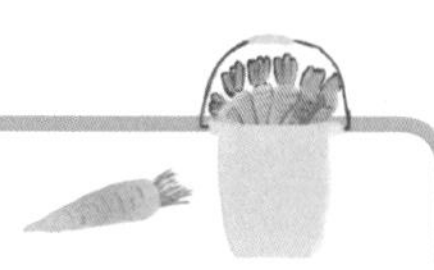

스스로 하기 더 큰 수에 ○ 하세요.

❶ 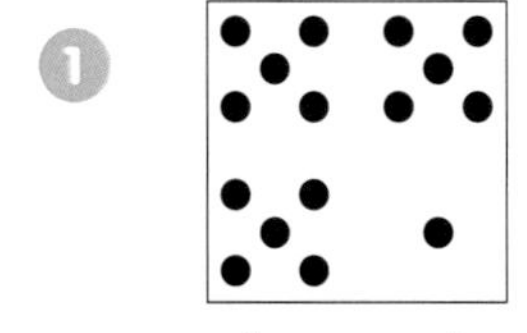 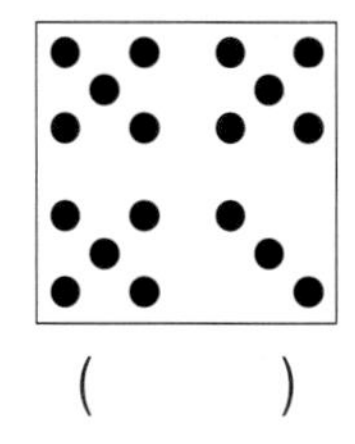

( ) ( )

❷ 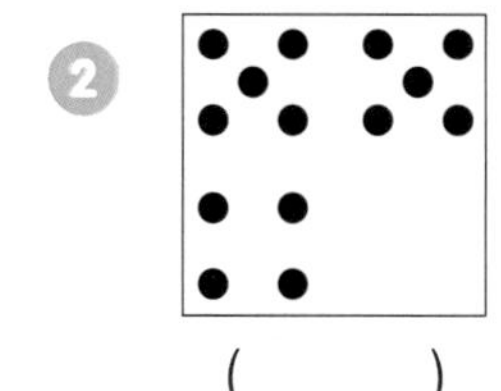 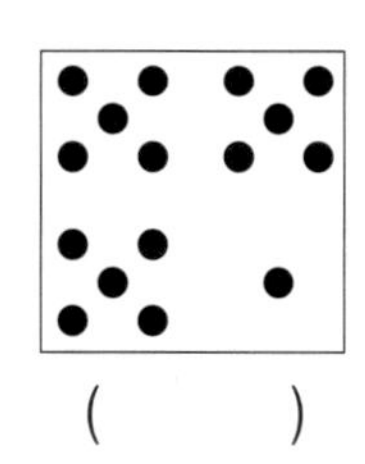

( ) ( )

 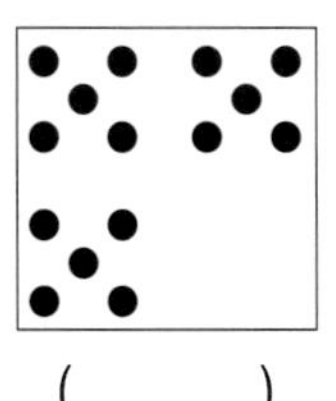 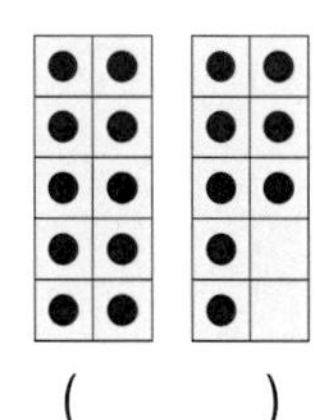

( ) ( )

❹ 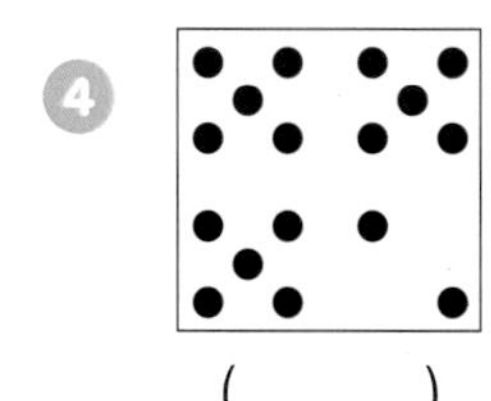 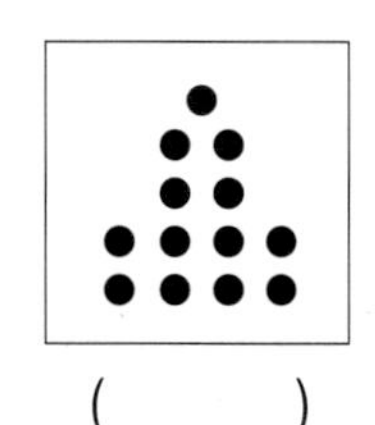

( ) ( )

❺ 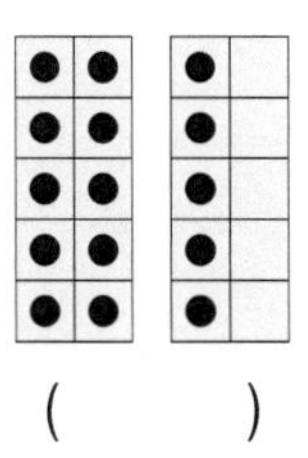 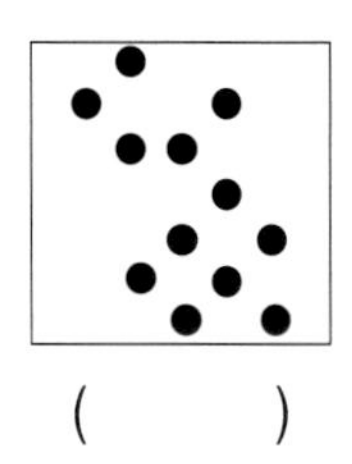

( ) ( )

❻ 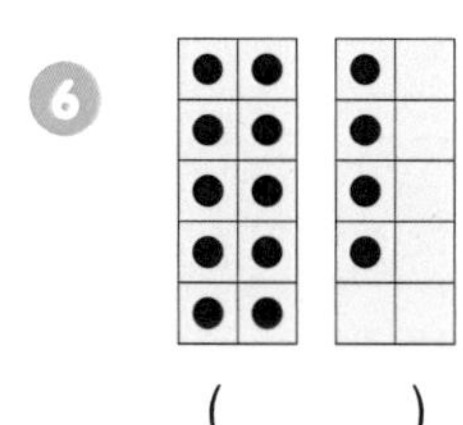 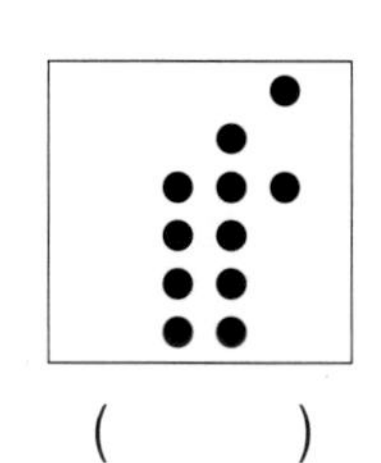

( ) ( )

이해하기 2) 표상과 숫자 크기 비교하기

준비물 : 부록 1~20번, 부록 51~70번, 연결큐브

(부록 64번과 18번을 보여줍니다.)
둘 중 더 큰 수는 무엇인가요?

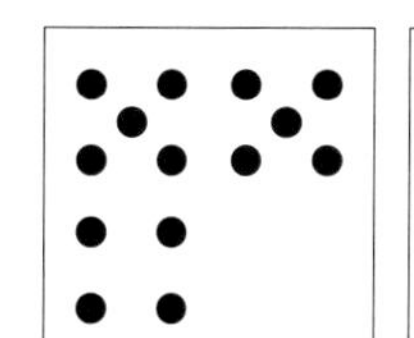

18

18 이요.

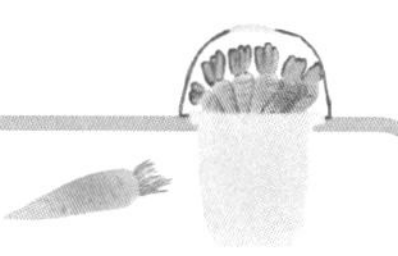

함께 하기 부록 1~20번과 51~70번으로 크기 비교 활동을 해봅시다.

스스로 하기 더 큰 수에 ○ 하세요.

❶ 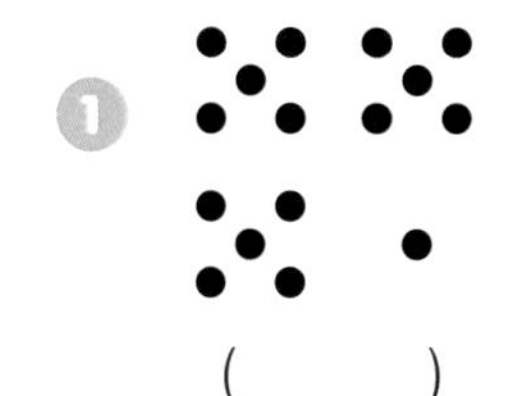 13

(　　) (　　)

❷ 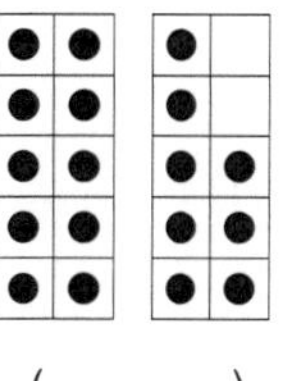 20

(　　) (　　)

❸ 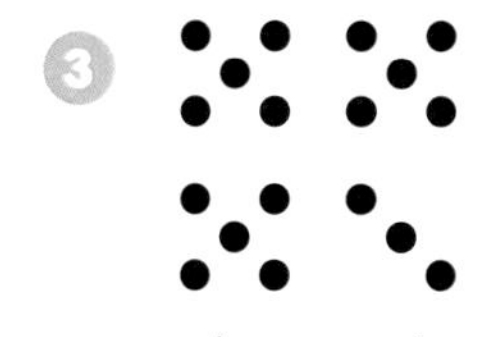 16

(　　) (　　)

❹ 15  

(　　) (　　)

❺ 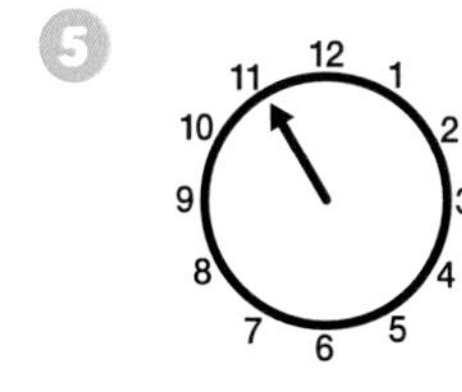

(　　) (　　)

❻ 

(　　) (　　)

❼  

(　　) (　　)

❽ 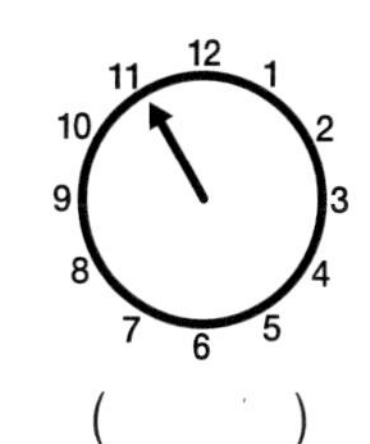

(　　) (　　)

이해하기 3) 숫자와 숫자 크기 비교하기

준비물 : 부록 1~20번, 연결큐브

선생님

(부록 18번과 14번을 보여줍니다.)
둘 중 더 큰 수는 무엇인가요?

18	14

18 이요.

하나

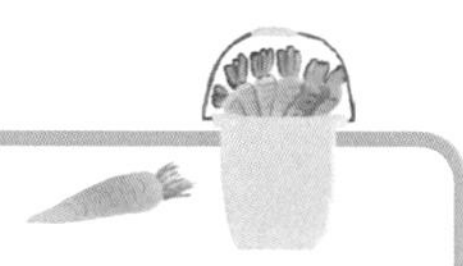

함께 하기 부록1~20번으로 크기 비교 활동을 해봅시다.

스스로 하기 더 큰 수에 ○ 하세요.

❶ 13 (　　) 14 (　　)

❷ 17 (　　) 18 (　　)

❸ 20 (　　) 15 (　　)

❹ 19 (　　) 16 (　　)

❺ 11 (　　) 12 (　　)

❻ 14 (　　) 11 (　　)

❼ (　　) 12 (　　)

❽ (　　) 14 (　　)

B단계 2.1 더 많은, 1 더 적은

이해하기

준비물 : 부록 51~70번

선생님

(부록 51~70번을 무작위로 펼쳐 놓는다. 부록 67번 집어서 잠시만 보여주고 뒤집는다.)
선생님이 고른 카드의 수보다 1 더 많은 카드를 찾아보세요.

(18 카드를 찾는다.)

하나

선생님이 고른 카드의 수보다 1 더 적은 카드를 찾아보세요.

(16 카드를 찾는다.)

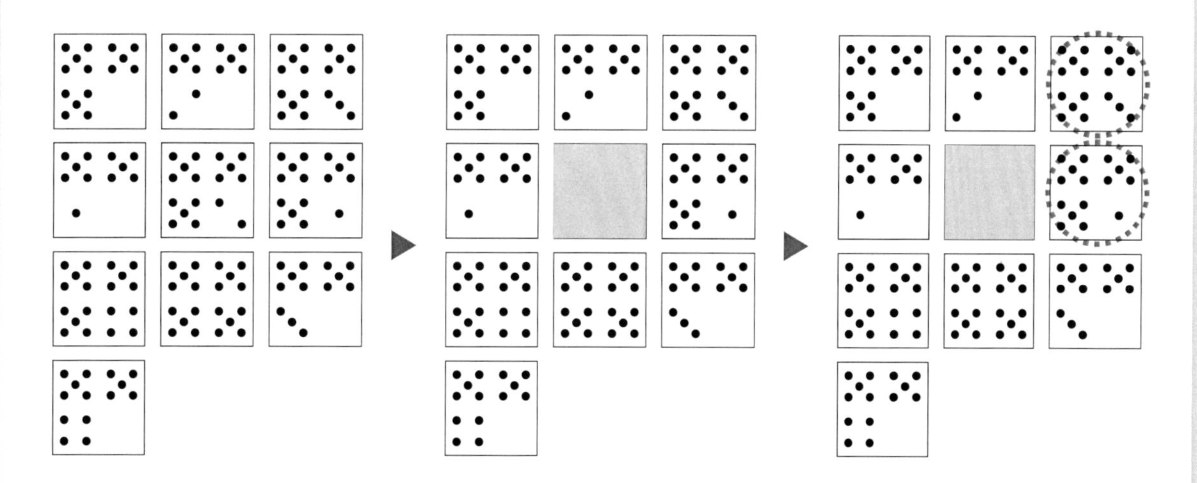

Guide 익숙해지면 점 카드 대신 숫자 카드를 제시하고 1 더 많은, 1 더 적은 카드를 찾아보세요.
숫자가 커지고 배열이 복잡한 점의 경우 학생이 어려워하면 카드를 가리지 않고 계속 보여주세요.

함께 하기

선생님이 고른 카드(부록 51~70번)보다 1 더 많은, 1 더 적은 카드를 찾으세요.

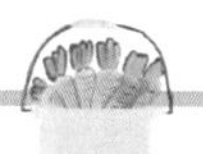

3. 크기 순서 찾기

이해하기

준비물 : 부록 21~40번, 연결큐브

선생님

(부록 21~40번 중 3개를 무작위로 놓습니다.)
가장 적은 것부터 순서대로 놓아 보세요.

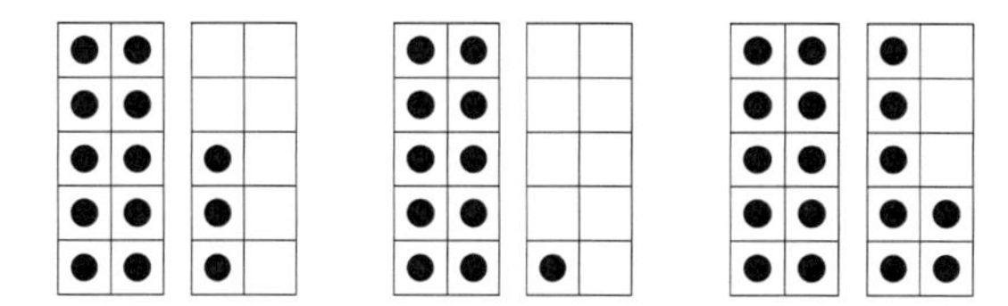

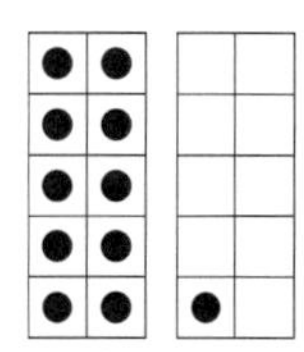

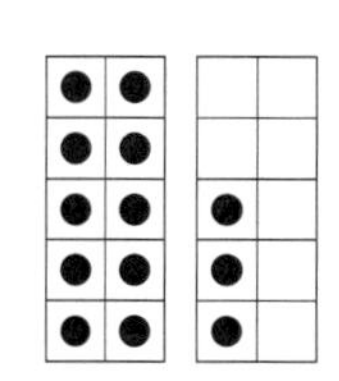

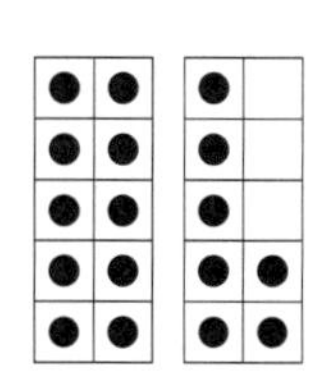

하나

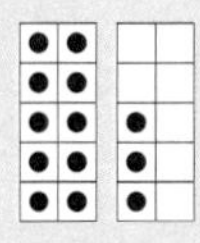

Guide 익숙해지면 점 카드, 숫자 카드를 섞어서 제시해 보세요.

18 15 20 13 17 14

함께 하기

선생님이 보여준 카드(부록 21~40번)를 크기 순서대로 놓아보세요.

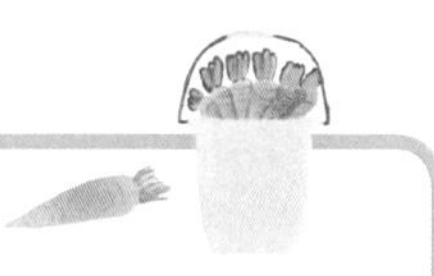

함께 하기 적은 것부터 큰 순서로 번호를 매겨보세요.

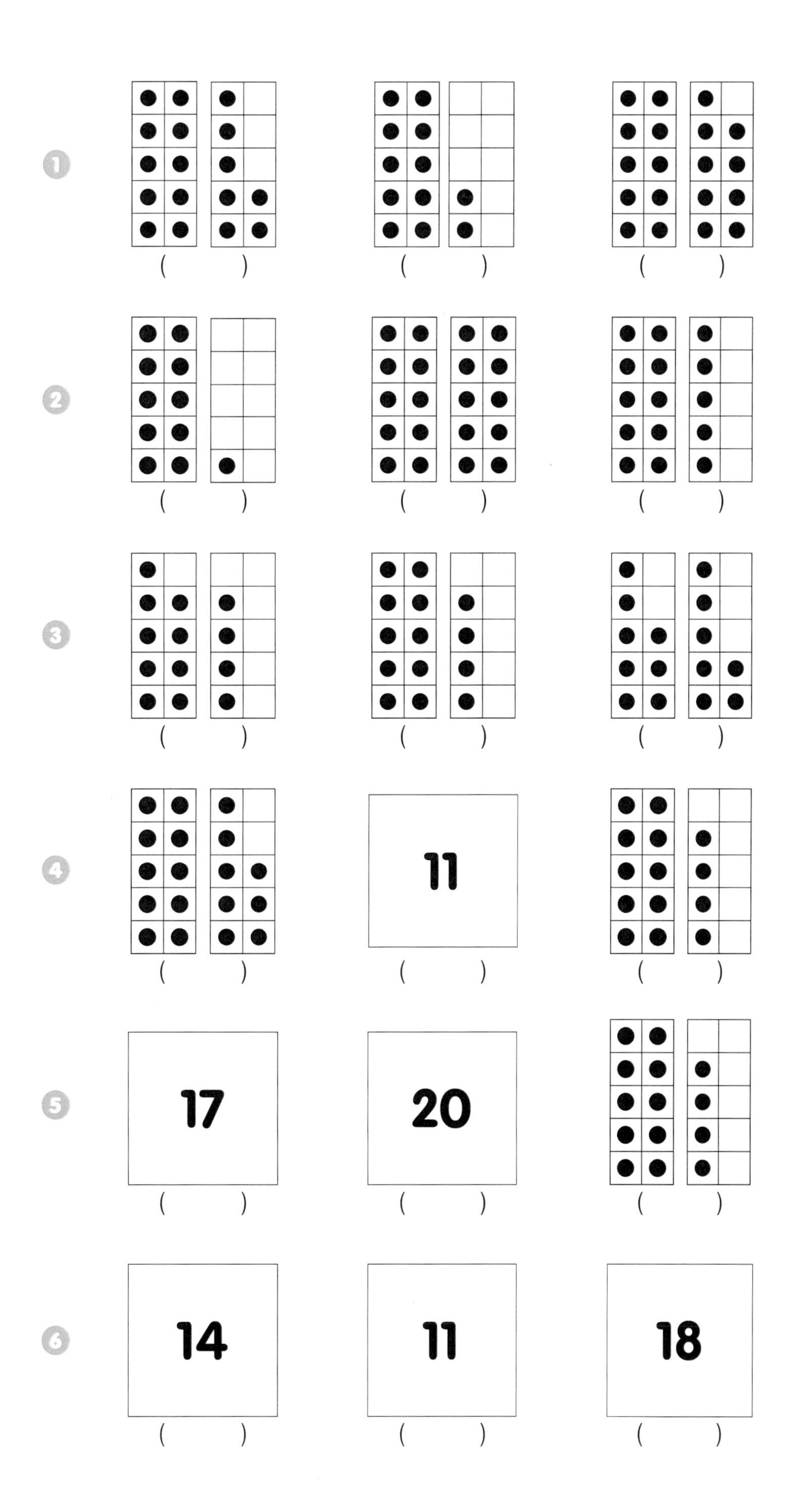

B단계 4. 더 가까운 수 찾기

이해하기

준비물 : 11~20 숫자카드

선생님: (숫자카드 3개를 크기 순서대로 놓습니다.)
숫자들을 넘버 패스 위에 표시해 보세요.

12	14	18

1	2	3	4	5	6	7	8	9	10	11	12	13	14	15	16	17	18	19	20

하나: (넘버 패스 위에 숫자들을 나타낸다.)

선생님: "가운데 숫자 14는 12와 18 중 어떤 수와 더 가깝나요?"

하나: 12와 더 가깝습니다.

Guide 가운데 숫자를 기준으로 하여 가까운 수를 물어봐 주세요.
익숙해지면 넘버 패스에 표시하지 않고 숫자만으로 활동을 해 보세요.

스스로 하기 1 제시된 숫자들을 〈보기〉처럼 넘버 패스에 표시하세요.

		1	2	3	4	5	6	7	8	9	10	11	12	13	14	15	16	17	18	19	20
〈보기〉	12	1	2	3	4	5	6	7	8	9	10	11	12	13	14	15	16	17	18	19	20
①	16	1	2	3	4	5	6	7	8	9	10	11	12	13	14	15	16	17	18	19	20
②	19	1	2	3	4	5	6	7	8	9	10	11	12	13	14	15	16	17	18	19	20
③	11	1	2	3	4	5	6	7	8	9	10	11	12	13	14	15	16	17	18	19	20
④	9	1	2	3	4	5	6	7	8	9	10	11	12	13	14	15	16	17	18	19	20
⑤	15	1	2	3	4	5	6	7	8	9	10	11	12	13	14	15	16	17	18	19	20
⑥	20	1	2	3	4	5	6	7	8	9	10	11	12	13	14	15	16	17	18	19	20

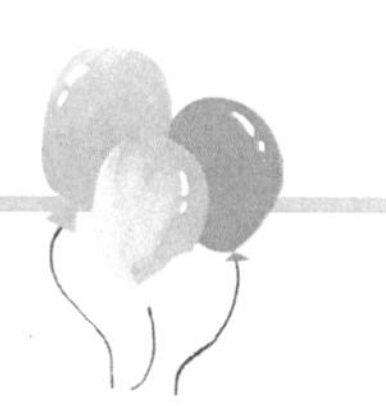

스스로 하기 2 숫자들을 넘버 패스에 표시하고 가운데 숫자와 더 가까운 수에 ○ 하세요.

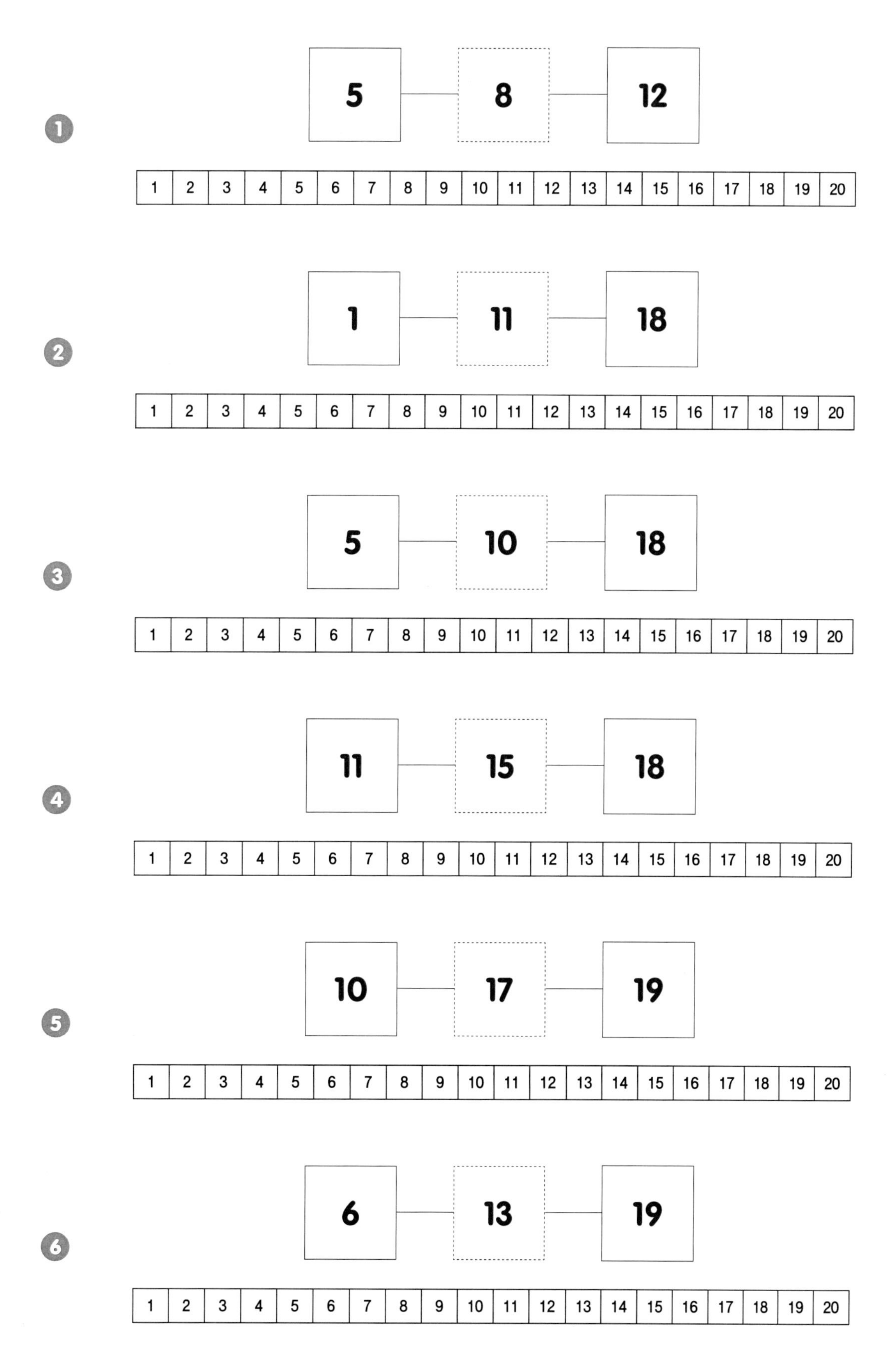

❶ 5 — 8 — 12

1	2	3	4	5	6	7	8	9	10	11	12	13	14	15	16	17	18	19	20

❷ 1 — 11 — 18

1	2	3	4	5	6	7	8	9	10	11	12	13	14	15	16	17	18	19	20

❸ 5 — 10 — 18

1	2	3	4	5	6	7	8	9	10	11	12	13	14	15	16	17	18	19	20

❹ 11 — 15 — 18

1	2	3	4	5	6	7	8	9	10	11	12	13	14	15	16	17	18	19	20

❺ 10 — 17 — 19

1	2	3	4	5	6	7	8	9	10	11	12	13	14	15	16	17	18	19	20

❻ 6 — 13 — 19

1	2	3	4	5	6	7	8	9	10	11	12	13	14	15	16	17	18	19	20

스스로 하기 3 〈보기〉처럼 넘버 패스에 덧셈과 뺄셈을 표현해 보세요.

〈보기〉 14+5	❶ 13+7	❷ 12+4	❸ 11-5
20	20	20	20
19	19	19	19
18	18	18	18
17	17	17	17
16	16	16	16
15	15	15	15
14	14	14	14
13	13	13	13
12	12	12	12
11	11	11	11
10	10	10	10
9	9	9	9
8	8	8	8
7	7	7	7
6	6	6	6
5	5	5	5
4	4	4	4
3	3	3	3
2	2	2	2
1	1	1	1

B단계 5. 세로 수직선에서 수끼리의 관계

이해하기

준비물 : 연결큐브

선생님: 수직선 위에 13만큼 연결큐브를 올려놓아보세요.

하나: (연결큐브 13개를 수직선 위에 올려놓습니다.)

13 위에 수는 몇일까요?

14요.

연결큐브로 14를 나타내려면 어떻게 해야 할까요? 직접 나타내 보세요.

연결큐브 1을 더해요.

(연결 큐브를 다시 13으로 만듭니다.)
13 아래 수는 몇일까요?

12요.

연결큐브로 12를 나타내려면 어떻게 해야 할까요? 직접 나타내 보세요.

연결큐브 1을 빼요.

(아래의 질문을 이어서 해봅니다.)
위에 위에 수는?
아래 아래 수는?
위에 위에 위에 수는?
아래 아래 아래 수는?

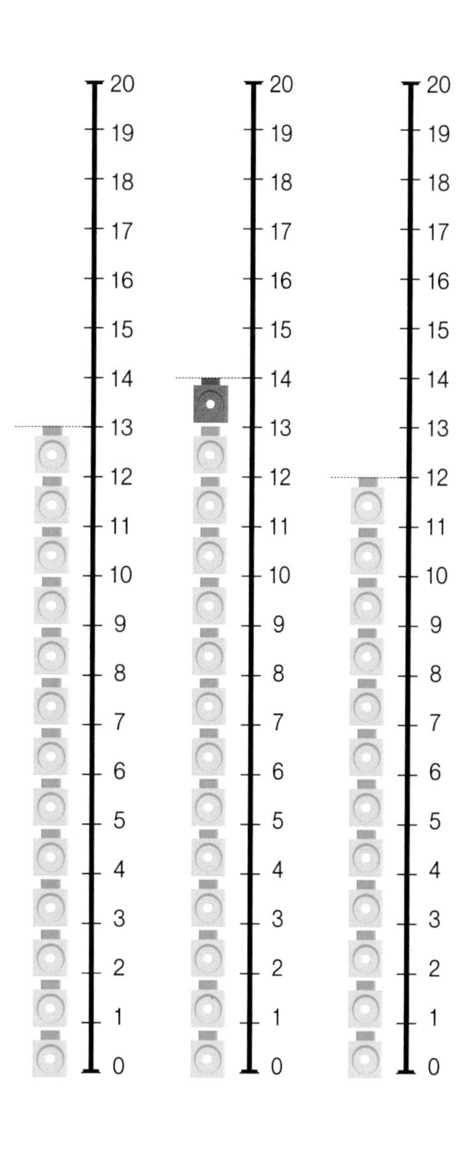

Guide 수직선 활동을 통해서 '하나 위 = 더하기 1', '하나 아래 = 빼기 1'의 의미를 알게 해주세요.

함께 하기 수직선에 연결큐브를 놓아가며 선생님의 질문에 대답해봅시다.

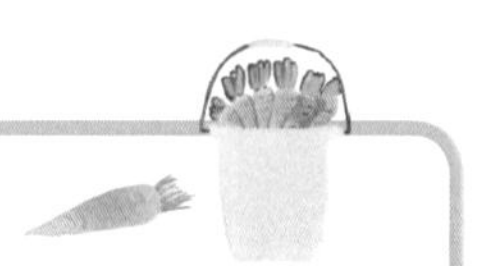

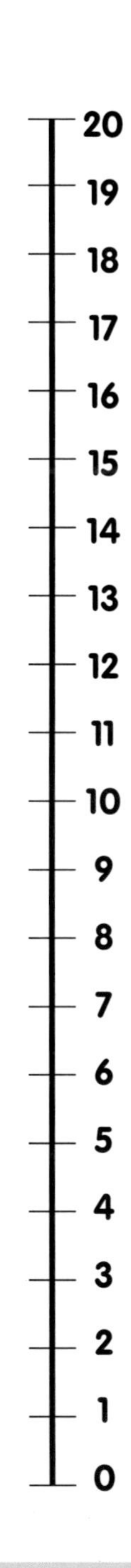

[□ 안에 1 ~ 20 사이의 숫자를 넣고 학생에게 질문을 합니다.]
- 연결 큐브로 □ 만큼 수직선 위에 나타내세요.
- □ 위의 수는? 연결큐브로 나타내 보세요.
- □ 아래 수는? 연결큐브로 나타내 보세요.
- □ 위의 위의 수는? 연결큐브로 나타내 보세요.
- □ 아래 아래 수는? 연결큐브로 나타내 보세요.
- □ 위의 위의 위의 수는? 연결큐브로 나타내 보세요.
- □ 아래 아래 아래 수는? 연결큐브로 나타내 보세요.

스스로 하기

□ 안에 들어갈 숫자를 쓰세요.

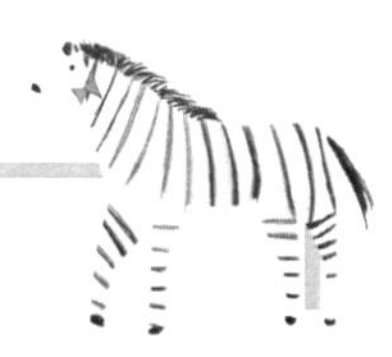

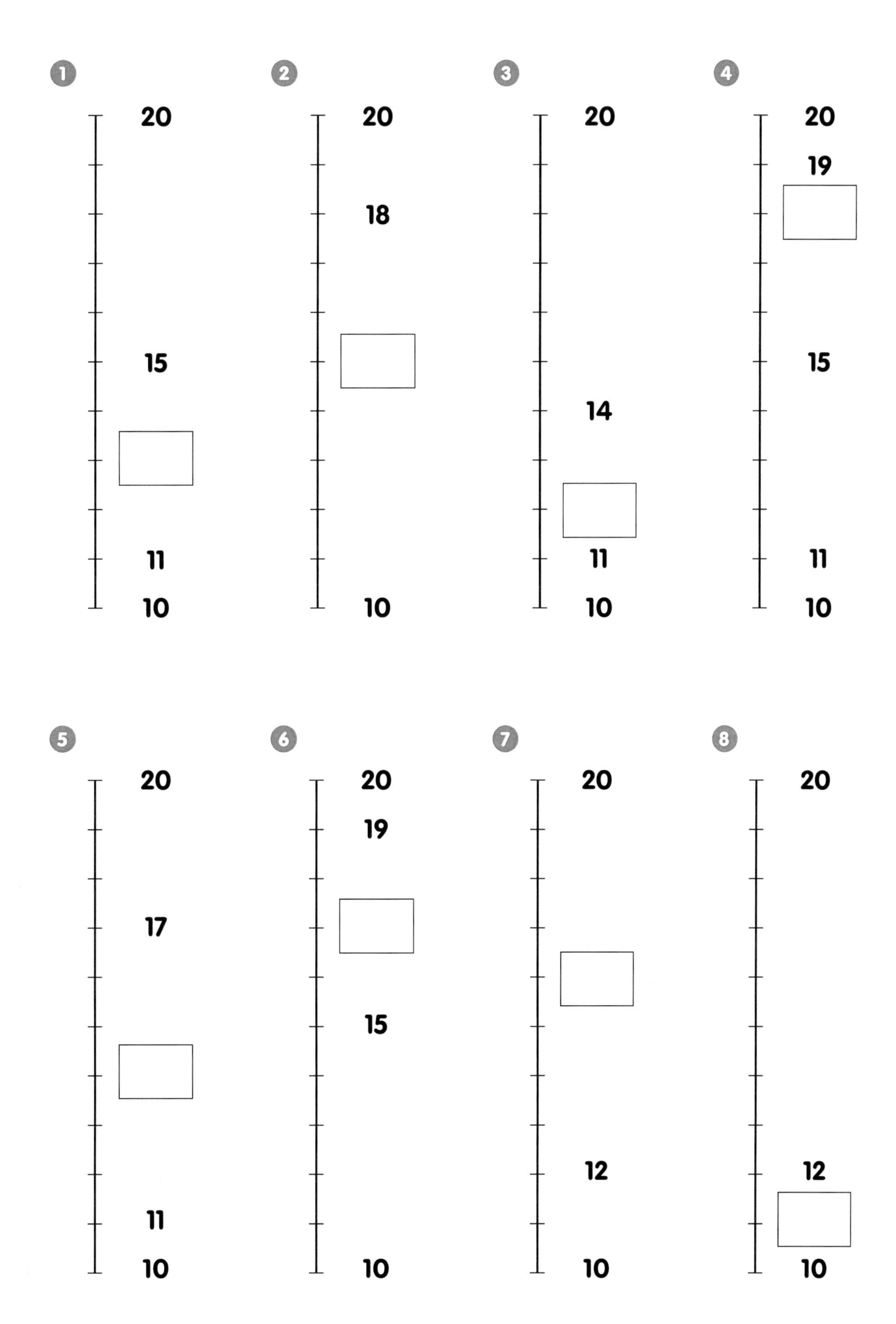

6. 가로 수직선에서 수끼리의 관계

이해하기

준비물 : 연결큐브

선생님: 수직선 위에 13만큼 연결큐브를 올려놓아보세요.

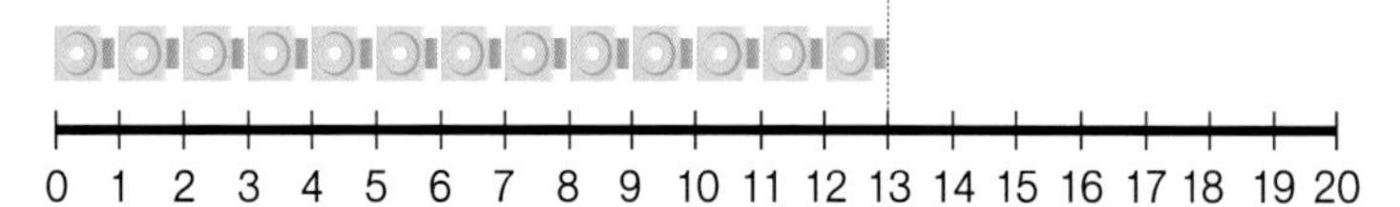

하나: 수직선 위에 연결큐브로 13을 나타냅니다.

선생님: 13 다음 수는 몇일까요?

하나: 14 요.

선생님: 연결큐브로 14를 나타내려면 어떻게 해야 할까요? 직접 나타내 보세요.

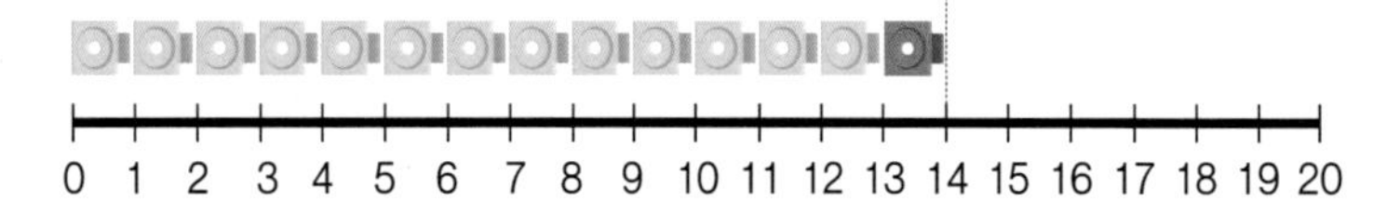

하나: 연결큐브 1을 더해요.

선생님: (연결 큐브를 다시 13으로 만듭니다.) 13 앞에 수는 몇일까요?

하나: 12 요.

선생님: 연결큐브로 12를 나타내려면 어떻게 해야 할까요? 직접 나타내 보세요.

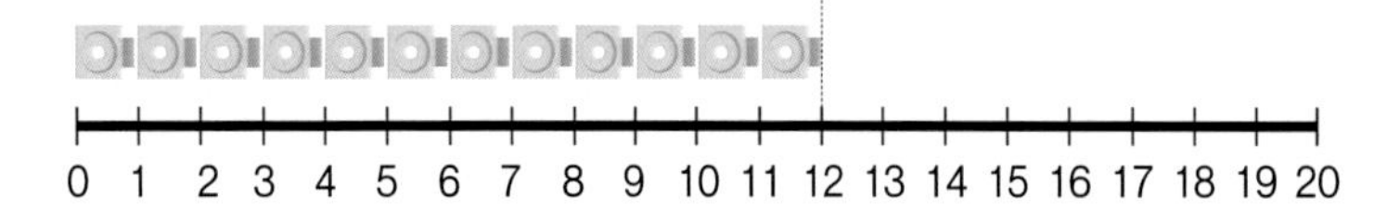

하나: 연결큐브 1을 빼요.

Guide 수직선 활동을 통해서 '다음 = 더하기 1', '앞에 = 빼기 1'의 의미를 알게 해주세요.

스스로 하기 〈보기〉처럼 덧셈을 표현하도록 빨간 색연필과 파랑 색연필로 네모 안에 색칠하세요. (연결큐브로 직접 해 보면 더 좋습니다.)

〈보기〉

10+8

❶ **6+10**

❷ **5+2**

❸ **12+6**

❹ **10+10**

❺ **16+4**

❻ **2+14**

7. 수 스무고개 놀이

이해하기

준비물 : 부록 1~20번

선생님

선생님이랑 수 스무고개 놀이를 할거에요. 부록1 ~ 20번 중 하나를 뽑으세요.
적혀있는 숫자를 본 다음 선생님이 보지 않게 뒤집어 놓으세요.

하나

카드를 뽑고 수를 본 다음 뒤집어 놓습니다.

선생님이 하는 질문에 '네', '아니오'로 대답해주세요.
뽑은 수는 10보다 작은가요?

네.

10보다 크면 11~20 사이의 숫자이겠네요.
뽑은 수는 15보다 작은가요?

네.

11~14 사이의 숫자이겠네요. 정답은 13인가요?

(뒤집은 카드를 보여주며) 맞아요.

Guide 수 스무고개 활동은 과제 〈9. 수 위치 어림하기〉의 연습과제 성격을 갖습니다. 교사가 수직선에서 수의 관계를 이용해 논리적으로 수를 찾는 과정을 모델링 해주세요. 처음에 교사가 수를 맞히고 역할을 바꿔 교사가 수 카들 뽑고 학생이 교사가 뽑은 수 카드를 맞추는 활동도 좋습니다.

함께 하기 부록 1~20번 카드 중 하나를 뽑아서 수 스무고개 놀이를 해봅시다.

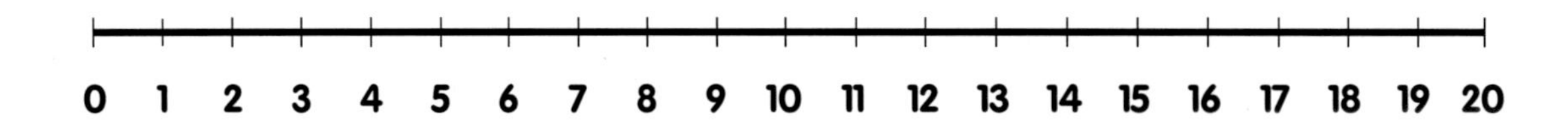

B단계 **8. 절반 찾기**

이해하기

준비물 : 바둑돌 2개

선생님

0~20 절반을 알아볼게요. 먼저 0과 20에 바둑돌을 올려놓고 0에 놓은 바둑돌은 오른쪽으로 20에 놓인 바둑돌은 왼쪽으로 한 칸씩 동시에 옮기세요.

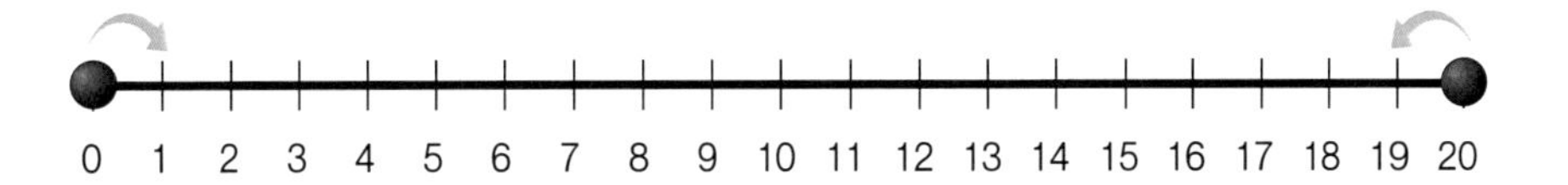

하나

같은 방법으로 한 칸씩 바둑돌을 옮겨보세요.

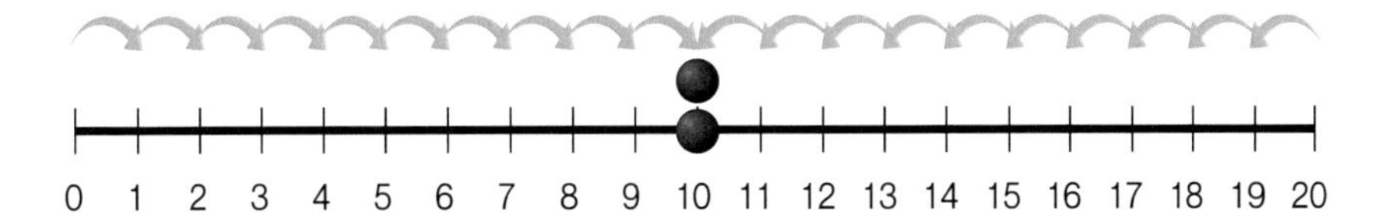

두 바둑돌이 만나는 곳은 어디인가요?

10 이요.

어떤 두 수에서 같은 거리만큼 움직여 만났을 때 그 위치를 두 수의 절반이라고 합니다.
0과 20의 절반은 몇인가요?

10 이요.

Guide 절반 찾기 활동은 과제 〈9. 수 위치 어림하기〉의 연습과제 성격을 갖습니다.
1 - 4처럼 절반이 자연수가 되지 않는 경우에는 2와 3 사이가 절반이라고 이해시켜주세요.
한 칸씩 옮기는 것이 번거로우면 여러 칸씩 옮기게 해주세요. 단 같은 수만큼 옮겨야 함을 상기시켜주세요.

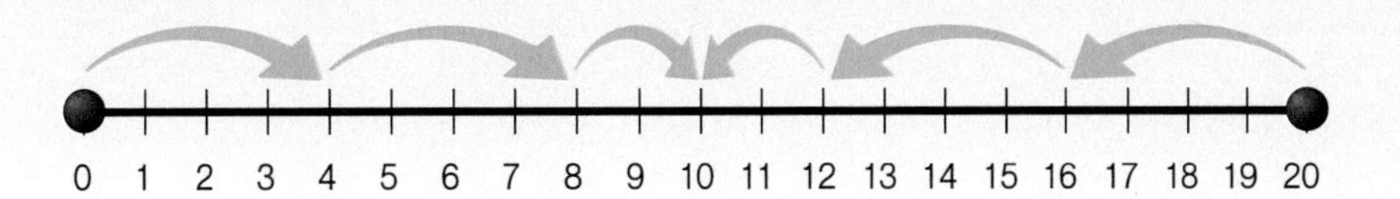

함께 하기 수직선에 바둑돌을 놓아가며 주어진 수의 절반을 찾아봅시다.

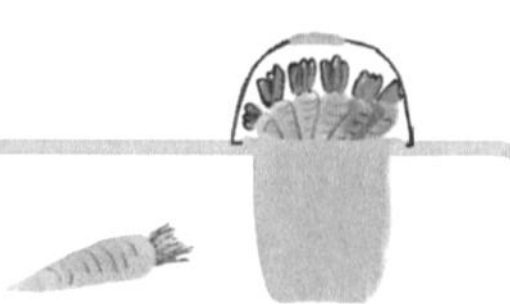

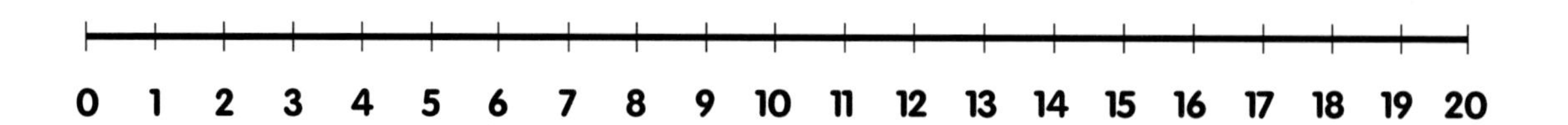

❶ 0 20

❷ 0 18

❸ 1 17

❹ 2 14

❺ 3 13

❻ 4 16

❼ 5 15

❽ 6 16

❾ 10 18

❿ 11 19

스스로 하기 두 수의 절반을 쓰세요.

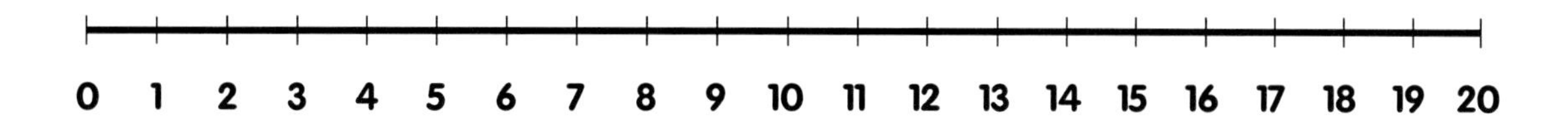

❶

10		20

❷

0		18

❸

4		18

❹

12		20

❺

6		14

❻

11		17

❼

3		13

❽

14		18

❾

10		16

❿

9		15

9. 수직선에서 수의 위치 어림하기

이해하기 1) 바둑돌 있는 곳의 숫자 말하기(1)

준비물 : 바둑돌

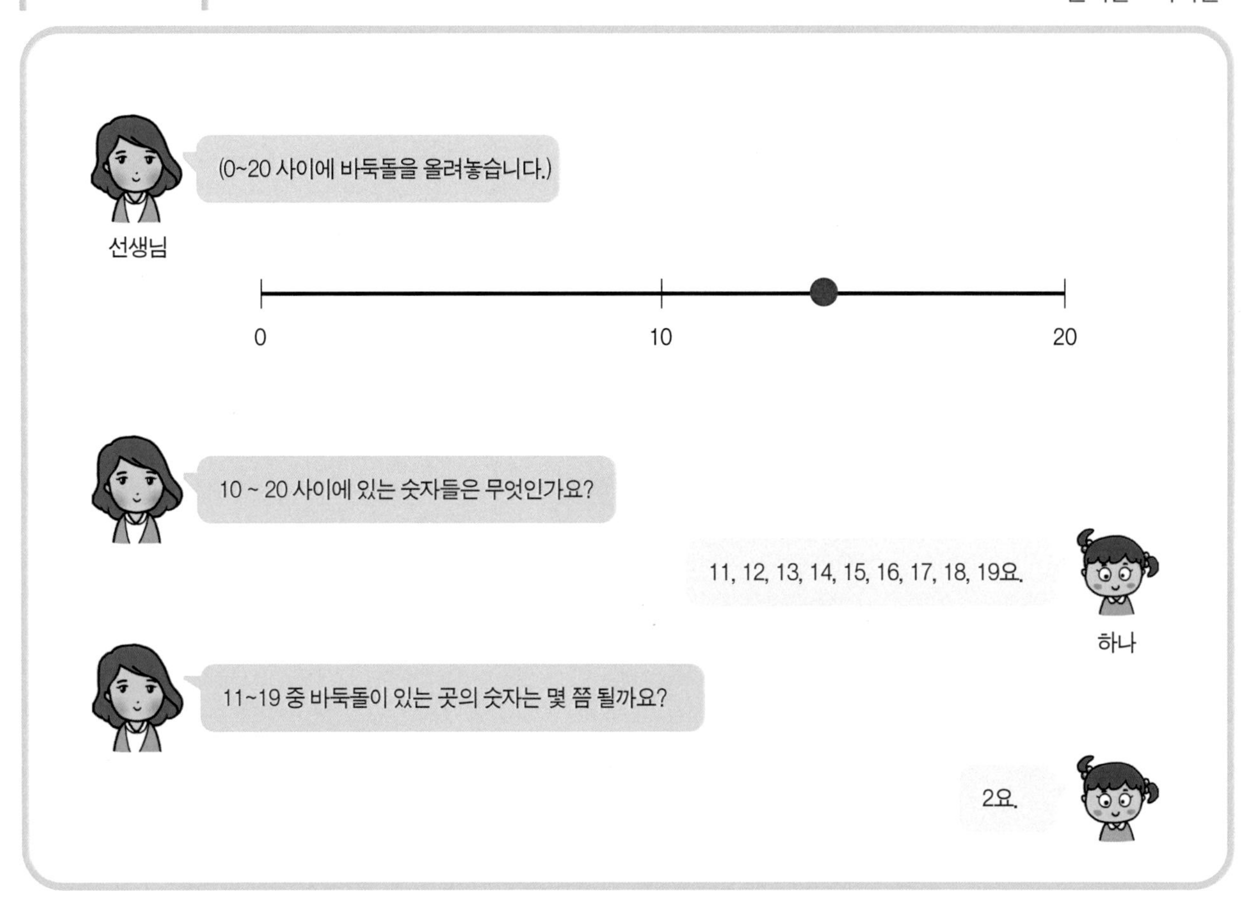

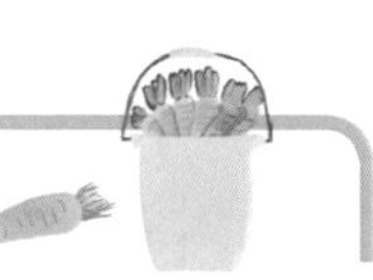
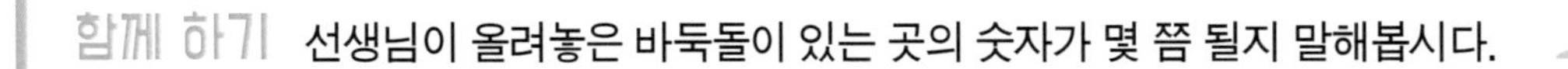

함께 하기 선생님이 올려놓은 바둑돌이 있는 곳의 숫자가 몇 쯤 될지 말해봅시다.

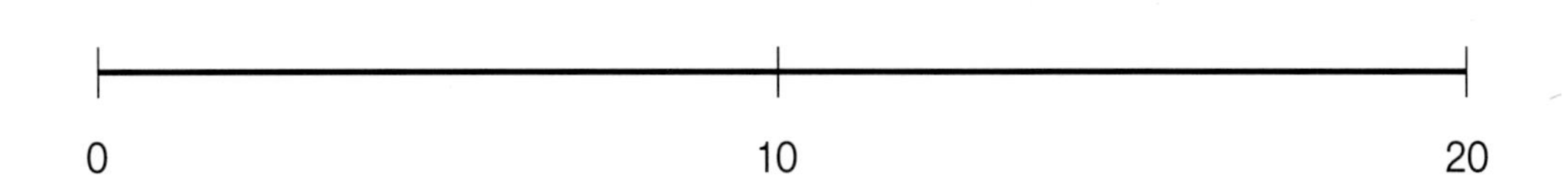

이해하기 2) 바둑돌 있는 곳의 숫자 말하기(2)

준비물 : 바둑돌

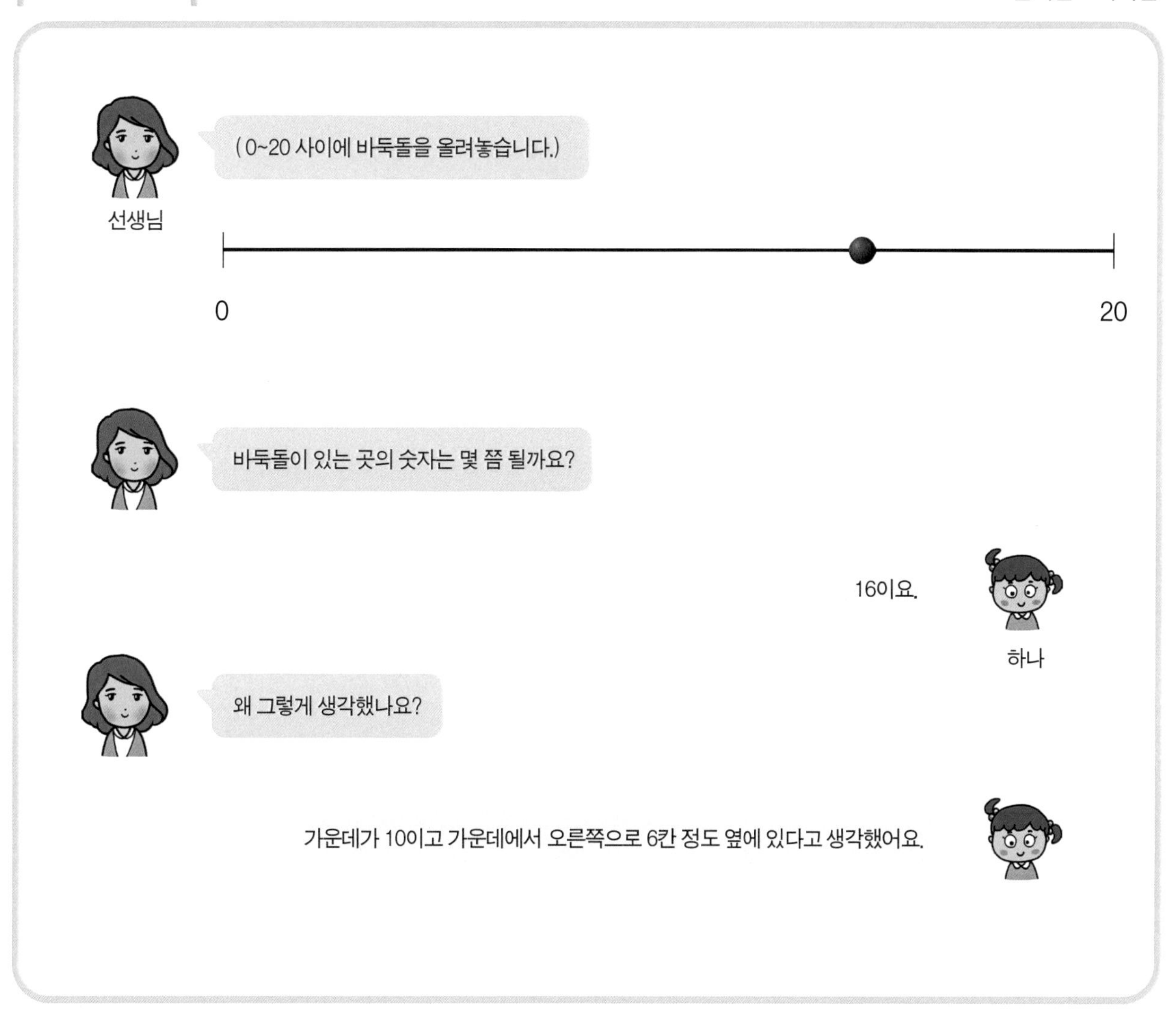

함께 하기 선생님이 올려놓은 바둑돌이 있는 곳의 숫자가 몇 쯤 될지 말해봅시다.

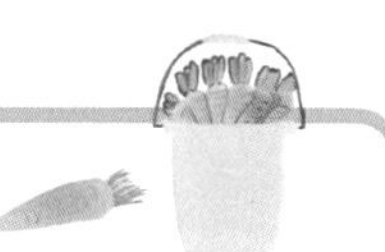

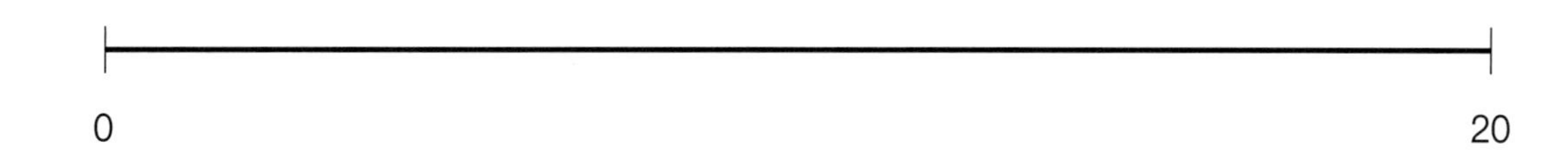

스스로 하기 바둑돌이 있는 곳의 숫자가 몇 쯤 될지 괄호 안에 써보세요.

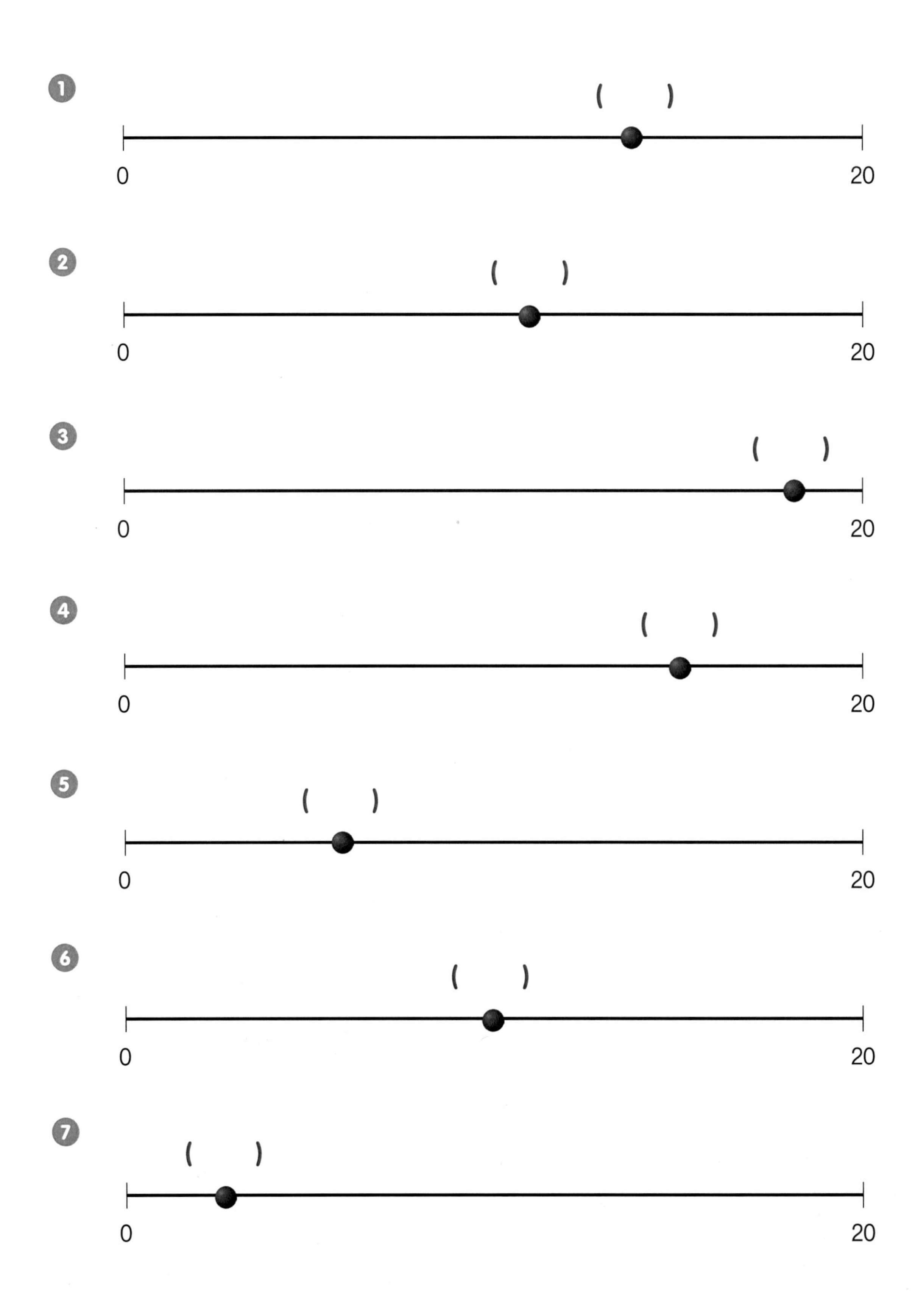

이해하기 3) 불러준 수를 수직선에 표시하기 준비물 : 바둑돌

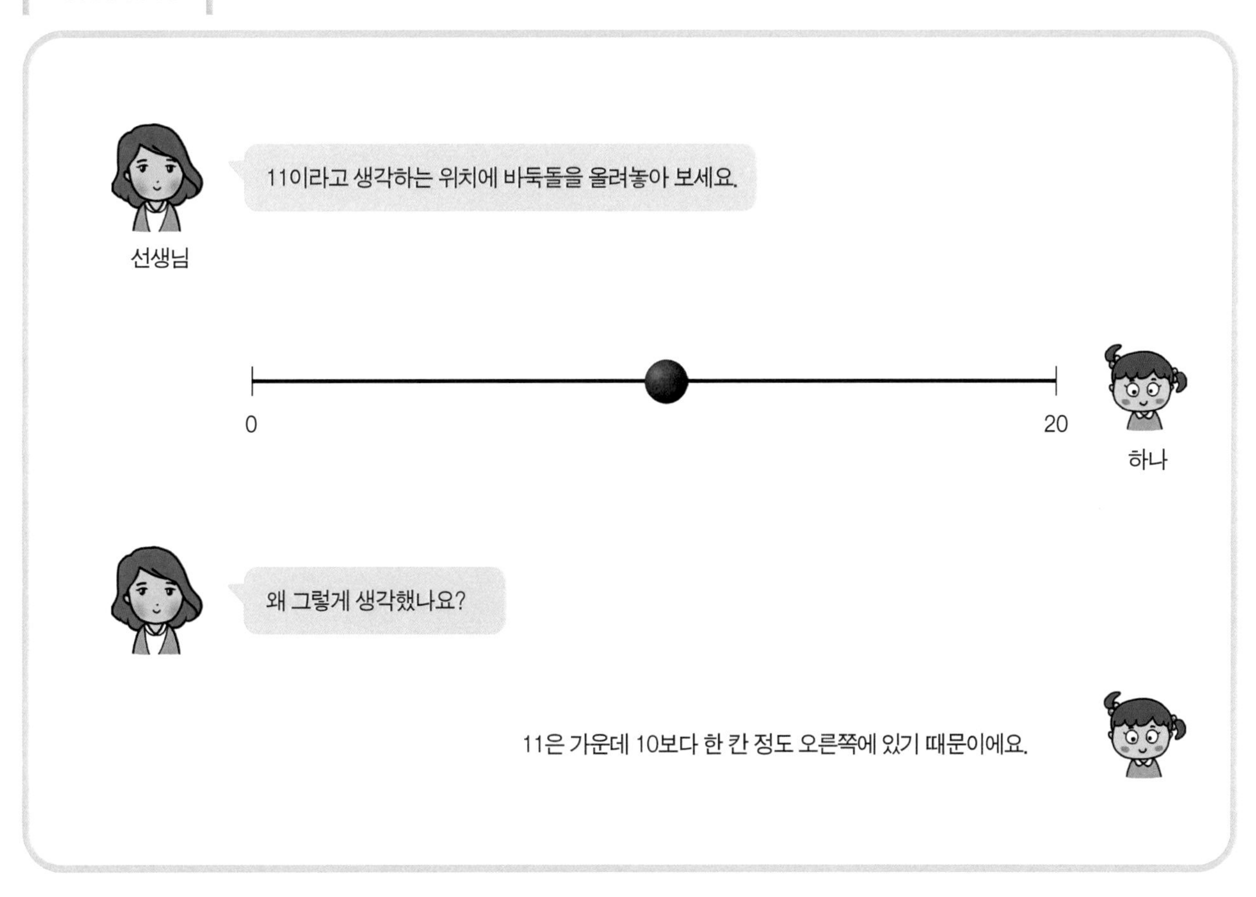

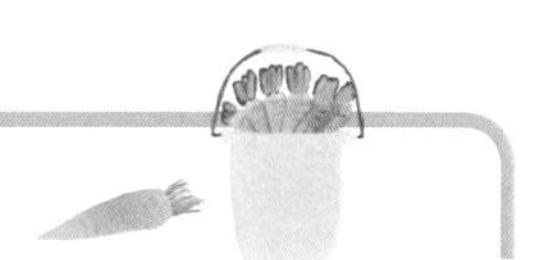

함께 하기 선생님이 불러주는 숫자의 위치에 바둑돌을 놓아 봅시다.

스스로 하기

❶ 10을 수직선에 표시해 보세요.

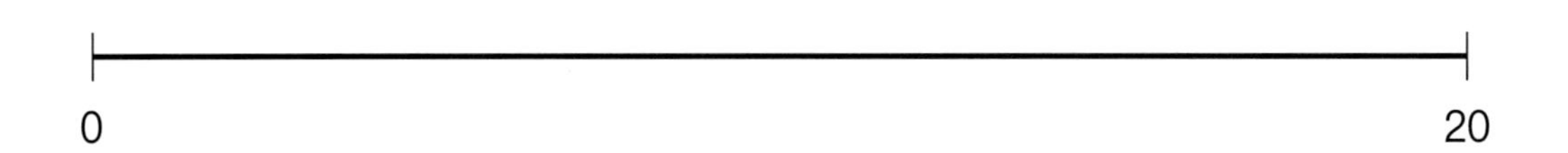

❷ 18을 수직선에 표시해 보세요.

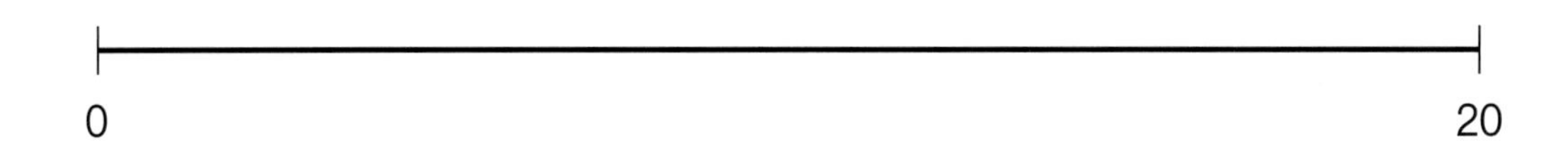

❸ 4를 수직선에 표시해 보세요.

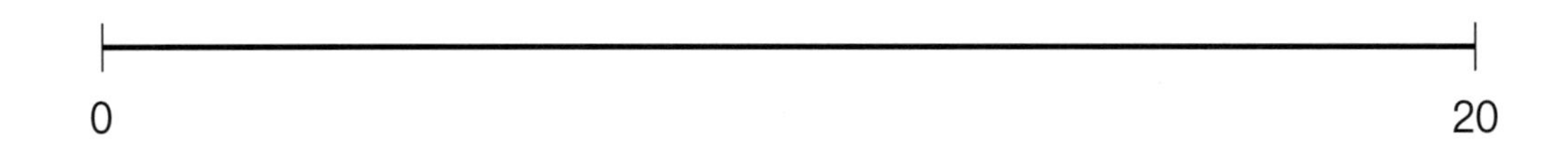

❹ 15를 수직선에 표시해 보세요.

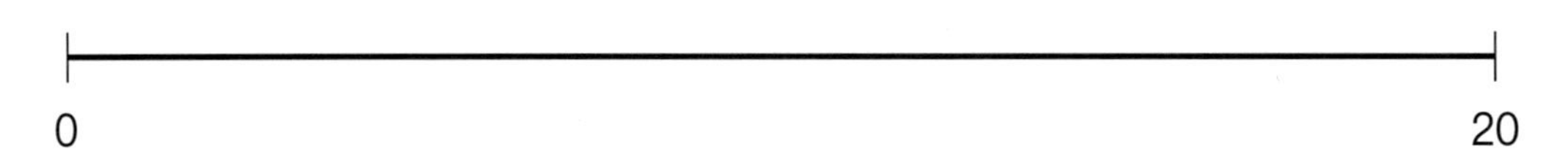

❺ 6을 수직선에 표시해 보세요.

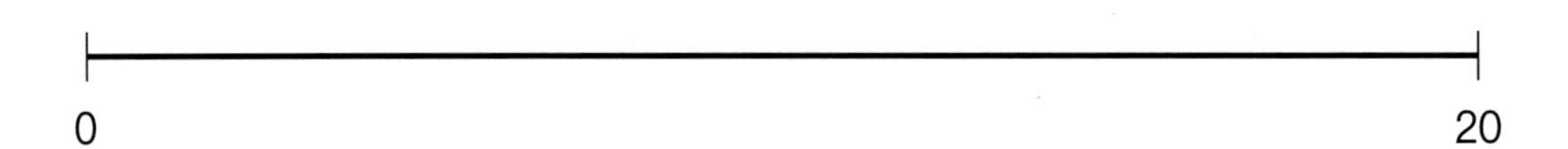

❻ 5를 수직선에 표시해 보세요.

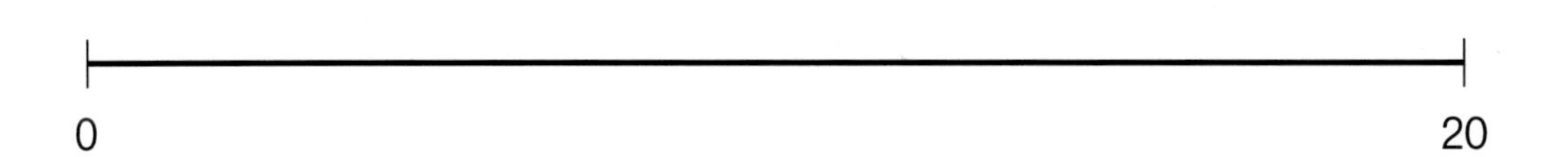

B단계 10. 수직선에서 연산의 의미

이해하기

9 + 3을 수직선에 나타내면 그림과 같이 나타낼 수 있어요.

다음 다음다음 수

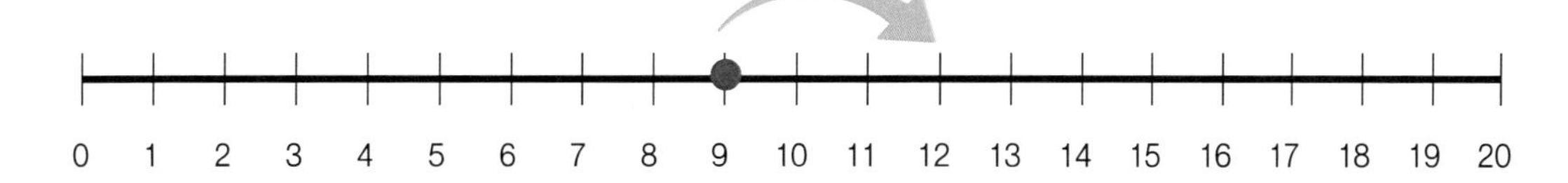

12 - 3을 수직선에 나타내면 그림과 같이 나타낼 수 있어요.

앞에 앞에 앞에 수

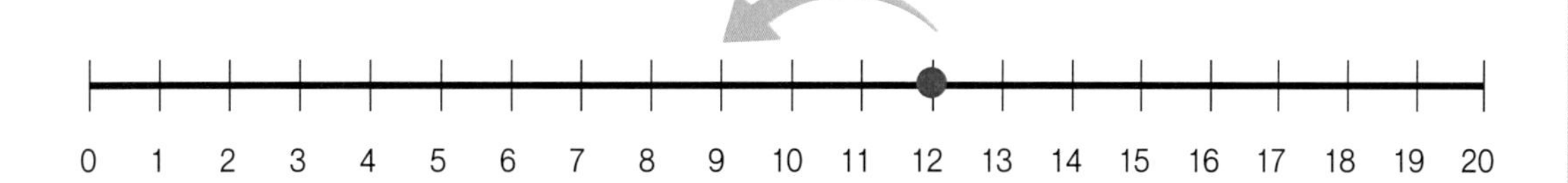

스스로 하기 주어진 식을 수직선에 나타내보세요.

❶ **13+1**

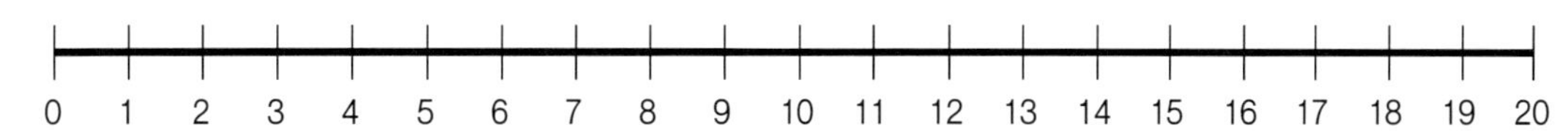

❷ **12+2**

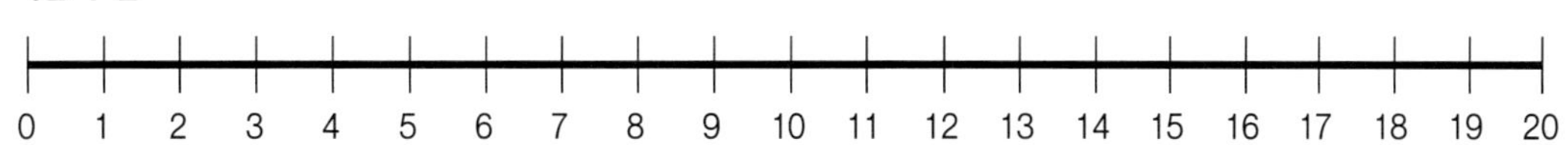

❸ **14+3**

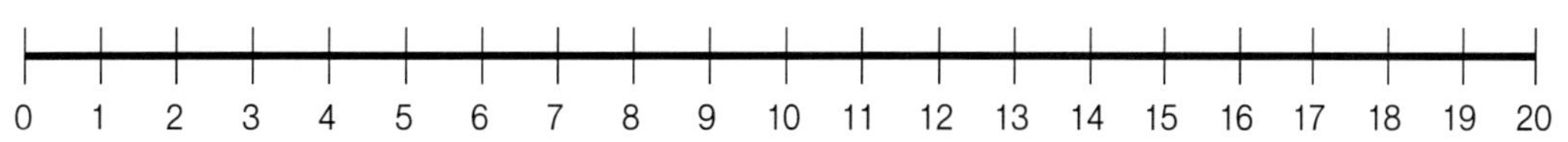

❹ **16+2**

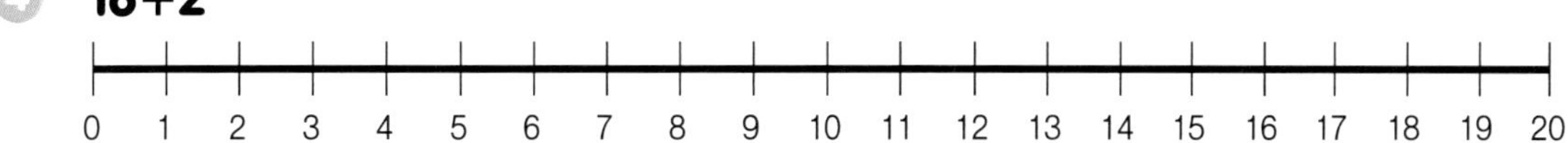

5 **15+4**

6 **17+3**

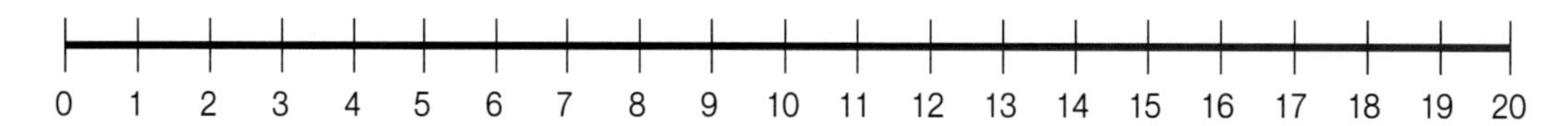

7 **16-2**

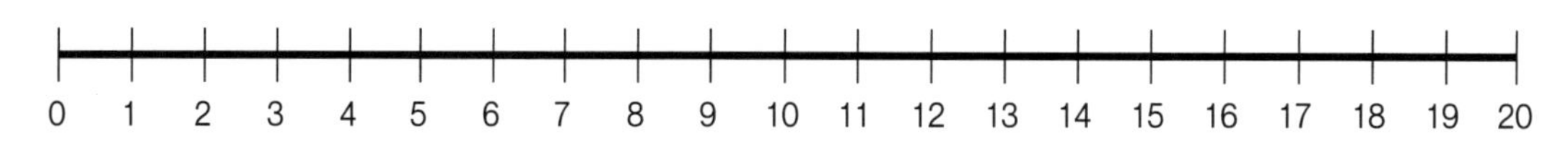

8 **15-3**

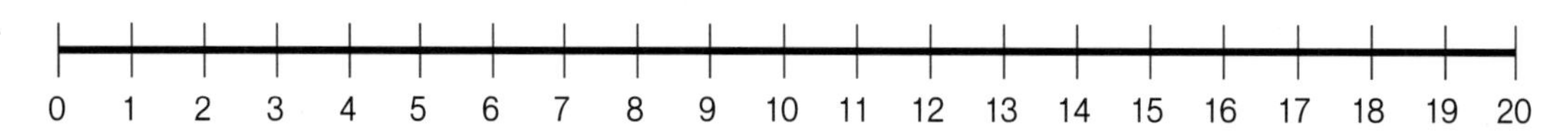

9 **17-4**

10 **20-2**

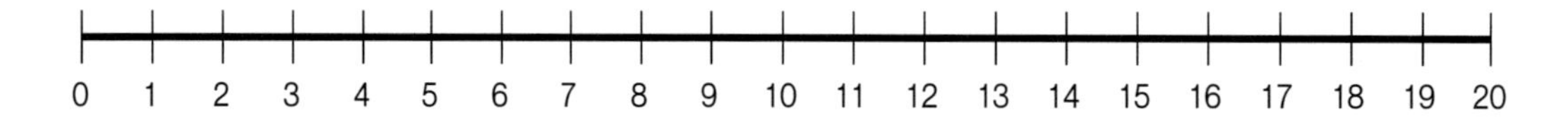

11 **11-4**

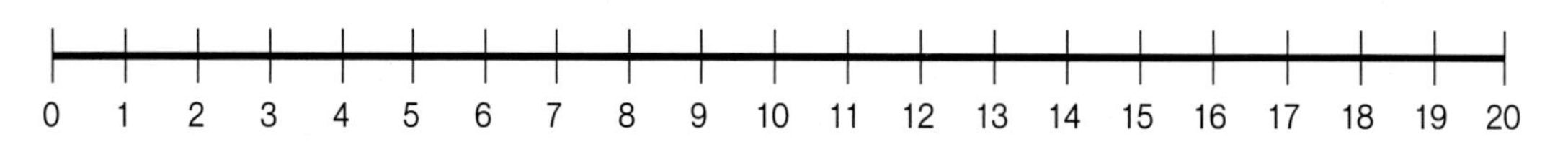

C단계

두 자릿수의 수끼리 관계

1. 크기 비교하기
2. 크기 순서 찾기
3. 더 가까운 수 찾기
4. 수직선에서 수끼리의 관계
5. 수 스무고개 놀이
6. 절반 찾기
7. 수직선에서 수의 위치 어림하기
8. 수직선에서 연산의 의미

C단계 1. 크기 비교하기

이해하기 1) 직산을 이용한 크기 비교하기

선생님: 둘 중 개수가 더 많은 것을 가리켜 보세요.

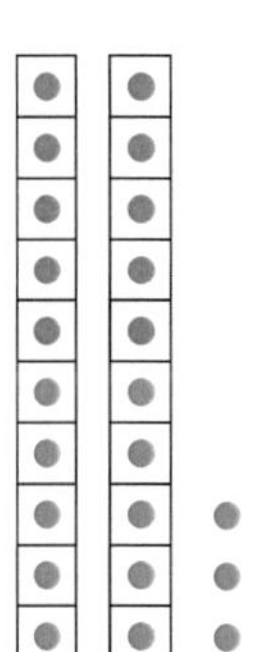

하나: 오른쪽이요.

선생님: 왜 그렇게 생각했나요?

하나: 왼쪽은 10묶음이 2개인데 오른쪽은 3개이기 때문에요.

Guide 세지 않고 직산으로 수량을 파악하여 말하는 것이 중요해요.

함께 하기 둘 중 개수가 더 많은 것을 말해봅시다.

❶

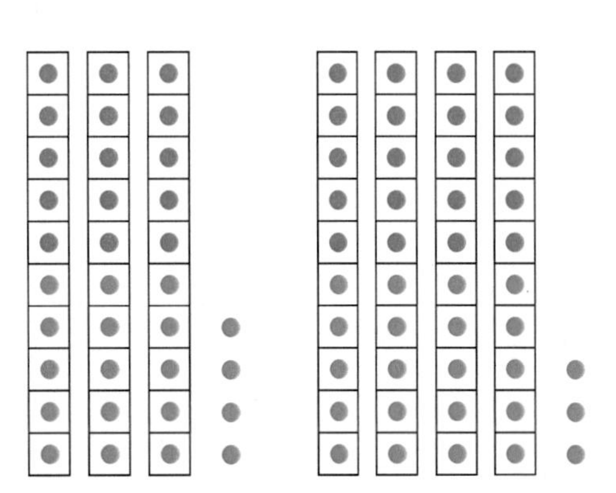

❷

함께 하기 둘 중 개수가 더 많은 것을 말해봅시다.

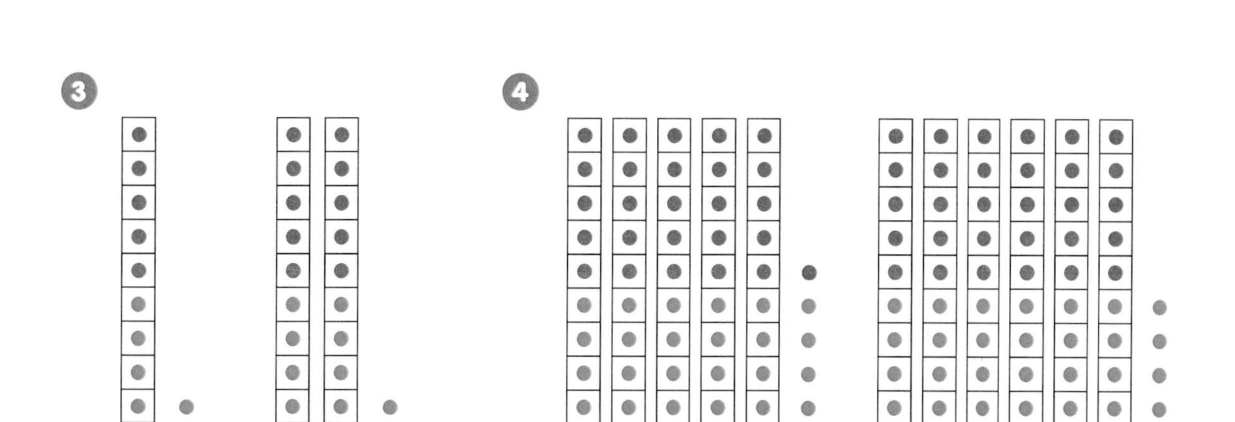

5

6

7

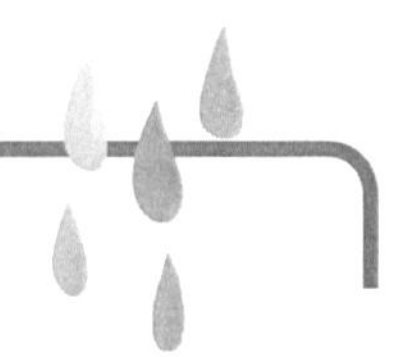

스스로 하기 둘 중 개수가 더 많은 것에 ○표 하세요.

❶

( ) ( )

❷

( ) ( )

❸

( ) ( )

❹

( ) ( )

❺

( ) ( )

이해하기 　2) 곱셈을 이용한 크기 비교하기

선생님: 둘 중 개수가 더 많은 것을 가르켜 보세요.

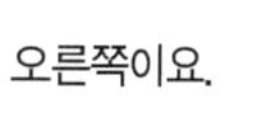

하나: 오른쪽이요.

선생님: 왜 그렇게 생각했나요?

하나: 왼쪽은 6개씩 3줄이어서 6x3=18이지만 오른쪽은 6개씩 4줄이므로 6x4 해서 24예요.

Guide 곱셈을 활용하여 점의 개수를 파악합니다. 곱셈을 배우기 전이면 뛰어 세기를 통해 개수를 파악합니다.

함께 하기 　둘 중 개수가 더 많은 것을 말해봅시다.

❶

❷

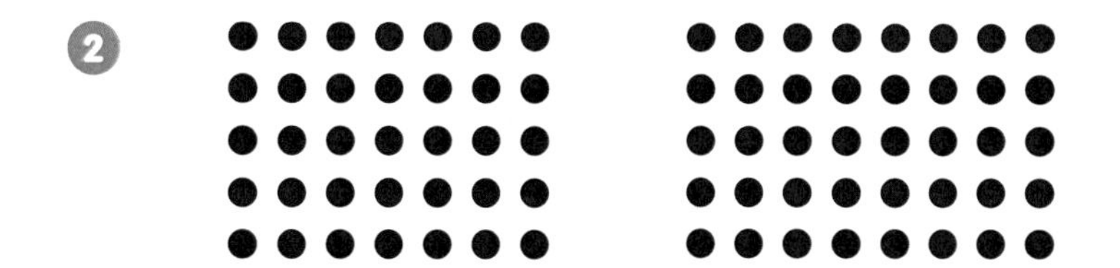

❸

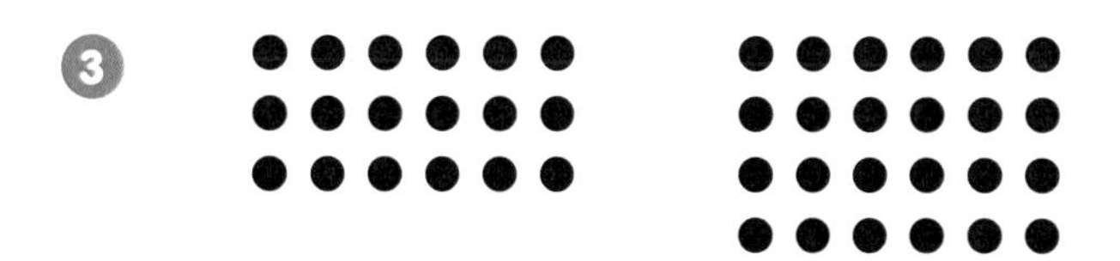

❹

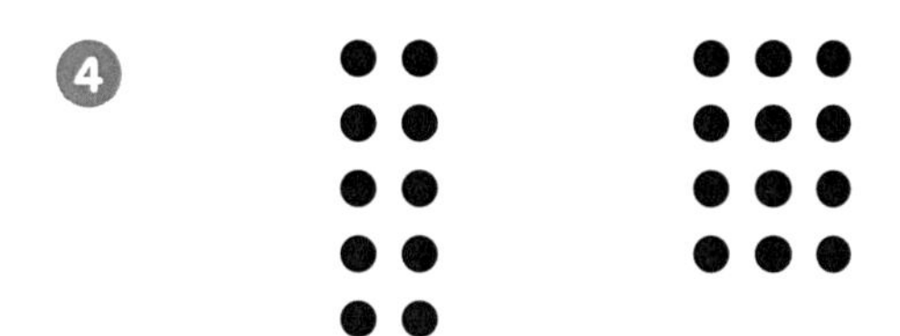

❺

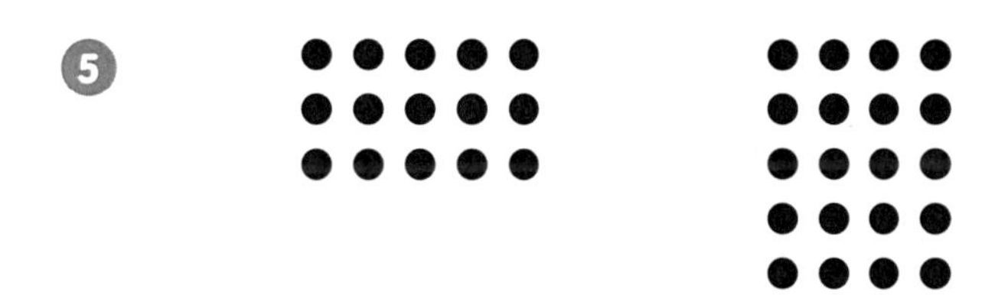

❻

❼

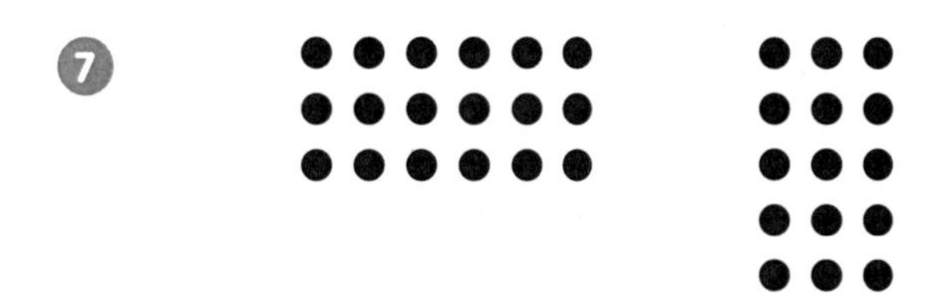

❽

❾

스스로 하기 둘 중 개수가 더 많은 것에 ○표 하세요.

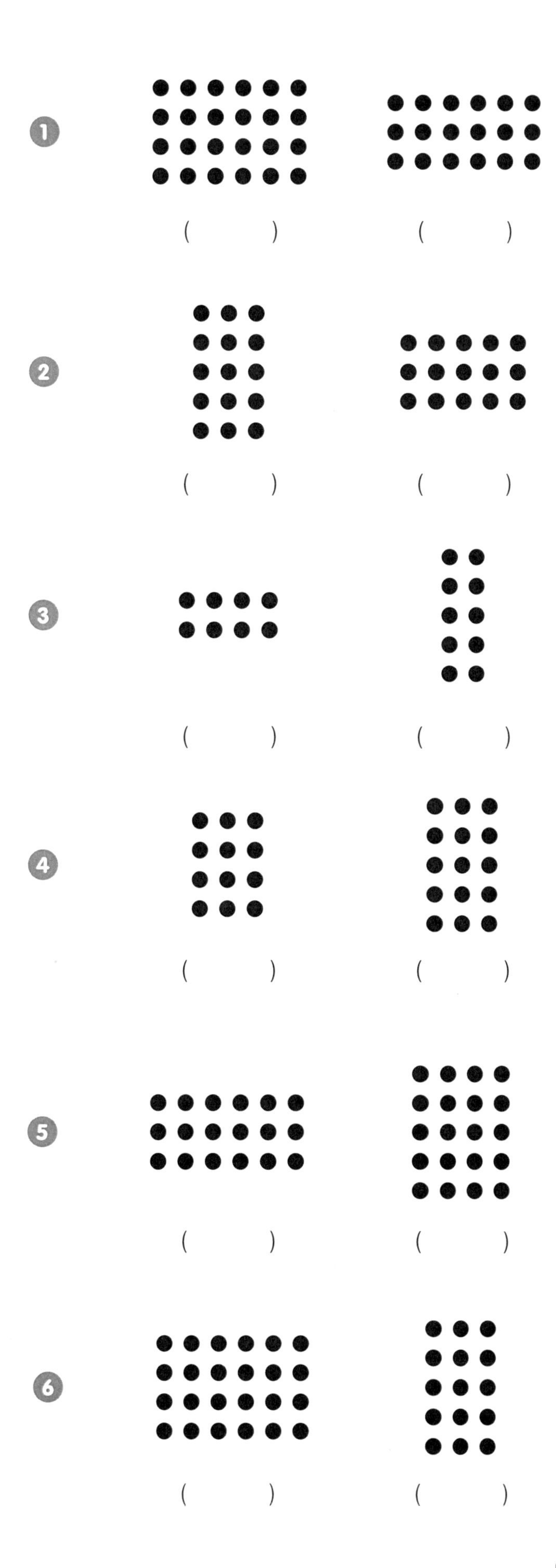

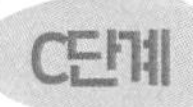

C단계 2. 크기 순서 찾기

이해하기

선생님

가장 적은 것부터
순서대로 말해보세요.

23, 32, 34 예요.

하나

함께 하기 가장 적은 것부터 순서대로 말해봅시다.

❶

❷

❸

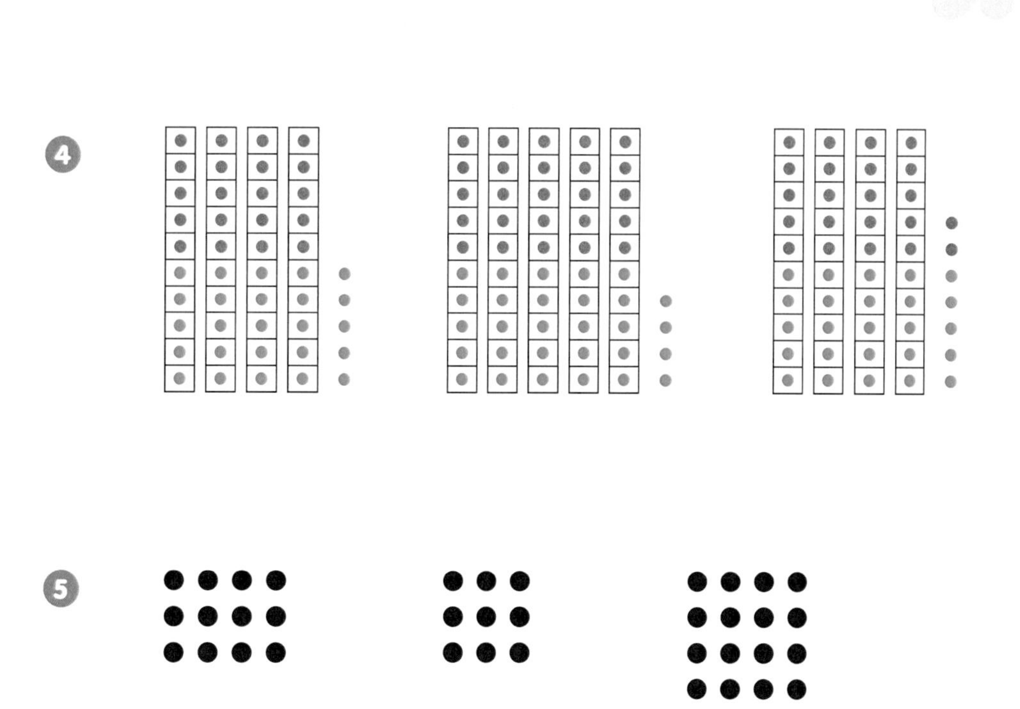

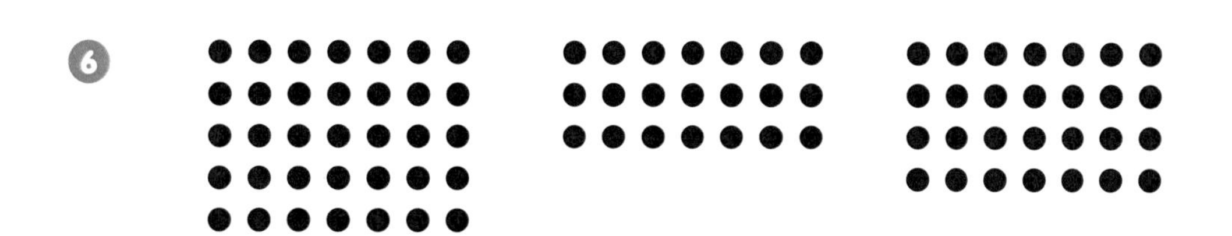

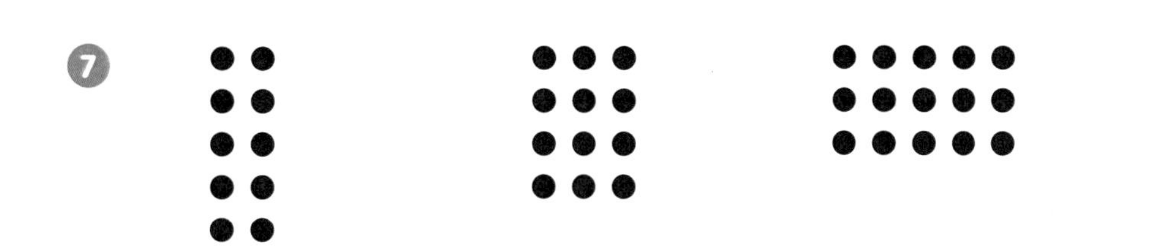

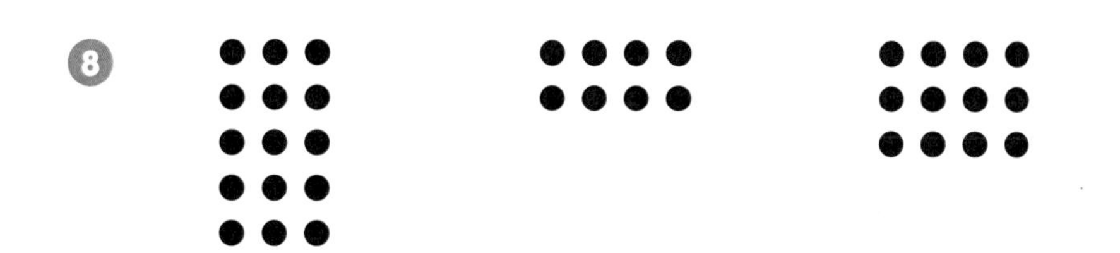

스스로 하기 적은 것부터 큰 순서로 번호를 매겨보세요.

❶

( ) ( ) ( )

❷

( ) ( ) ( )

❸

( ) ( ) ( )

❹

( ) ( ) ( )

❺

( ) ( ) ( )

C단계 3. 더 가까운 수 찾기

이해하기

준비물 : 빈 종이

선생님

(숫자를 옆 그림과 같이 순서대로 제시합니다. 공책이나 칠판을 활용해 씁니다.)
숫자들을 수직선 위에 표시해 보세요.

34 **65** **76**

(수직선 위에 숫자들을 나타낸다.)

하나

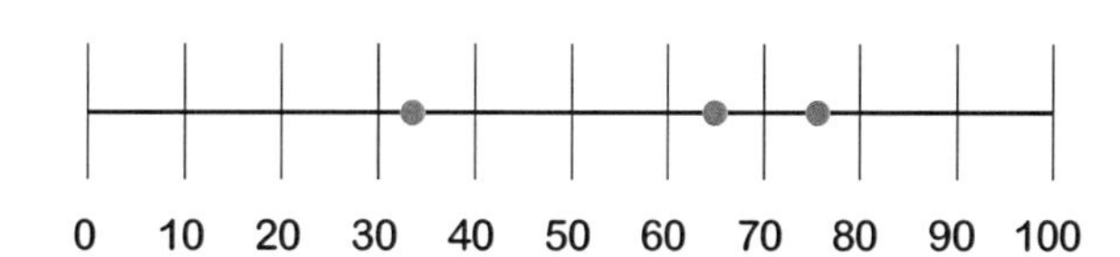

가운데 숫자 65는 34와 76 중 어떤 수와 더 가깝나요?

76이요.

Guide 가운데 숫자를 기준으로 하여 가까운 수를 물어봐 주세요. 익숙해지면 수직선에 표시하지 않고 숫자만으로 활동을 해 보세요.

함께 하기

선생님이 보여 주는 숫자들을 수직선 위에 표시해 보고 가운데 수와 더 가까운 수를 말해 봅시다.

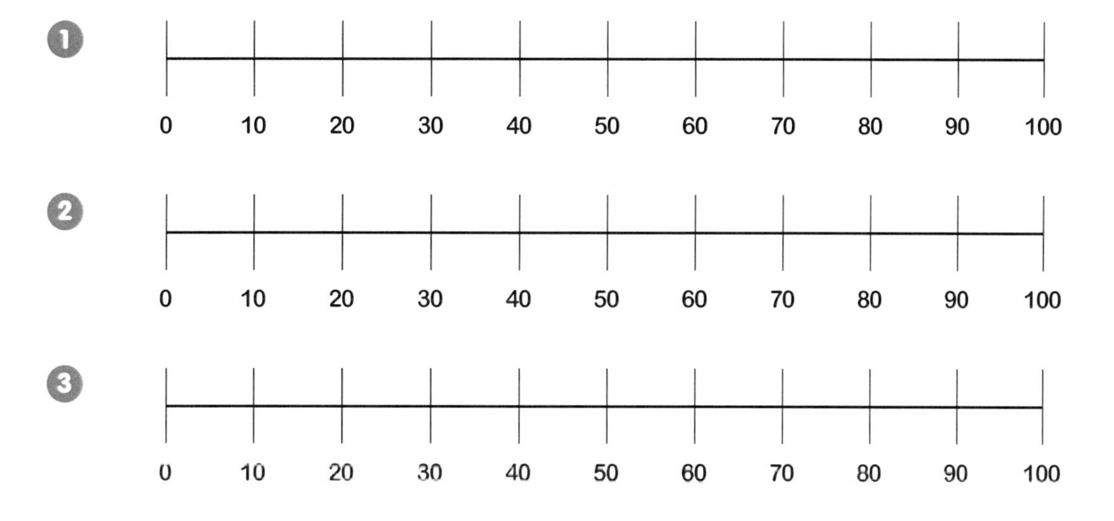

스스로 하기 가운데 숫자와 더 가까운 수에 ○ 하세요.

❶

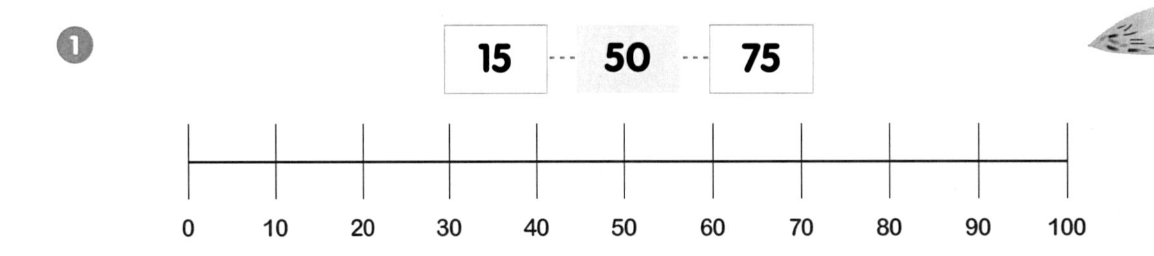

❷

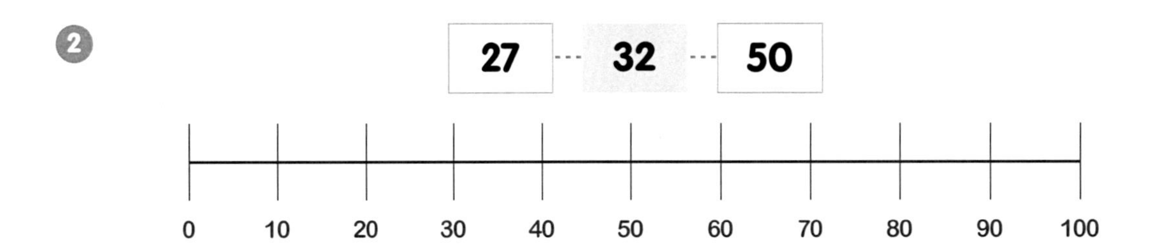

❸

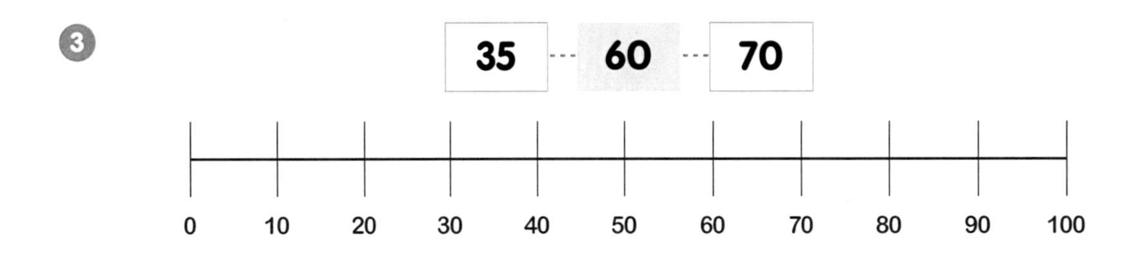

❹

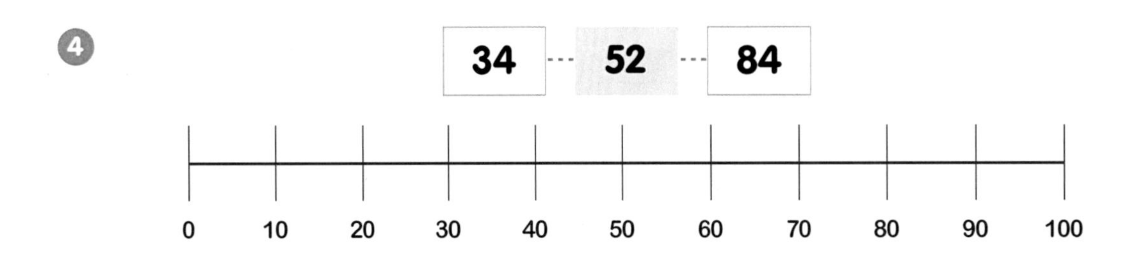

❺

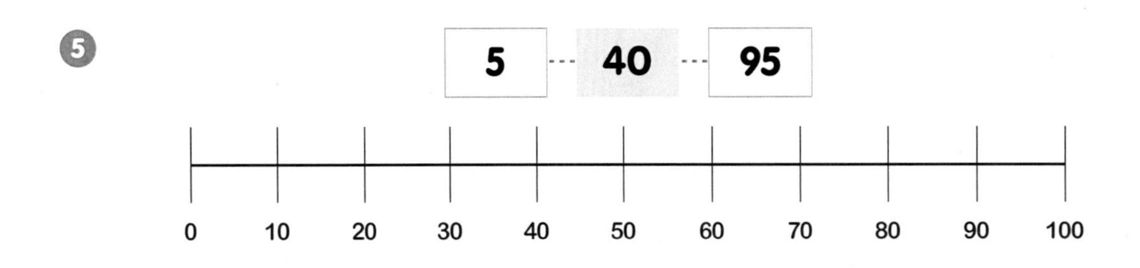

4. 수직선에서 수끼리의 관계

이해하기

선생님

앞으로 몇 씩 커지나요?

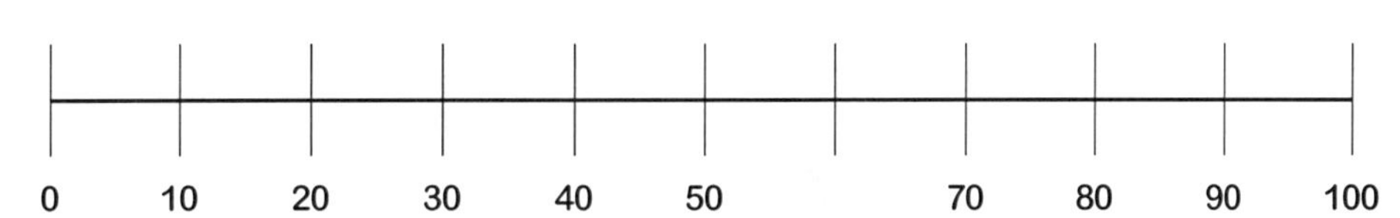

10 이요.

하나

뒤로 몇 씩 작아지나요?

10 이요.

빈 칸에 들어갈 숫자를 말해 보세요.

60 이요.

왜 그렇게 생각했나요?

50에서 10 커지기 때문에요.

Guide 수직선에서 수 사이의 관계를(몇씩 뛰어세는가) 파악할 수 있도록 해 주세요.

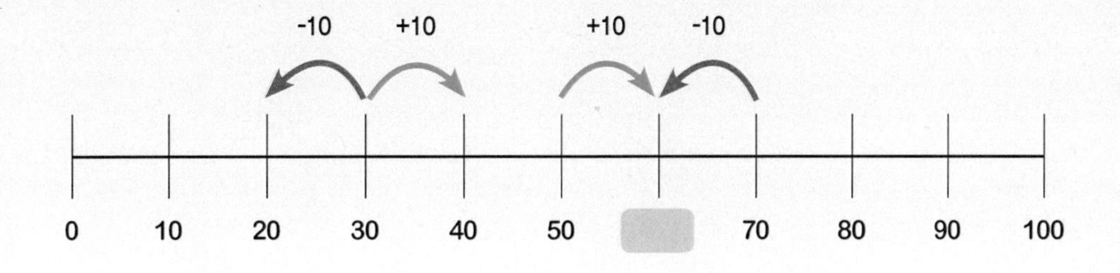

함께 하기 몇 씩 커지나요? 몇씩 작아지나요? □ 안에 들어갈 숫자를 말해 봅시다.

❶
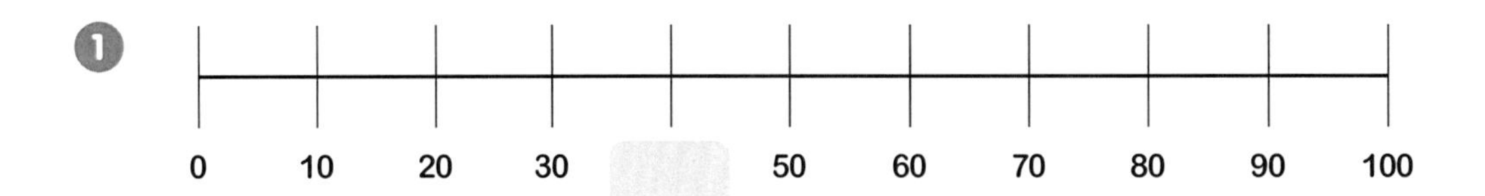

❷

❸
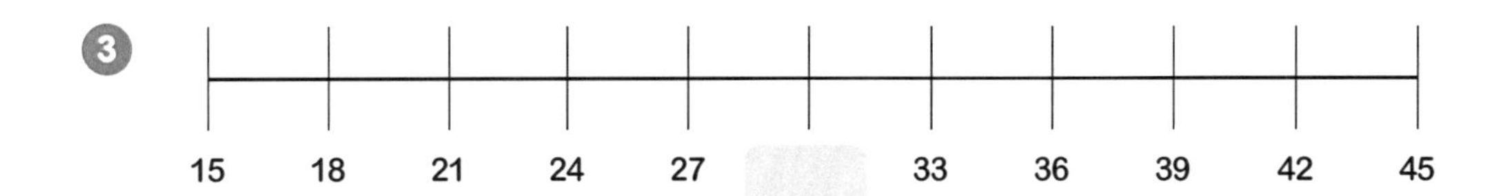

❹
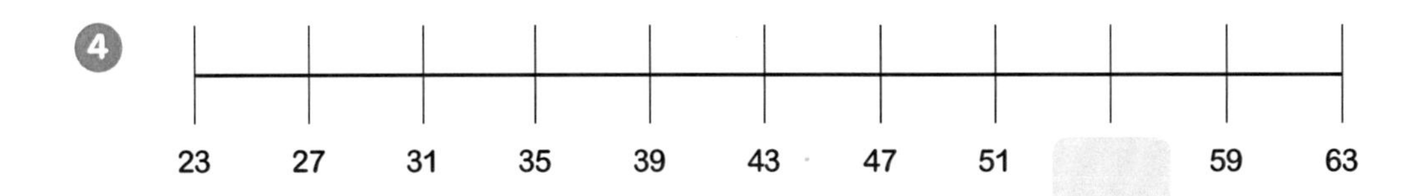

❺

❻

❼
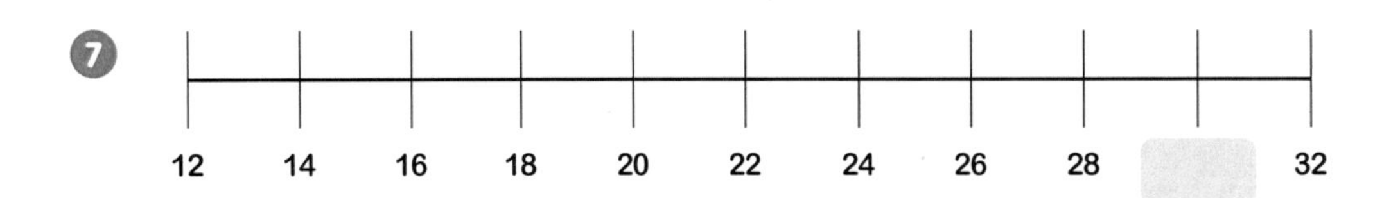

스스로 하기

□안에 들어갈 숫자를 써 보세요.

❶
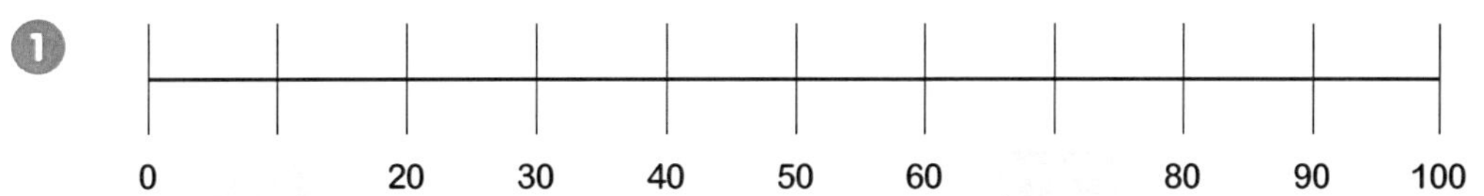

❷
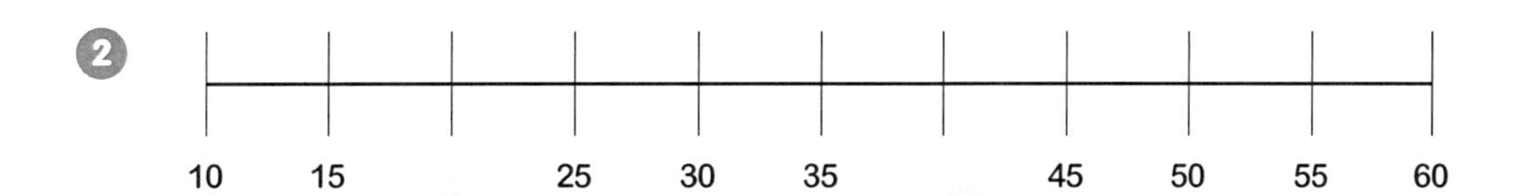

❸

❹

❺
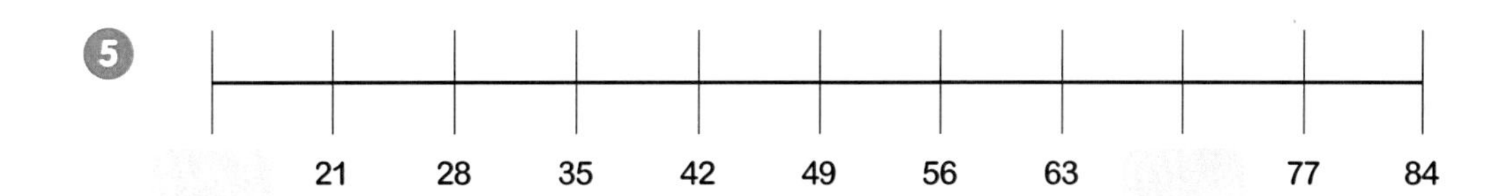

❻

❼
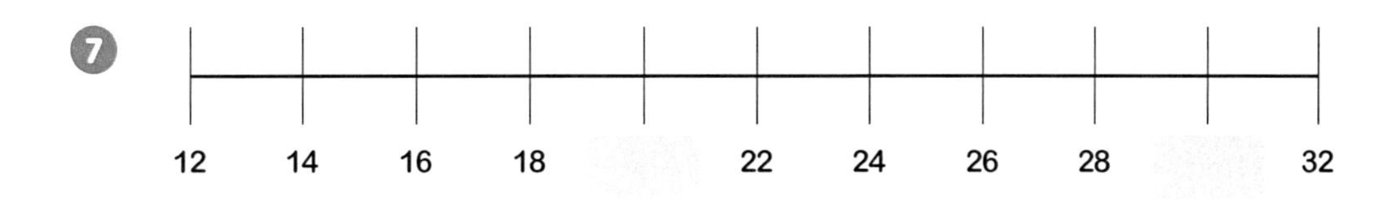

C단계 5. 수 스무고개 놀이

이해하기

준비물 : 빈 종이

선생님: 선생님이랑 수 스무고개 놀이를 할 거예요. 종이에 1~100 사이의 숫자 중 하나를 쓰세요. 적혀 있는 숫자가 선생님께 보이지 않도록 뒤집어 놓으세요.

하나: (종이에 23을 쓰고 수를 본 다음 뒤집어 놓는다.)

선생님: 선생님이 하는 질문에 '네', '아니오'로 대답해주세요. 뽑은 수는 50보다 큰가요?

하나: 아니요.

선생님: 50보다 작으니 1~50 사이의 숫자이겠네요. 뽑은 수는 25보다 작은가요?

하나: 네.

선생님: 25보다 작으니 1~25 사이의 숫자이겠네요. 뽑은 수는 12보다 큰가요?

하나: 네.

선생님: 12~25 사이 숫자이겠네요. 뽑은 수는 19보다 작은가요?

하나: 아니요.

선생님: 그러면 19~25 사이의 숫자이므로 정답이 23인가요?

하나: (뒤집은 카드를 보여주며) 맞아요.

Guide 수 스무고개 활동은 과제 수 위치 어림하기의 연습과제 성격을 갖습니다. 교사가 수직선에서 수의 관계를 이용해 논리적으로 수를 찾는 과정을 모델링 해주세요. 처음에 교사가 수를 맞히고 역할을 바꿔 학생이 맞히는 활동도 좋습니다.

함께 하기

1~100 사이의 수 중 하나를 쓰고 수 스무고개 놀이를 해봅시다.

C단계 **6. 절반 찾기**

이해하기

준비물 : 바둑돌 2개

선생님

0~100 절반을 알아볼게요. 먼저 0과 100에 바둑돌을 올려놓으세요. 0에서 바둑돌을 오른쪽으로 10칸 옮기고 100에서 바둑돌을 왼쪽으로 10칸 옮겨보세요.

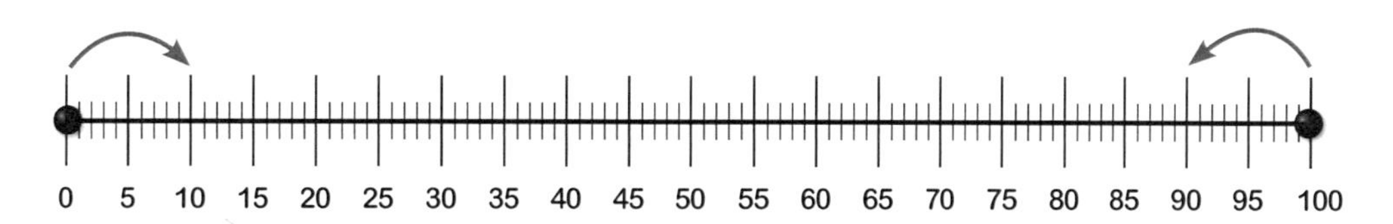

같은 방법으로 10 칸씩 바둑돌을 옮겨보세요.

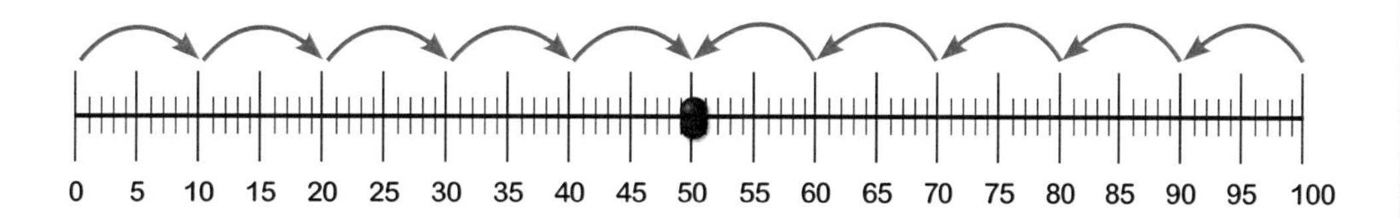

두 바둑돌이 만나는 곳은 어디인가요?

50 이요.

하나

어떤 두 수에서 같은 거리만큼 움직여 만났을 때 그 위치를 두 수의 절반이라고 합니다. 0과 100의 절반은 몇인가요?

50 이요.

Guide 절반 찾기 활동은 과제 〈7. 수 위치 어림하기〉의 연습과제 성격을 갖습니다.
25 ~ 50처럼 절반이 자연수가 되지 않는 경우에는 37과 38 사이가 절반이라고 이해시켜주세요.
여러 칸씩 옮기기도 가능합니다. 단 같은 수만큼 옮겨야 함을 상기시켜주세요.

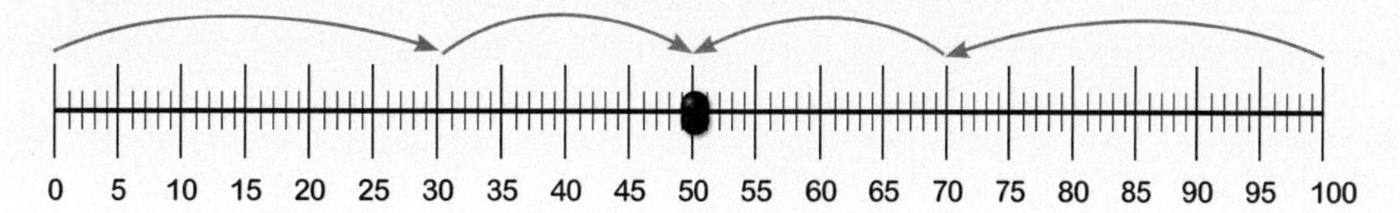

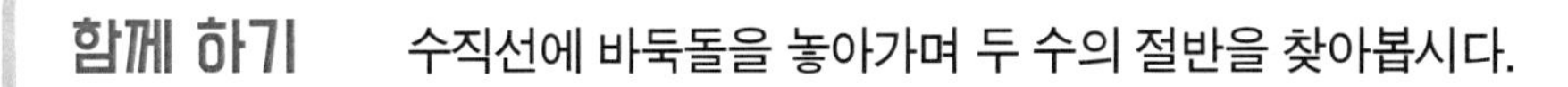

함께 하기 수직선에 바둑돌을 놓아가며 두 수의 절반을 찾아봅시다.

❶ 0 100

❷ 50 70

❸ 20 50

❹ 25 55

❺ 40 100

❻ 50 100

❼ 0 55

❽ 70 100

❾ 50 80

❿ 25 85

스스로 하기 두 수의 절반을 쓰세요.

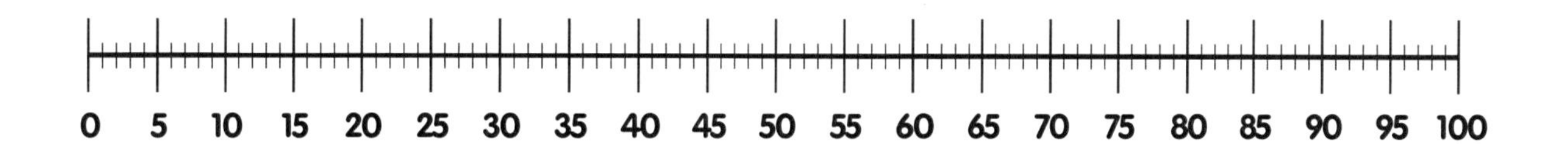

❶ 0 --- ☐ --- 50

❷ 25 --- ☐ --- 55

❸ 20 --- ☐ --- 80

❹ 0 --- ☐ --- 100

❺ 50 --- ☐ --- 80

❻ 50 --- ☐ --- 100

❼ 70 --- ☐ --- 100

❽ 10 --- ☐ --- 80

❾ 0 --- ☐ --- 70

❿ 30 --- ☐ --- 60

C단계 7. 수직선에서 수의 위치 어림하기

이해하기 1) 바둑돌 있는 곳의 숫자 말하기(1)

준비물 : 바둑돌

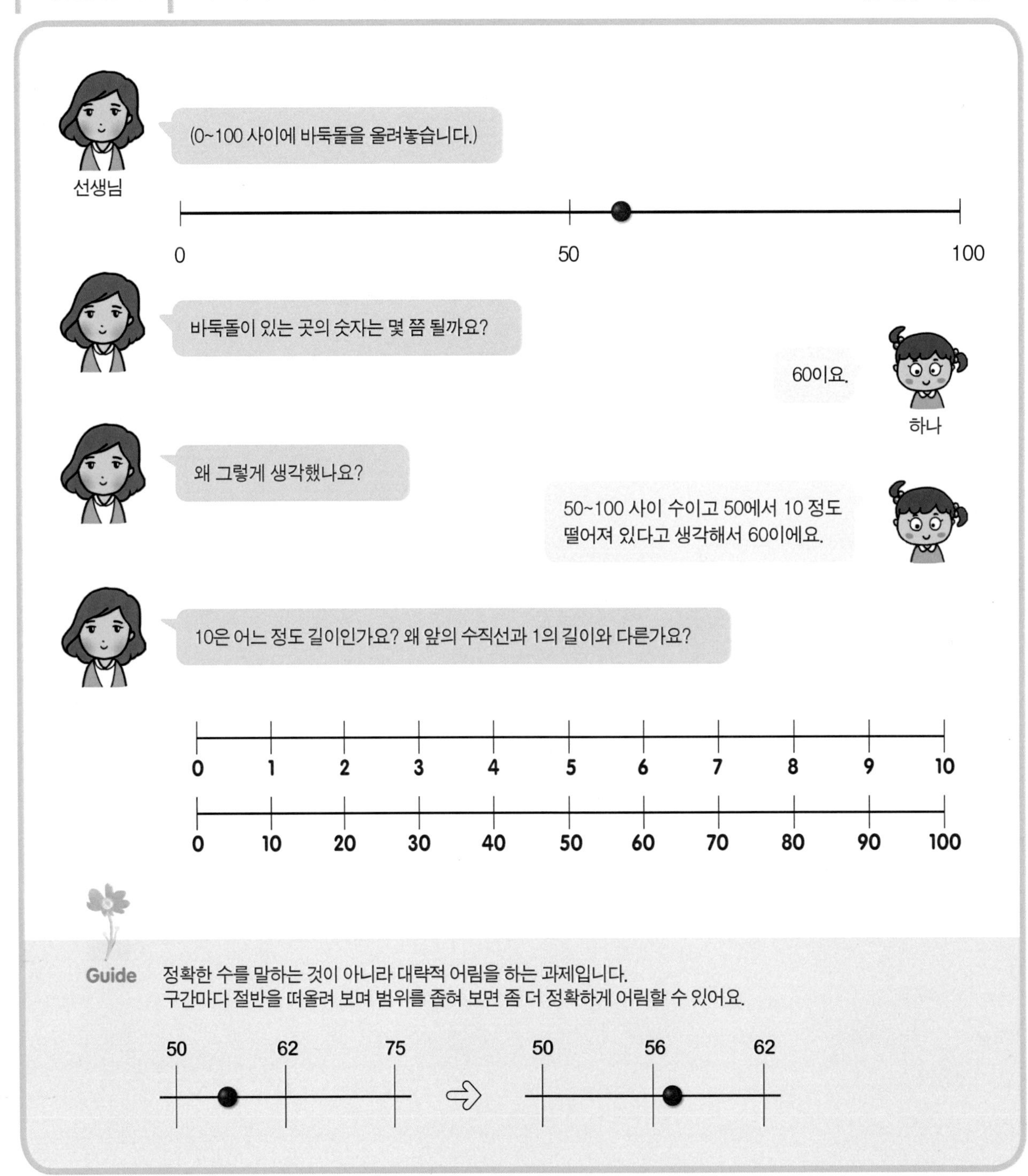

함께 하기 선생님이 올려놓은 바둑돌이 있는 곳의 숫자가 몇 쯤 될지 말해봅시다.

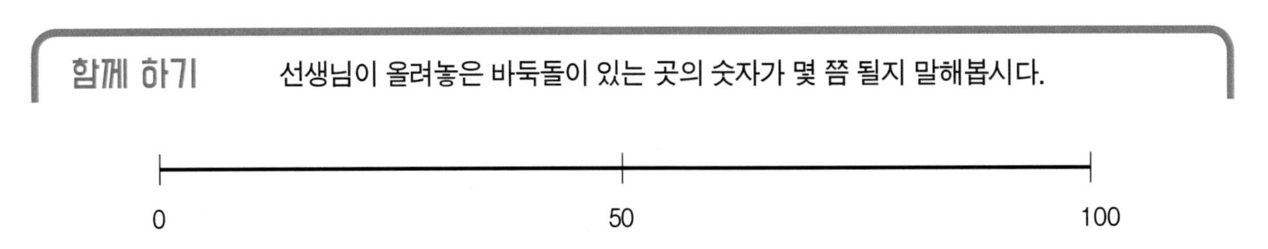

이해하기 2) 바둑돌 있는 곳의 숫자 말하기(2)

준비물 : 바둑돌

선생님: (0~100 사이에 바둑돌을 올려놓습니다.)

0 ——●—————— 100

선생님: 바둑돌이 있는 곳의 숫자는 몇 쯤 될까요?

하나: 35 요.

선생님: 왜 그렇게 생각했나요?

하나: 0~100의 가운데는 50, 0~50 가운데는 25에서 10 정도 떨어져 있어서 35라고 생각했어요.

0 — 25 —●— 50 ——— 100

Guide 구간마다 절반을 떠올려보며 범위를 잘게 잘라 보면 좀 더 정확하게 어림할 수 있어요.

함께 하기 선생님이 올려놓은 바둑돌이 있는 곳의 숫자가 몇 쯤 될지 말해봅시다.

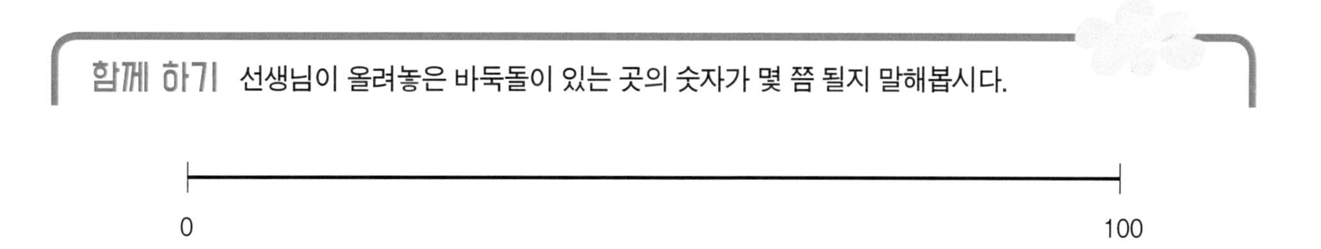

스스로 하기 바둑돌이 있는 곳의 숫자가 몇 쯤 될지 써보세요.

❶

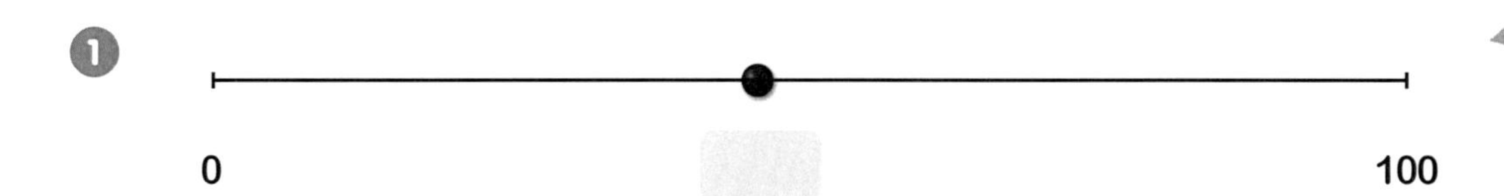

❷

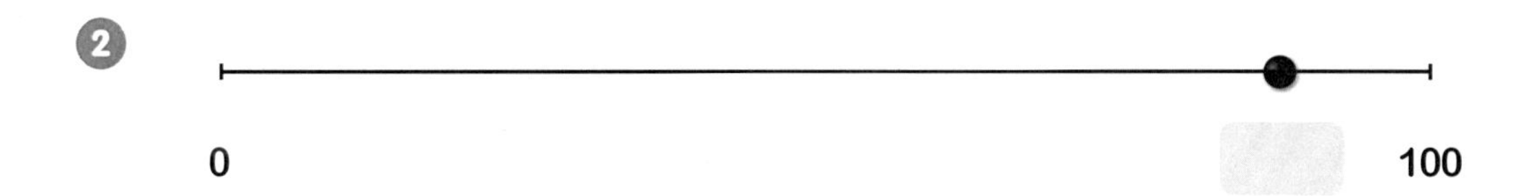

❸

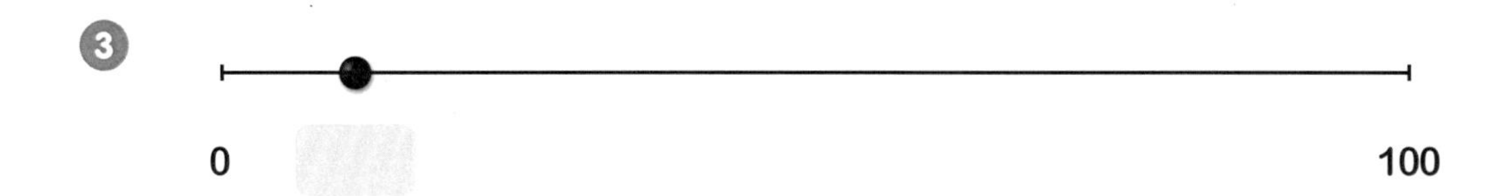

❹

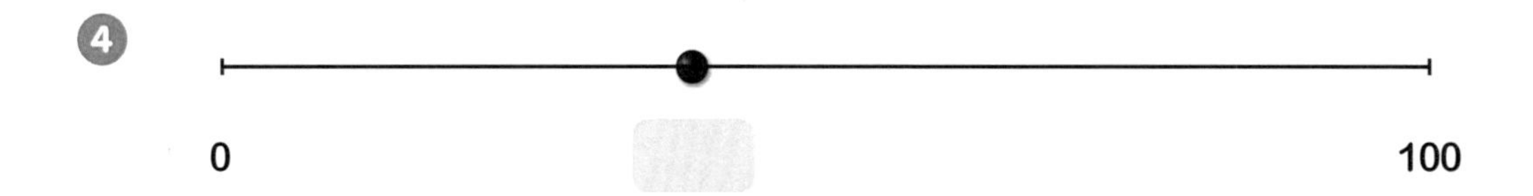

❺

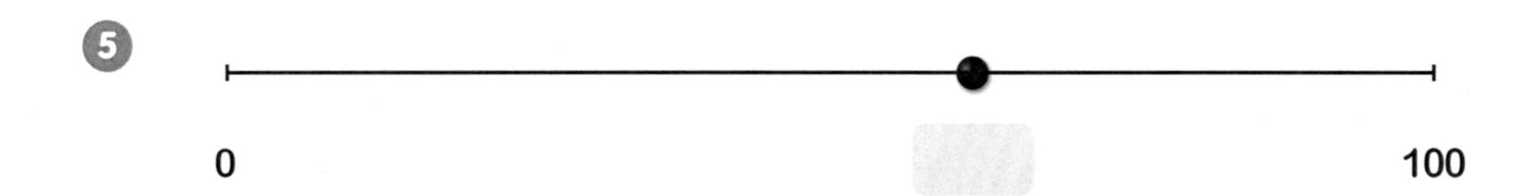

❻

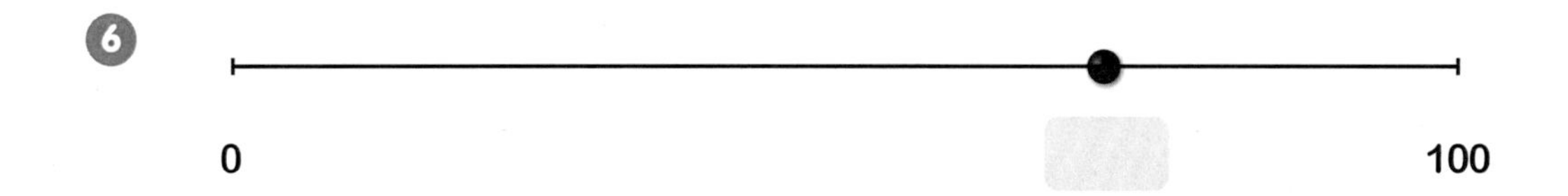

❼

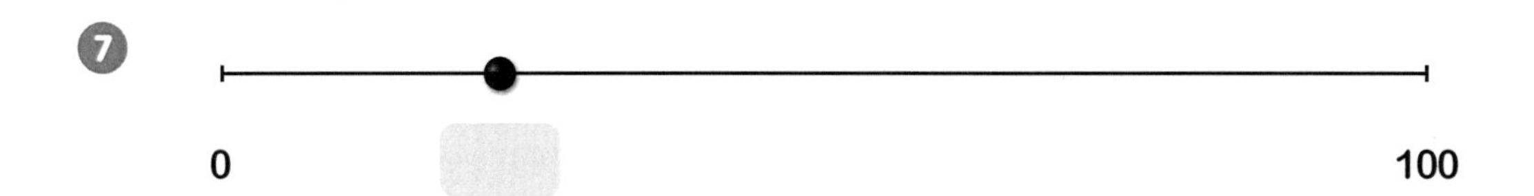

이해하기 3) 불러준 수를 수직선에 표시하기

준비물 : 바둑돌

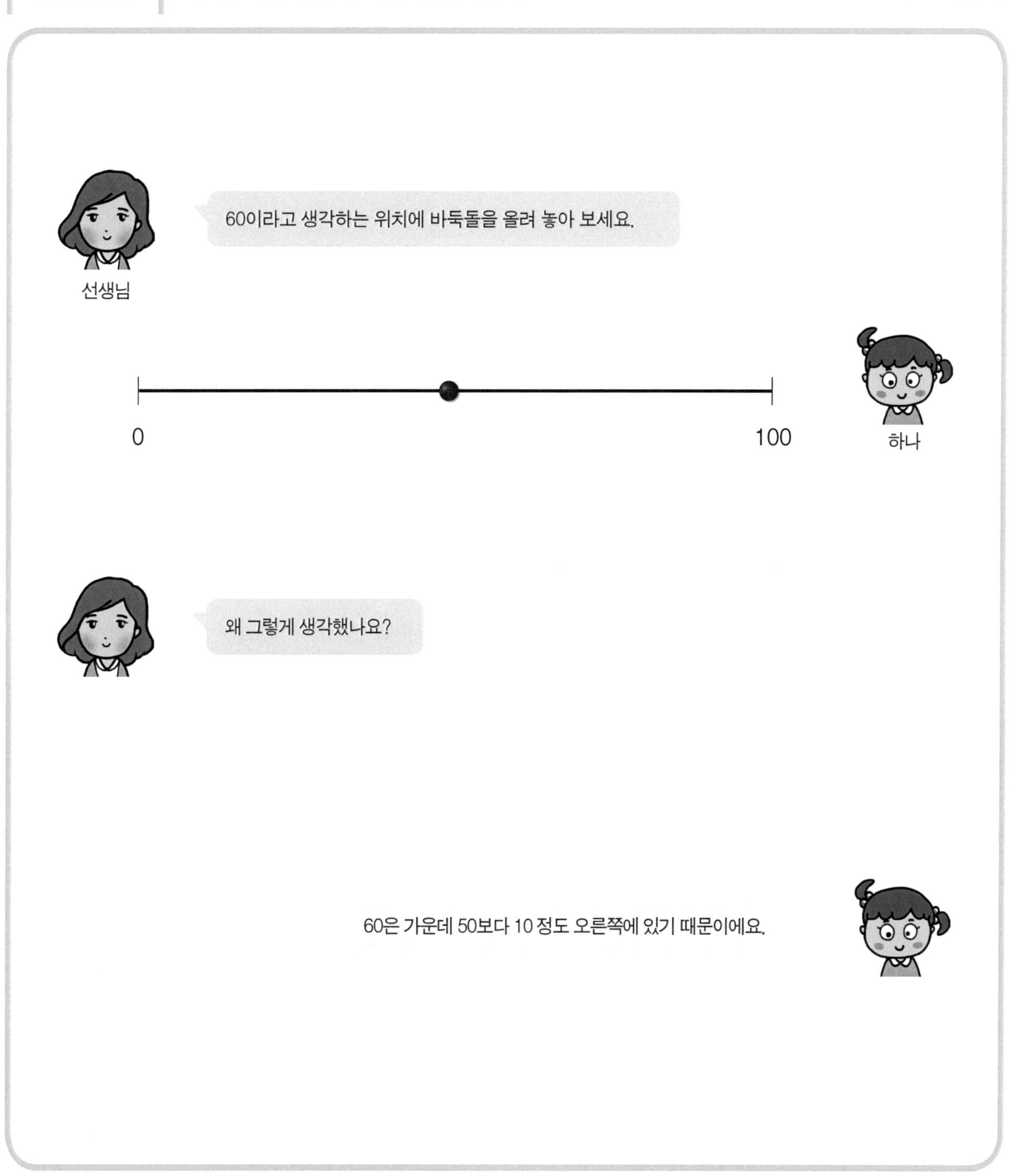

함께 하기 선생님이 불러주는 숫자의 위치에 바둑돌을 놓아 봅시다.

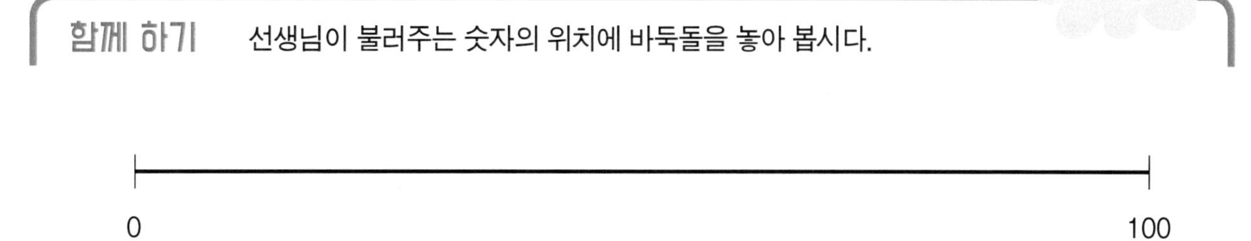

스스로 하기

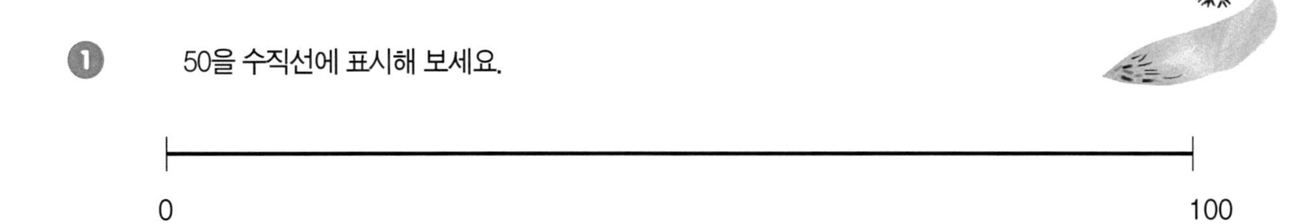

❶ 50을 수직선에 표시해 보세요.

0 ———————————————— 100

❷ 75를 수직선에 표시해 보세요.

0 ———————————————— 100

❸ 25를 수직선에 표시해 보세요.

0 ———————————————— 100

❹ 90을 수직선에 표시해 보세요.

0 ———————————————— 100

❺ 10을 수직선에 표시해 보세요.

0 ———————————————— 100

❻ 40을 수직선에 표시해 보세요.

0 ———————————————— 100

8. 수직선에서 연산의 의미

이해하기

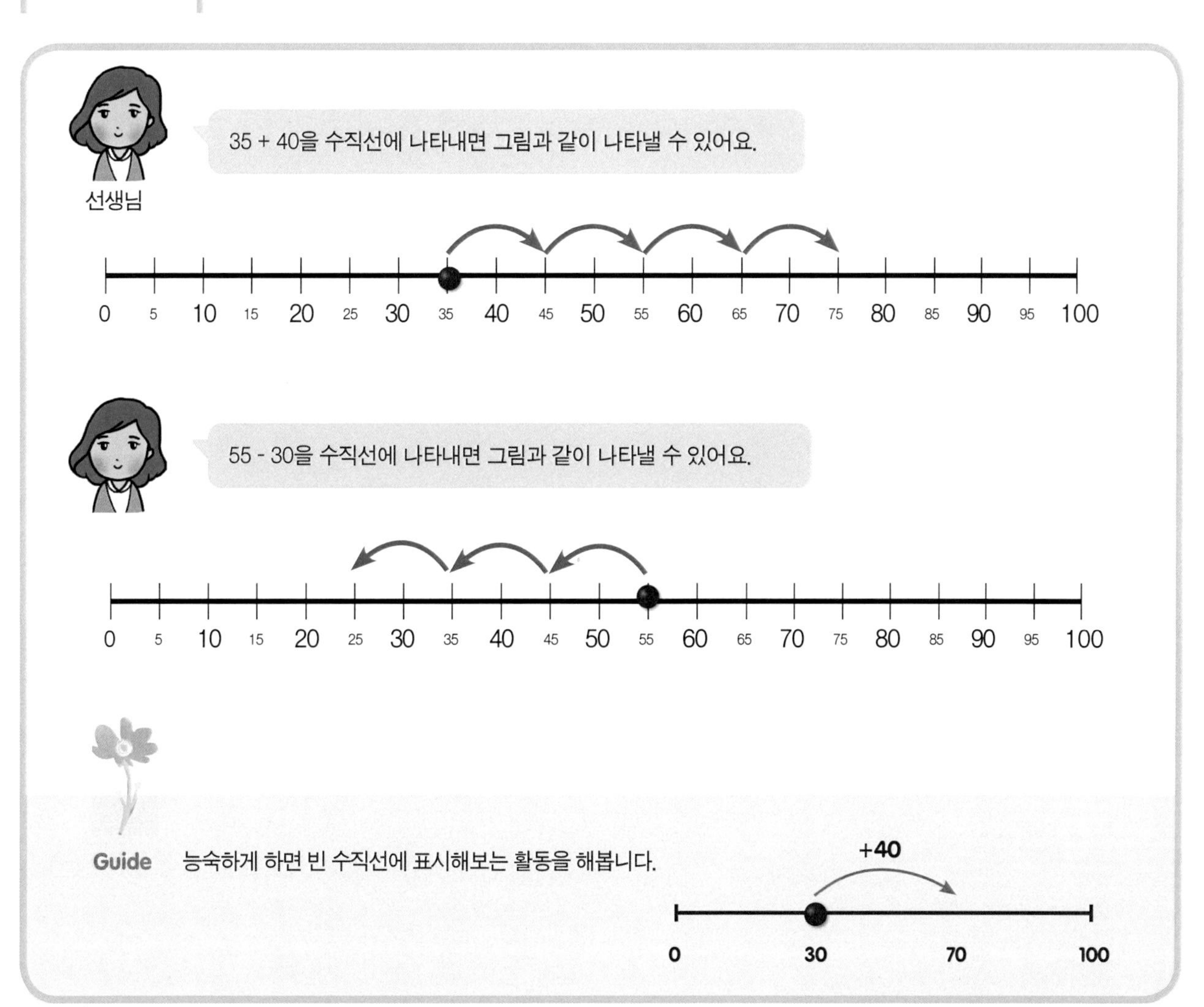

스스로 하기 주어진 식을 수직선에 나타내보세요.

❶ **30+30**

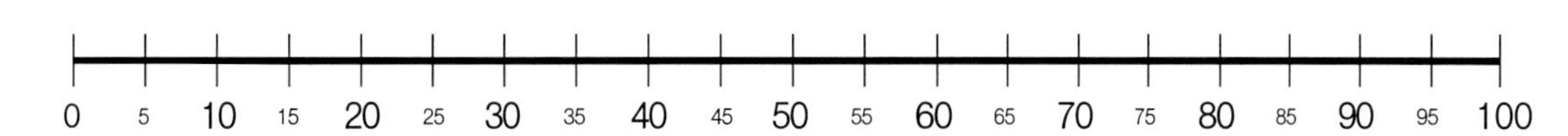

❷ **35+50**

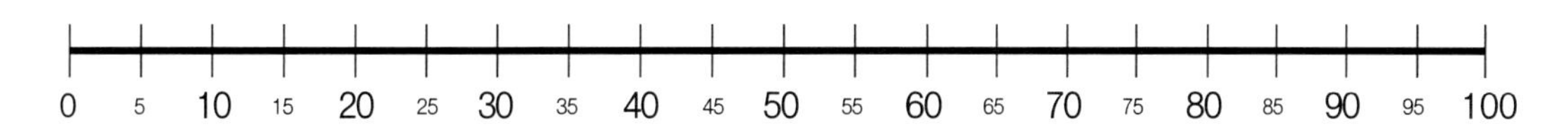

❸ **20+45**

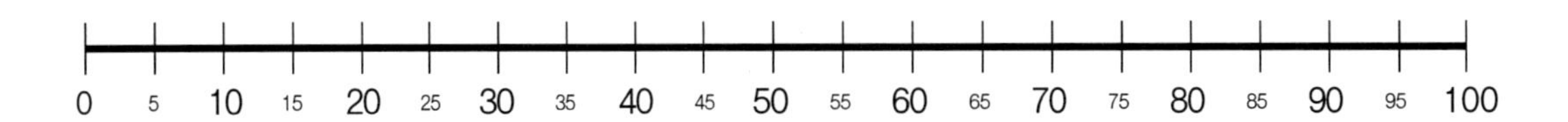

❹ **40+15**

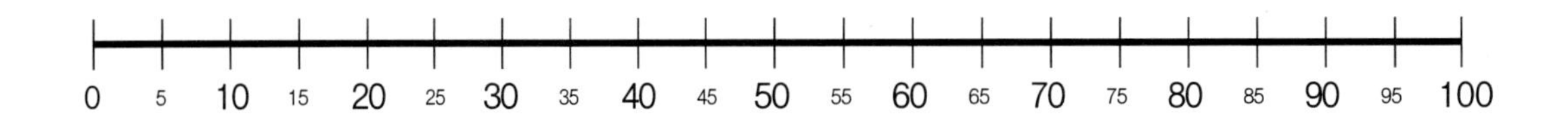

❺ **55+35**

❻ **80-50**

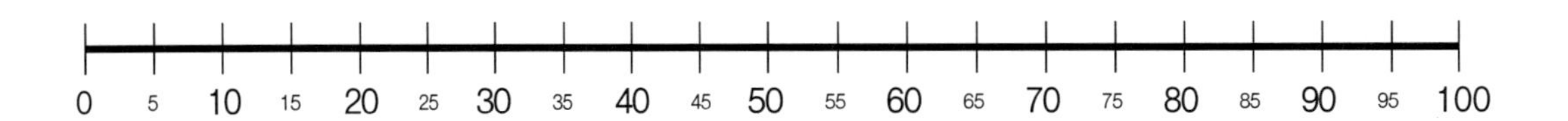

❼ **95-40**

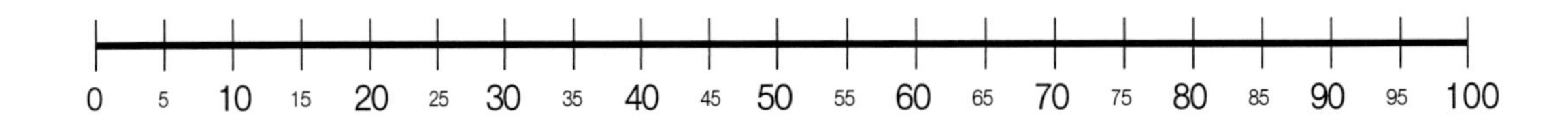

❽ **75-35**

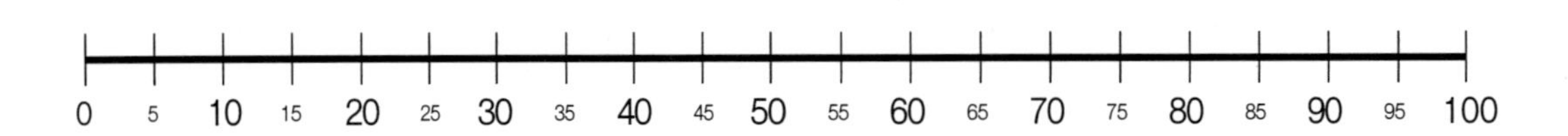

D단계

세 자릿수의 수끼리 관계

1. 크기 비교하기

이해하기

선생님

둘 중 개수가 많은 것을 가리켜 보세요.
네모는 100, 긴 막대는 10, 점은 1을 나타냅니다.

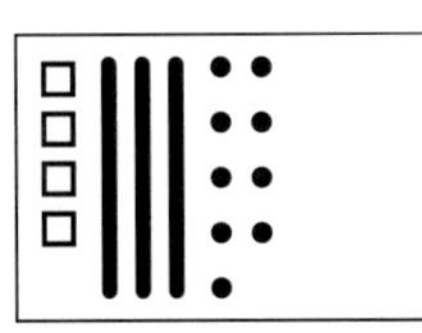

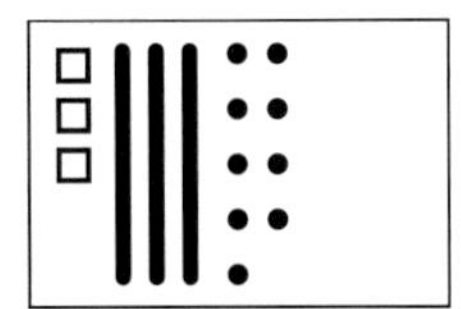

하나

왼쪽이요.

왜 그렇게 생각했나요?

왼쪽은 백 묶음이 4개인데 오른쪽은 3개이기 때문에요.

Guide 세지 않고 직산으로 수량을 파악하여 말하는 것이 중요해요.

함께 하기 둘 중 개수가 많은 것을 말해봅시다.

❶

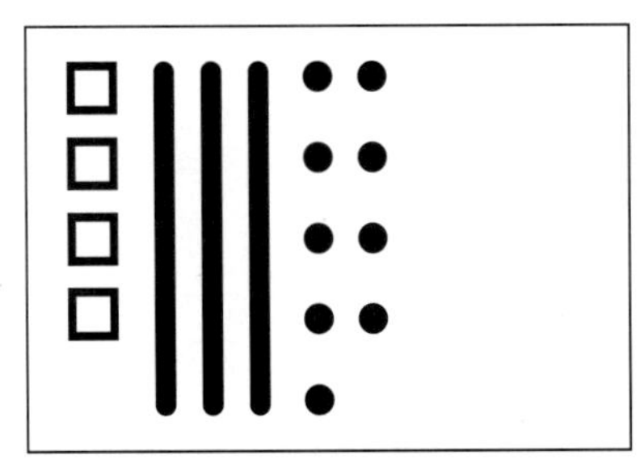

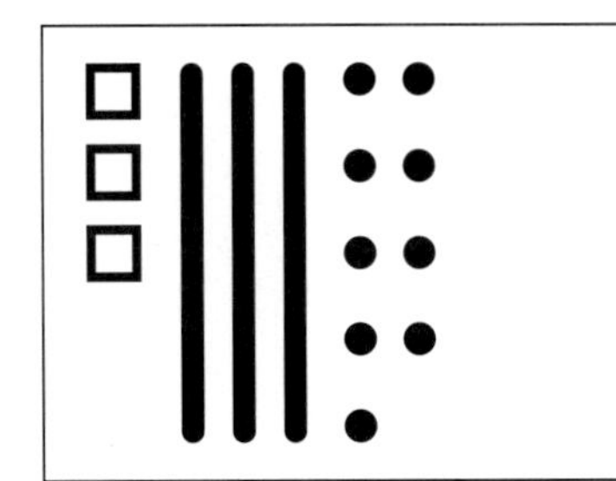

❷

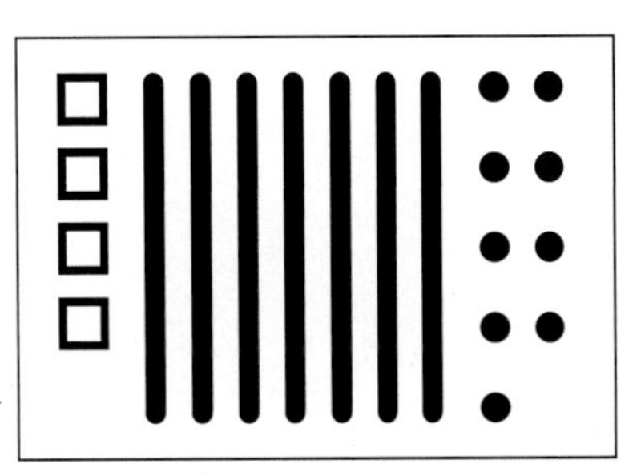

스스로 하기

둘 중 개수가 더 많은 것에 ○표 하세요.

❶

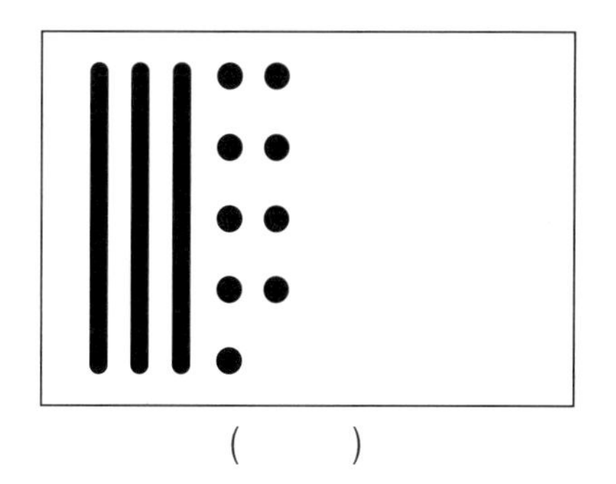

(　　) (　　)

❷

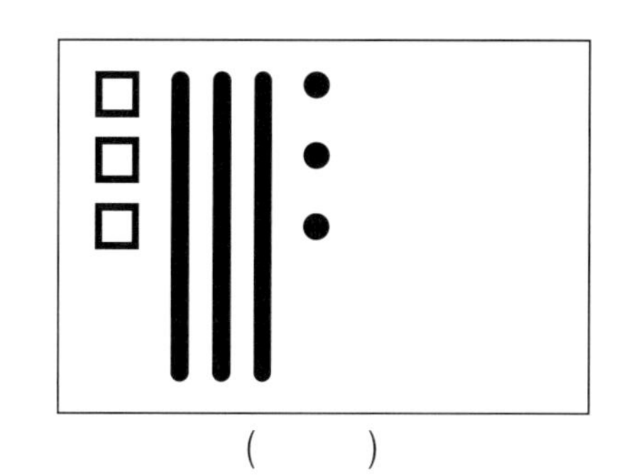

(　　) (　　)

❸

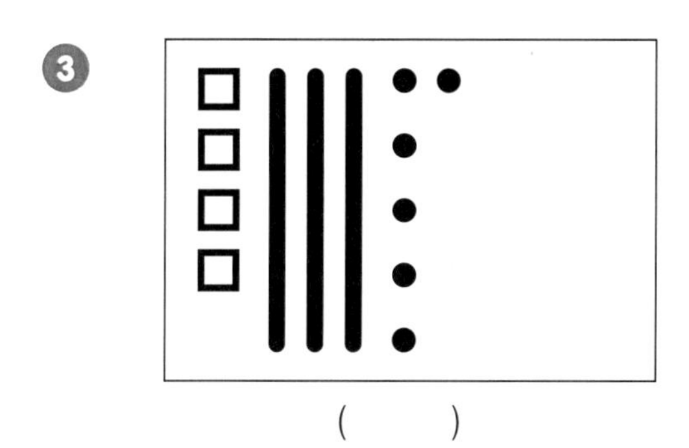

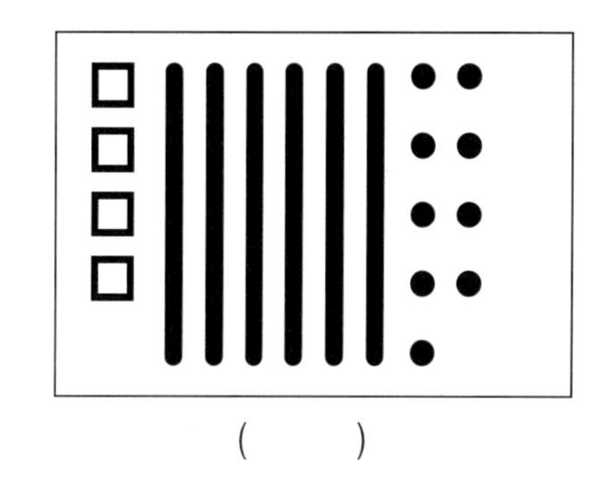

(　　) (　　)

❹

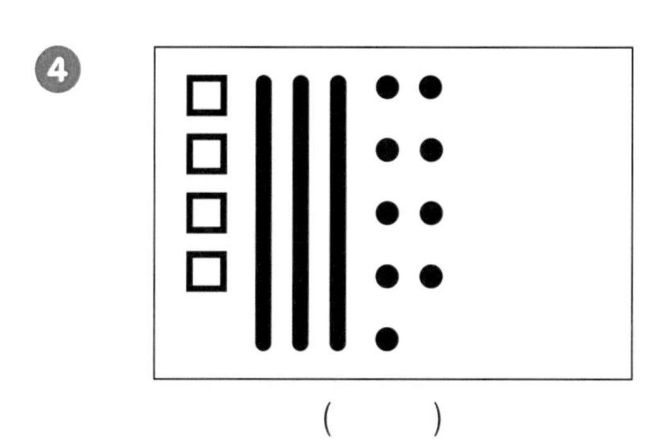

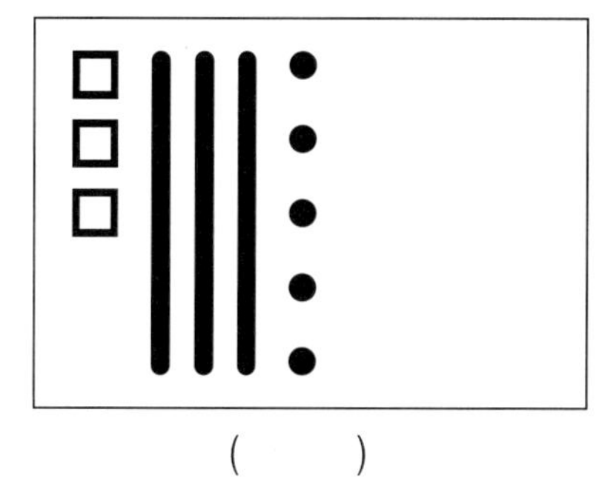

(　　) (　　)

❺

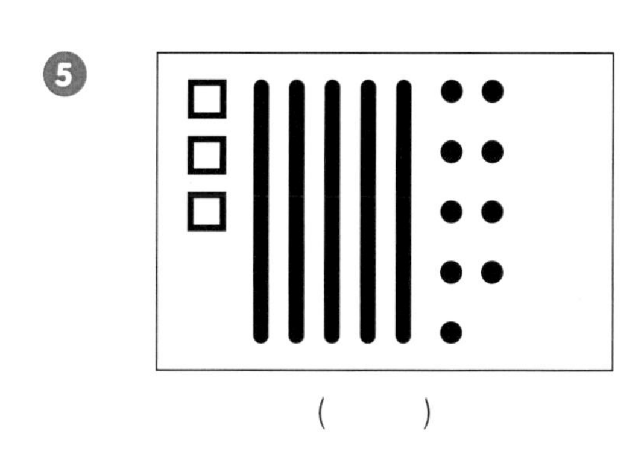

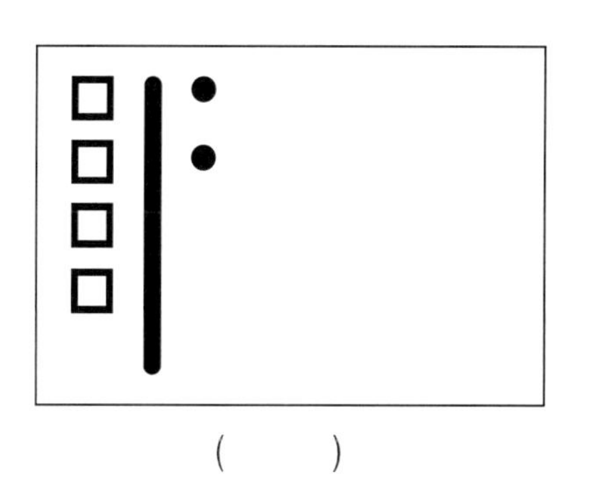

(　　) (　　)

2. 크기 순서 찾기

이해하기

가장 적은 것부터
순서대로 말해보세요.

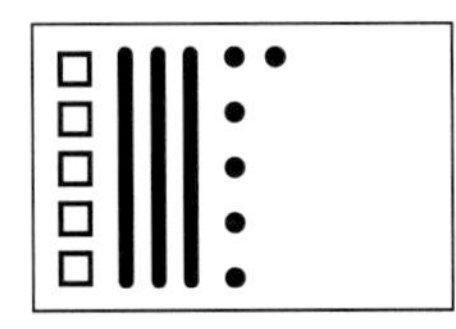

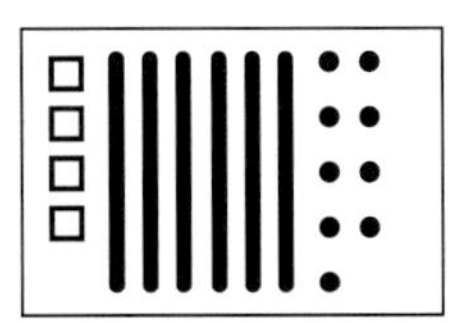

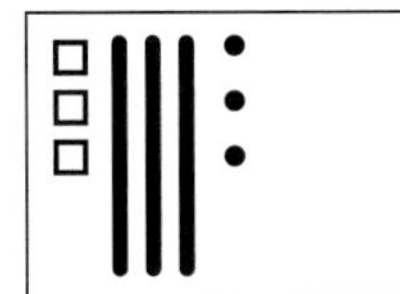

333, 469, 536이에요.

함께 하기 가장 적은 것부터 순서대로 말해봅시다.

❶

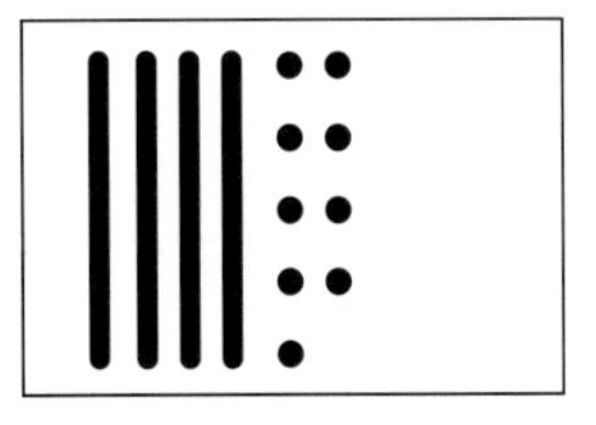

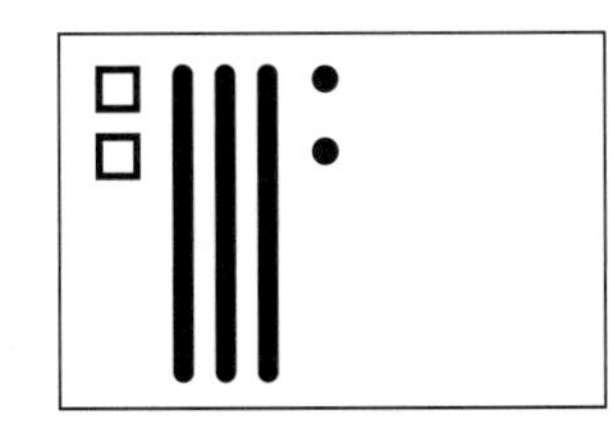

❷

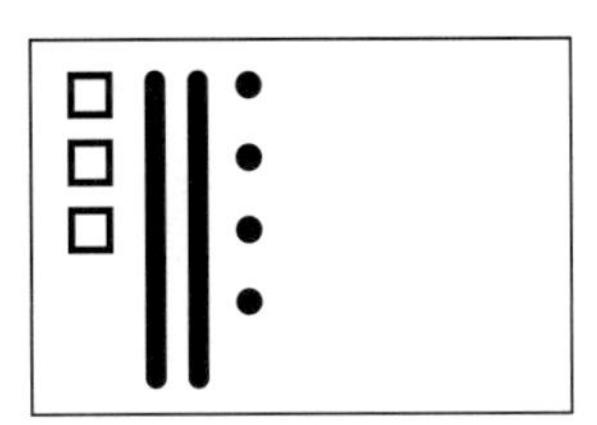

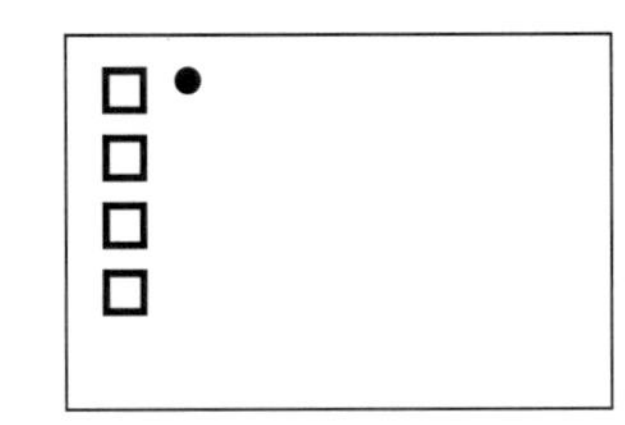

❸

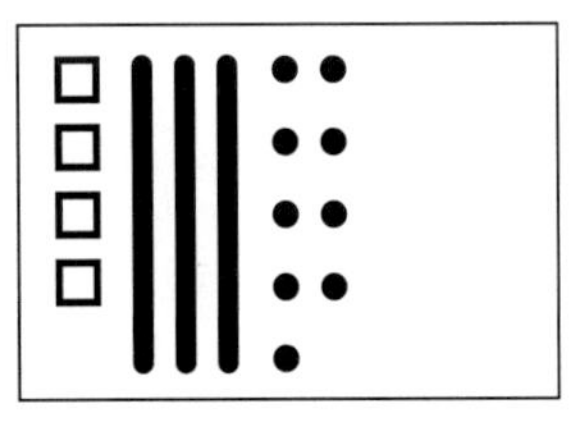

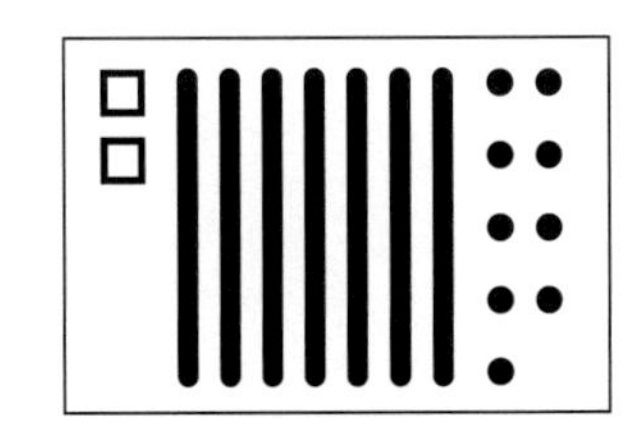

❹

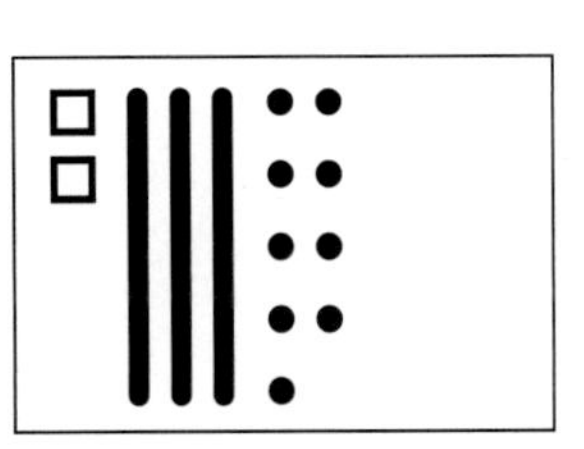

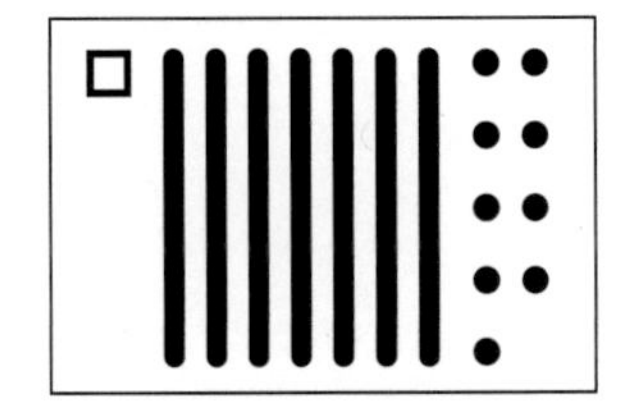

스스로 하기 적은 것부터 큰 순서로 번호를 매겨보세요.

❶

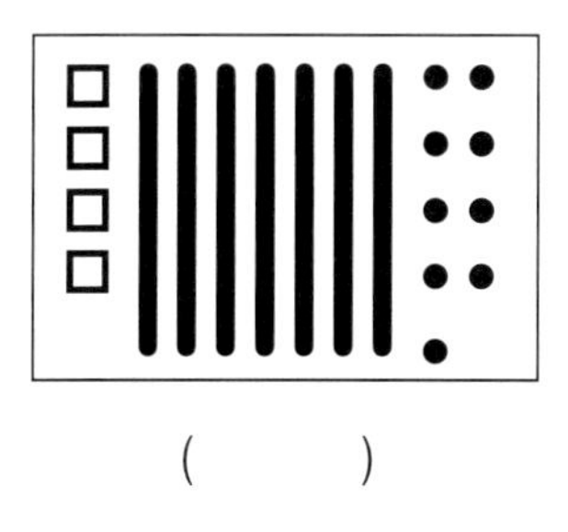

( ) ( ) ( )

❷

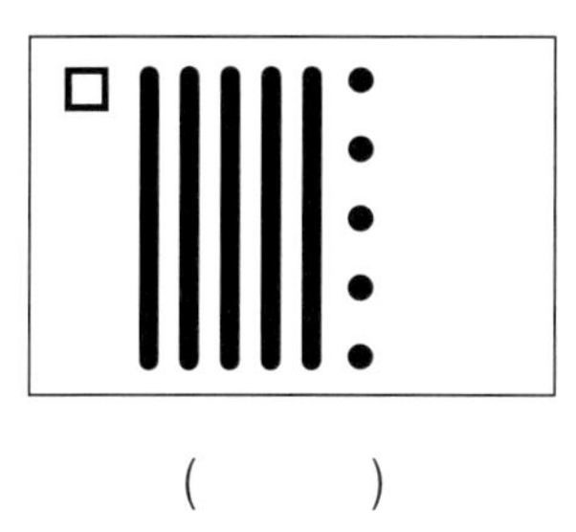

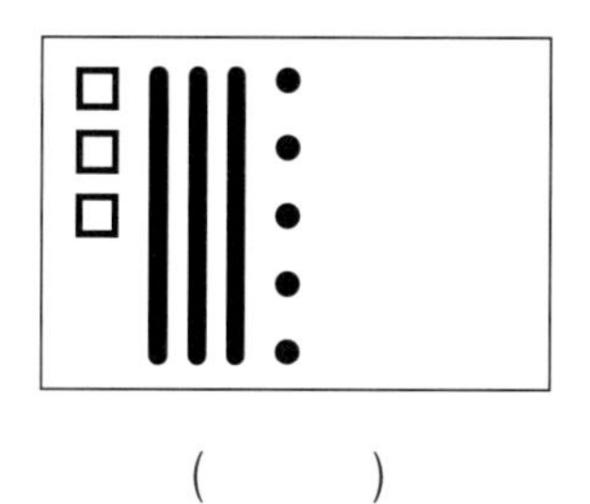

( ) ( ) ( )

❸

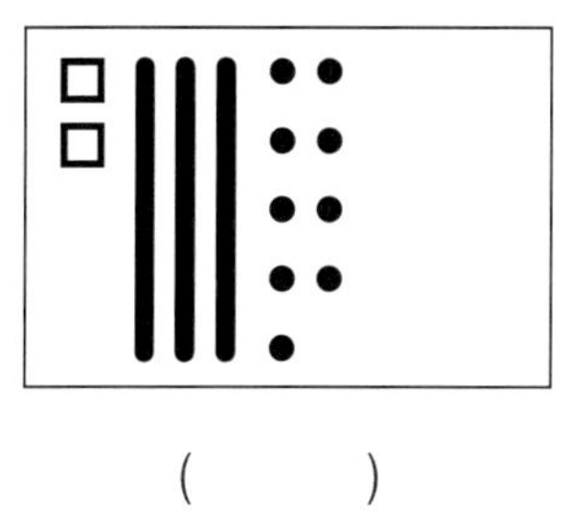

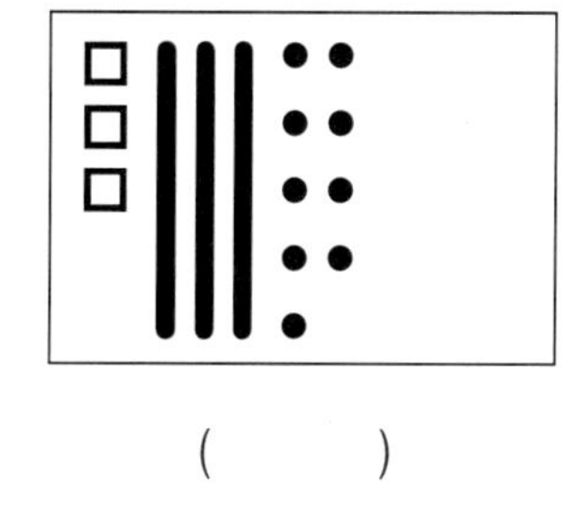

( ) ( ) ( )

❹

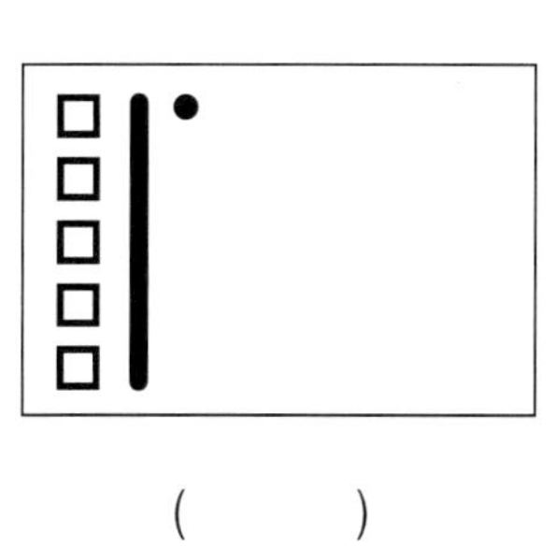

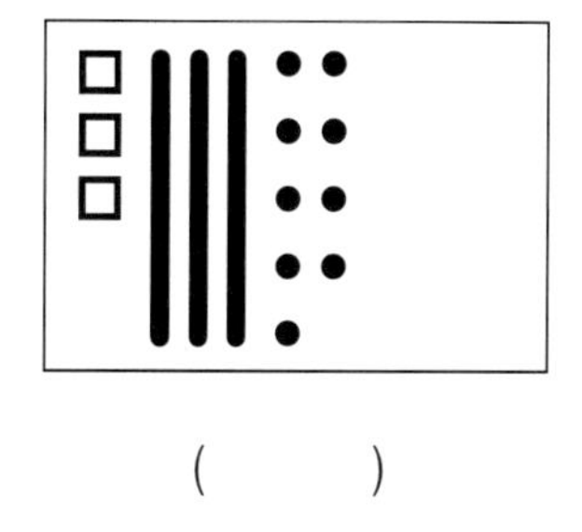

( ) ( ) ( )

❺

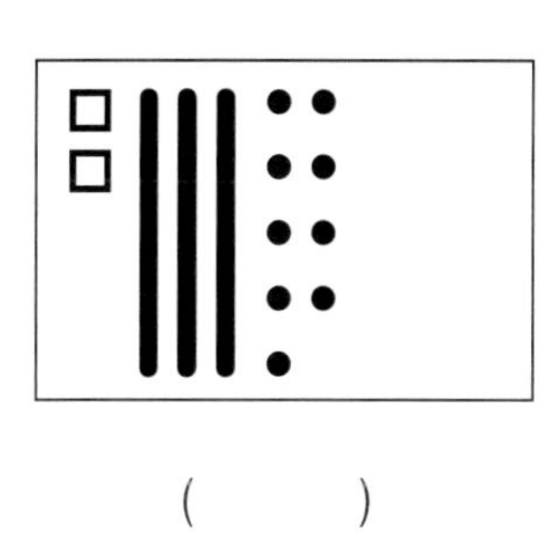

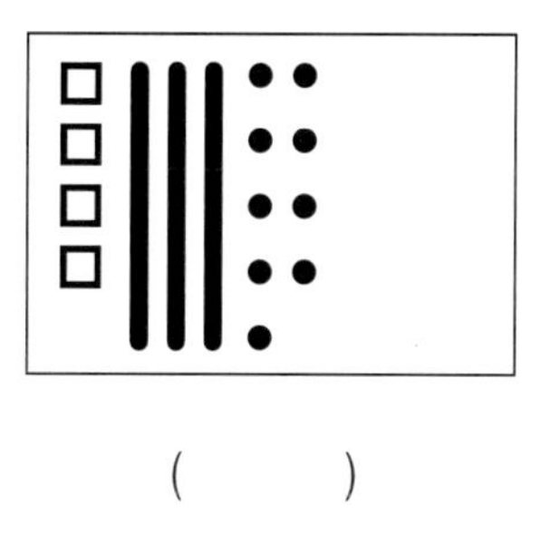

( ) ( ) ( )

3. 더 가까운 수 찾기

이해하기

준비물 : 빈 종이

(숫자를 옆 그림과 같이 순서대로 제시합니다.
공책이나 칠판을 활용해 씁니다.)
숫자들을 수직선 위에 표시해 보세요.

510	730	800

(수직선 위에 숫자들을 나타낸다.)

가운데 숫자 730은 510과 800 중 어떤 수와 더 가깝나요?

800이요.

Guide 가운데 숫자를 기준으로 하여 가까운 수를 물어봐 주세요.
익숙해지면 수직선에 표시하지 않고 숫자만으로 활동을 해보세요.

함께 하기

선생님이 보여주는 숫자들을 수직선 위에 표시해 보고 가운데 수와 더 가까운 수를 말해 봅시다

❶ 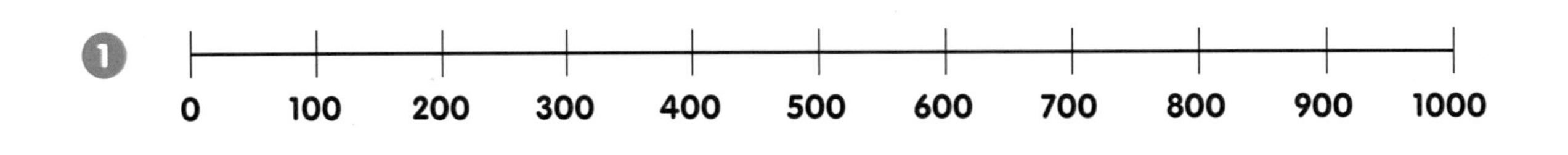

❷ 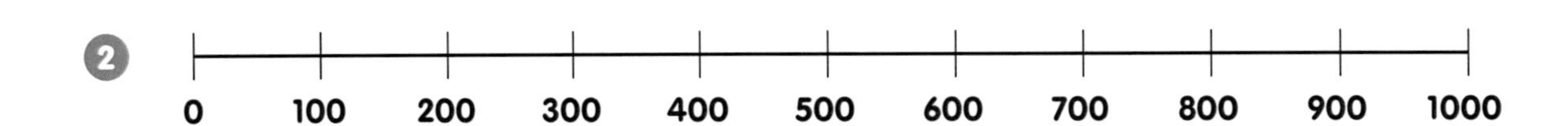

❸ 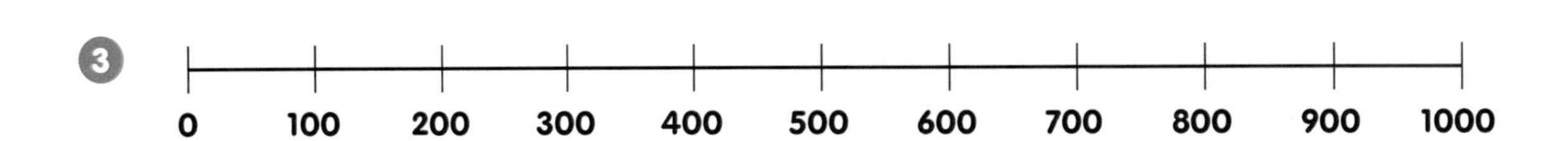

스스로 하기

가운데 숫자와 더 가까운 수에 ○ 하세요.

❶

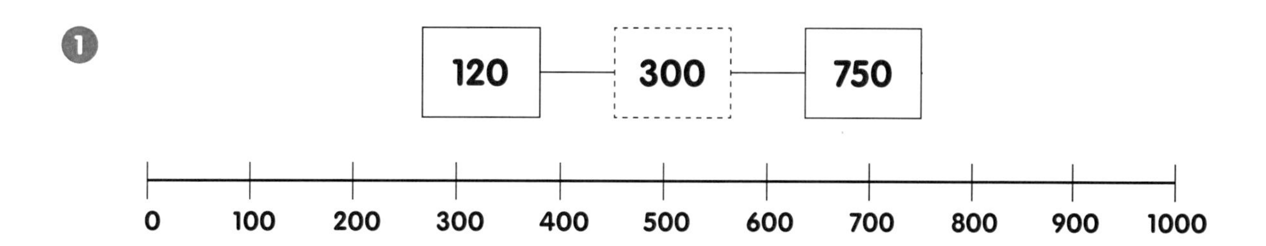

❷

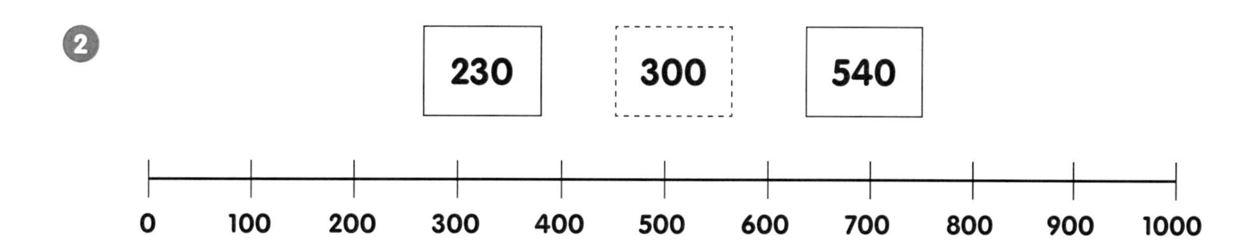

❸

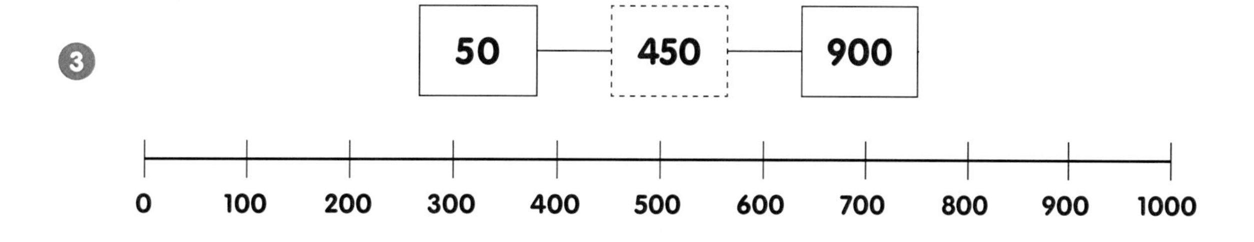

❹

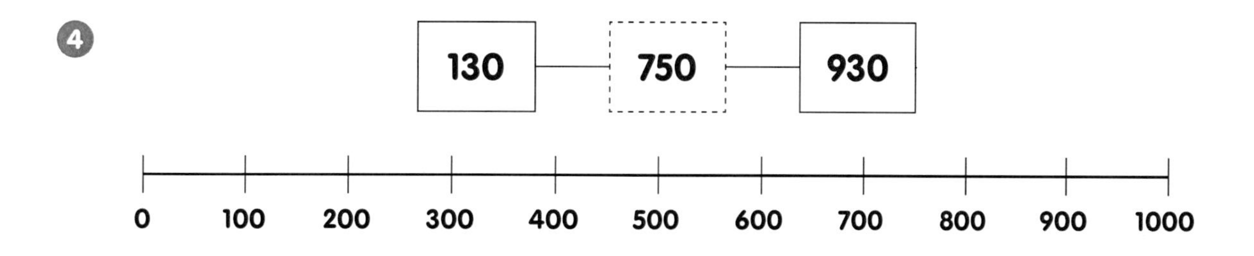

❺

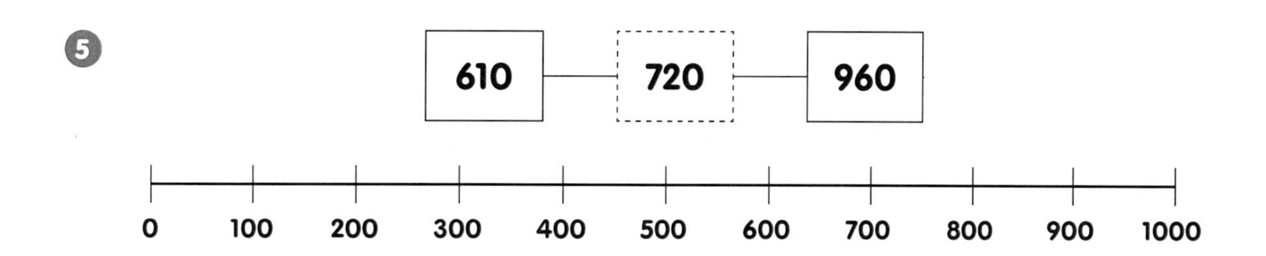

4. 수직선과 세 자릿수

이해하기

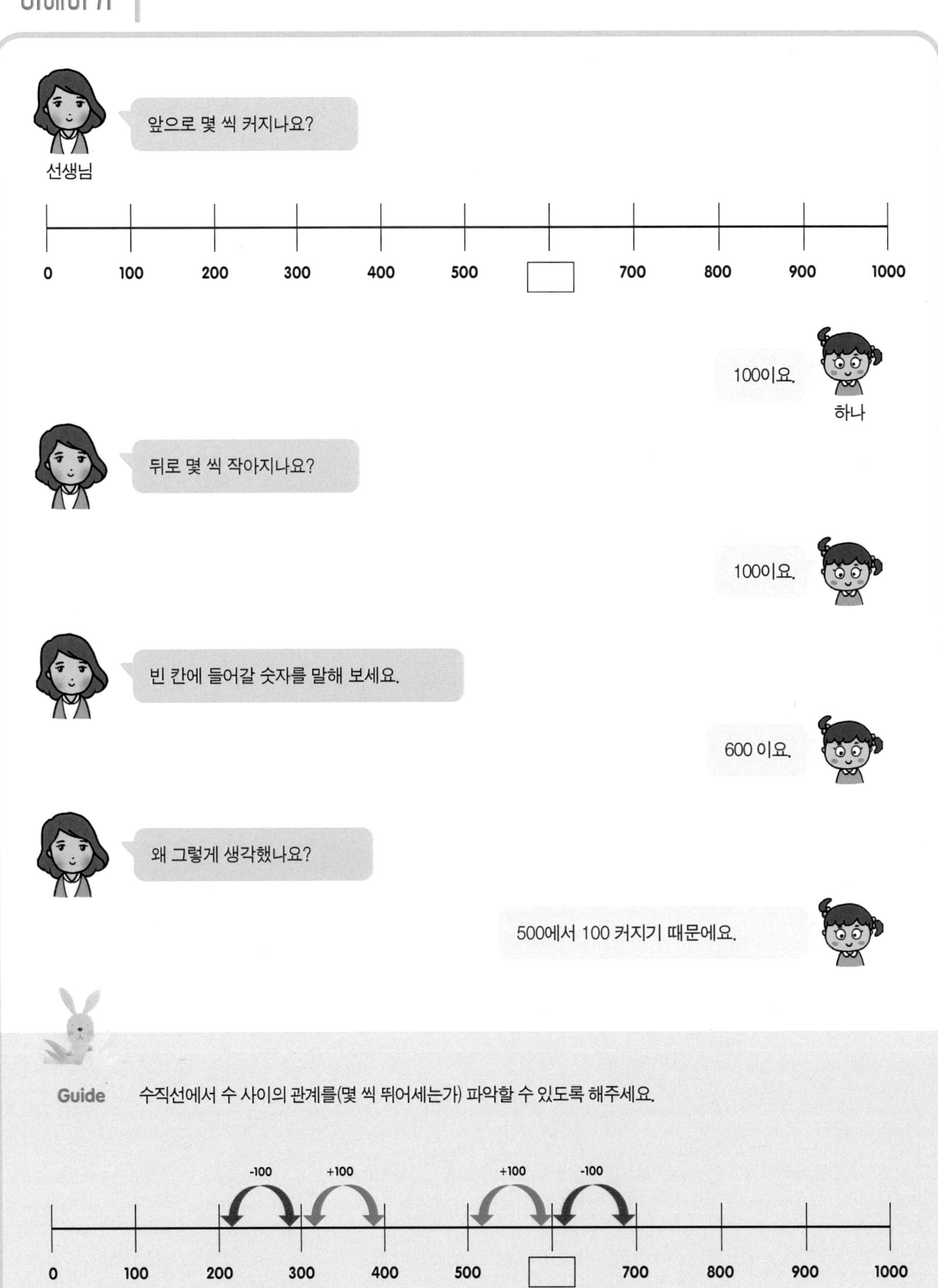

Guide 수직선에서 수 사이의 관계를(몇 씩 뛰어세는가) 파악할 수 있도록 해주세요.

-100 +100 +100 -100

0 100 200 300 400 500 ☐ 700 800 900 1000

함께 하기 몇 씩 커지나요? 몇 씩 작아지나요? □ 안에 들어갈 숫자를 말해봅시다.

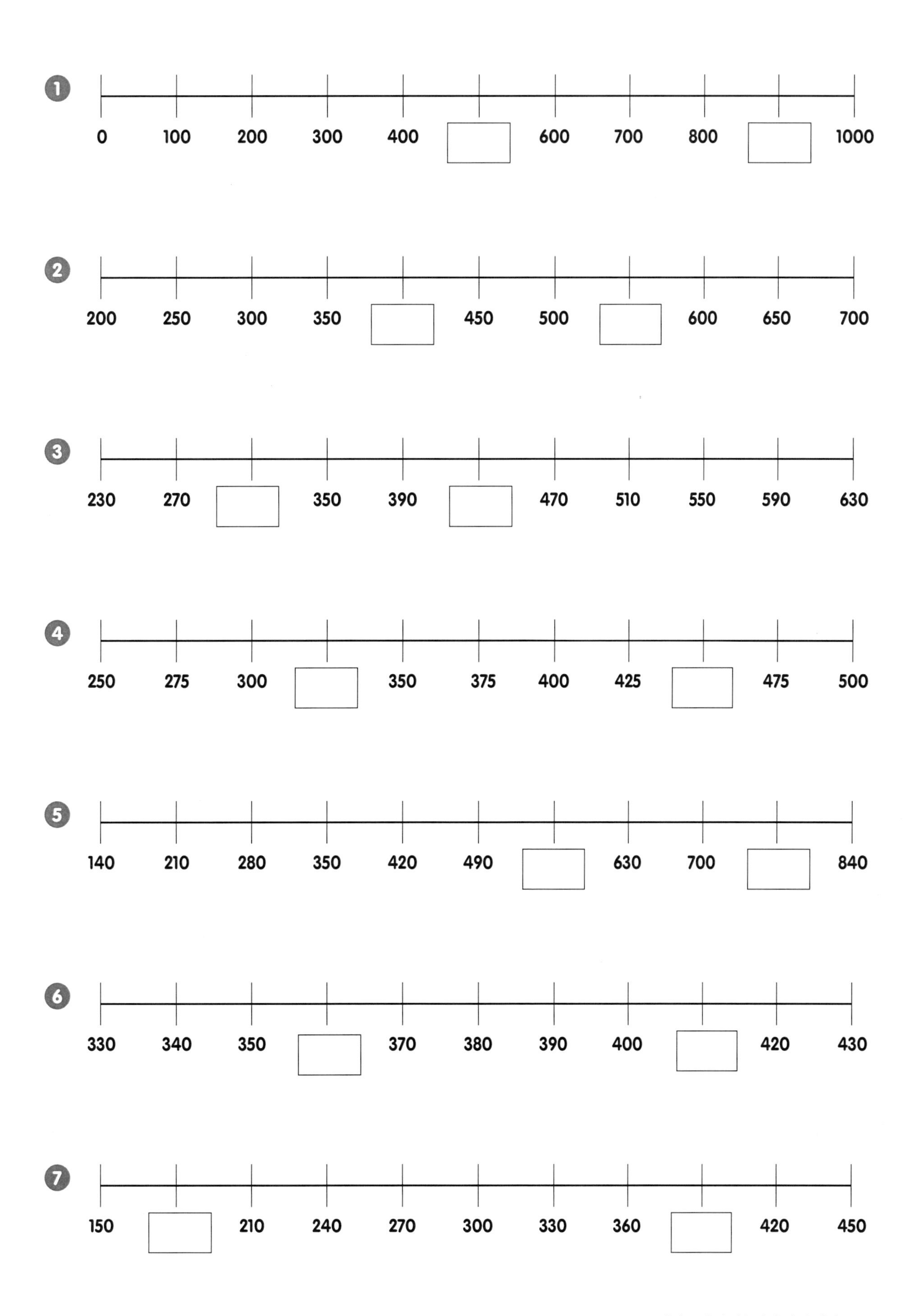

5. 수 스무고개 놀이

이해하기

준비물 : 빈 종이

선생님

선생님이랑 수 스무고개 놀이를 할 거예요.
종이에 1~1000 사이의 숫자 중 하나를 쓰세요. 너무 복잡해지지 않기 위해 50단위로 숫자를 쓰세요. 적혀 있는 숫자를 선생님이 보이지 않게 뒤집어 놓으세요.

하나

(종이에 350을 쓰고 수를 본 다음 뒤집어 놓는다.)

선생님이 하는 질문에 '네', '아니오'로 대답해주세요. 뽑은 수는 500보다 큰가요?

아니요.

500보다 작으니 0~500 사이의 숫자이겠네요.
뽑은 수는 250 보다 작은가요?

아니요.

250보다 크니 250~500 사이의 숫자이겠네요.
뽑은 수는 300 보다 큰가요?

네.

300~500 사이 숫자이겠네요.
정답은 350인가요?

(뒤집은 카드를 보여주며) 맞아요.

Guide 수 스무고개 활동은 과제 수 위치 어림하기의 연습과제 성격을 갖습니다. 교사가 수직선에서 수의 관계를 이용해 논리적으로 수를 찾는 과정을 모델링 해주세요. 처음에 교사가 수를 맞히고 역할을 바꿔 학생이 맞히는 활동도 좋습니다.

함께 하기 1~1000 중 수 하나를 쓰고(50단위) 수 스무고개 놀이를 해봅시다.

6. 절반 찾기

이해하기

준비물 : 바둑돌 2개

0~1000 절반을 알아볼게요. 먼저 0과 1000에 바둑돌을 올려놓으세요.
0에서 바둑돌을 오른쪽으로 100칸 옮기고 1000에서 바둑돌을 왼쪽으로 100칸 옮겨보세요.

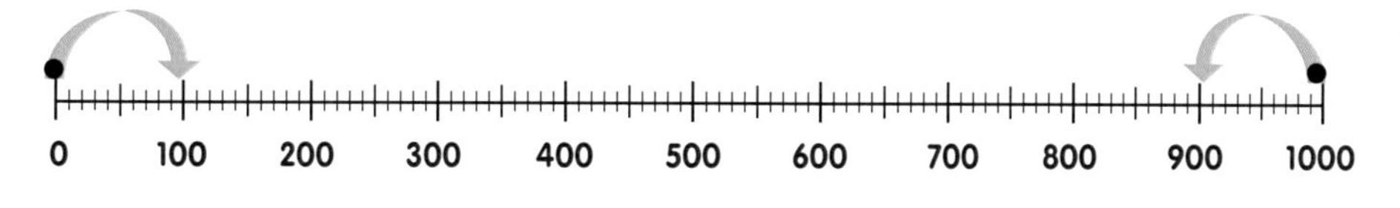

같은 방법으로 100 칸씩 바둑돌을 옮겨보세요.

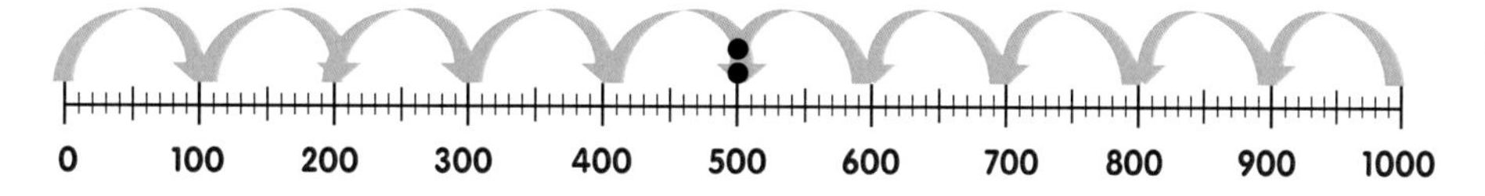

두 바둑돌이 만나는 곳은 어디인가요?

500 이요.

어떤 두 수에서 같은 거리만큼 움직여 만났을 때
그 위치를 두 수의 절반이라고 합니다.
0과 100의 절반은 몇인가요?

500 이요.

Guide 절반 찾기 활동은 과제 <7. 수 위치 어림하기>의 연습과제 성격을 갖습니다. 여러 칸씩 옮기기도 가능합니다.
단 같은 수만큼 옮겨야 함을 상기시켜주세요.

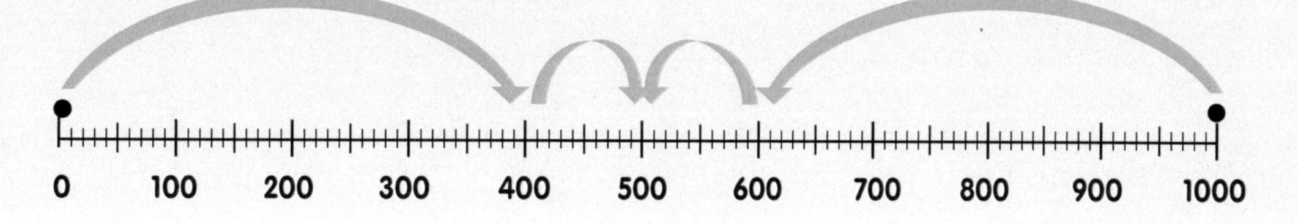

스스로 하기 1) 수직선의 바둑돌을 놓아가며 두 수의 절반을 찾아봅시다.

0 100 200 300 400 500 600 700 800 900 1000

❶	0	1000
❷	500	700
❸	200	500
❹	250	500
❺	400	1000
❻	200	800
❼	0	500
❽	750	1000
❾	500	800
❿	250	850

스스로 하기 2) 두 수의 절반을 쓰세요.

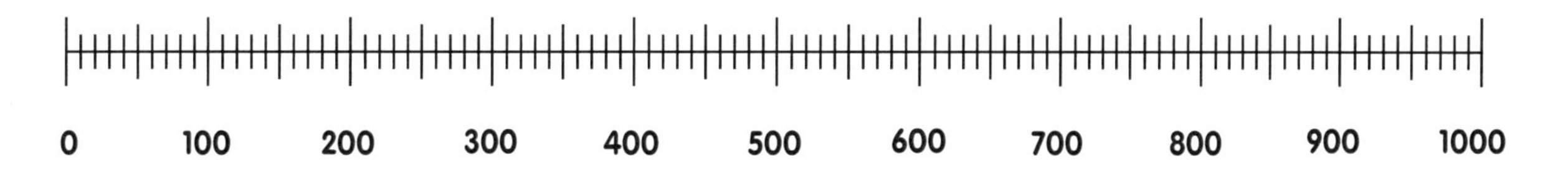

❶ 0 ☐ 500

❷ 250 ☐ 550

❸ 300 ☐ 800

❹ 0 ☐ 1000

❺ 500 ☐ 750

❻ 500 ☐ 1000

❼ 700 ☐ 1000

❽ 100 ☐ 800

❾ 0 ☐ 700

❿ 300 ☐ 600

7. 수직선에서 수의 위치 어림하기

이해하기

1) 바둑돌 있는 곳의 숫자 말하기

준비물 : 바둑돌

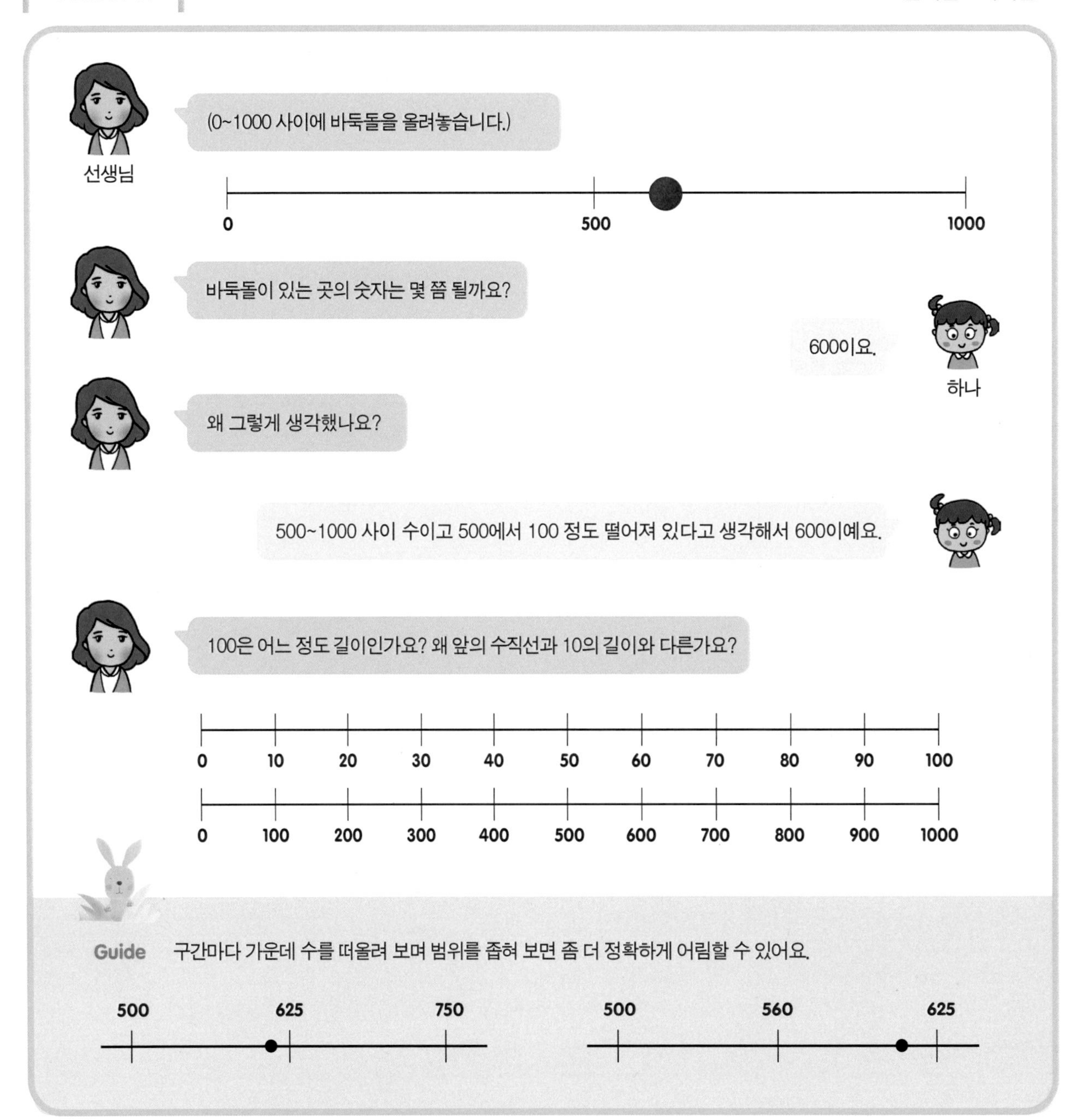

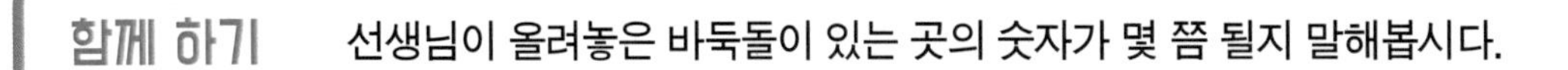

함께 하기

선생님이 올려놓은 바둑돌이 있는 곳의 숫자가 몇 쯤 될지 말해봅시다.

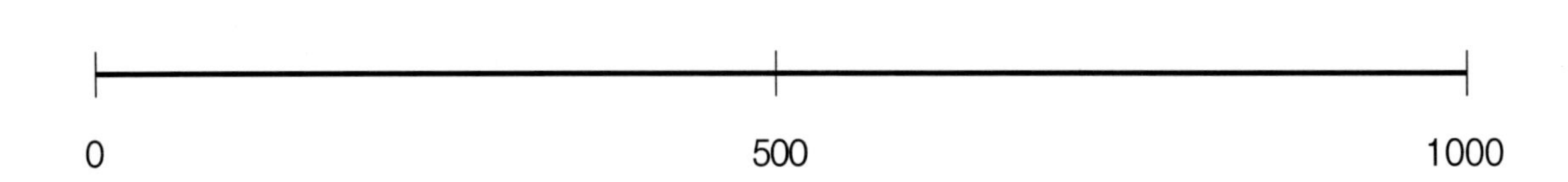

이해하기 2) 바둑돌 있는 곳의 숫자 말하기

준비물 : 바둑돌

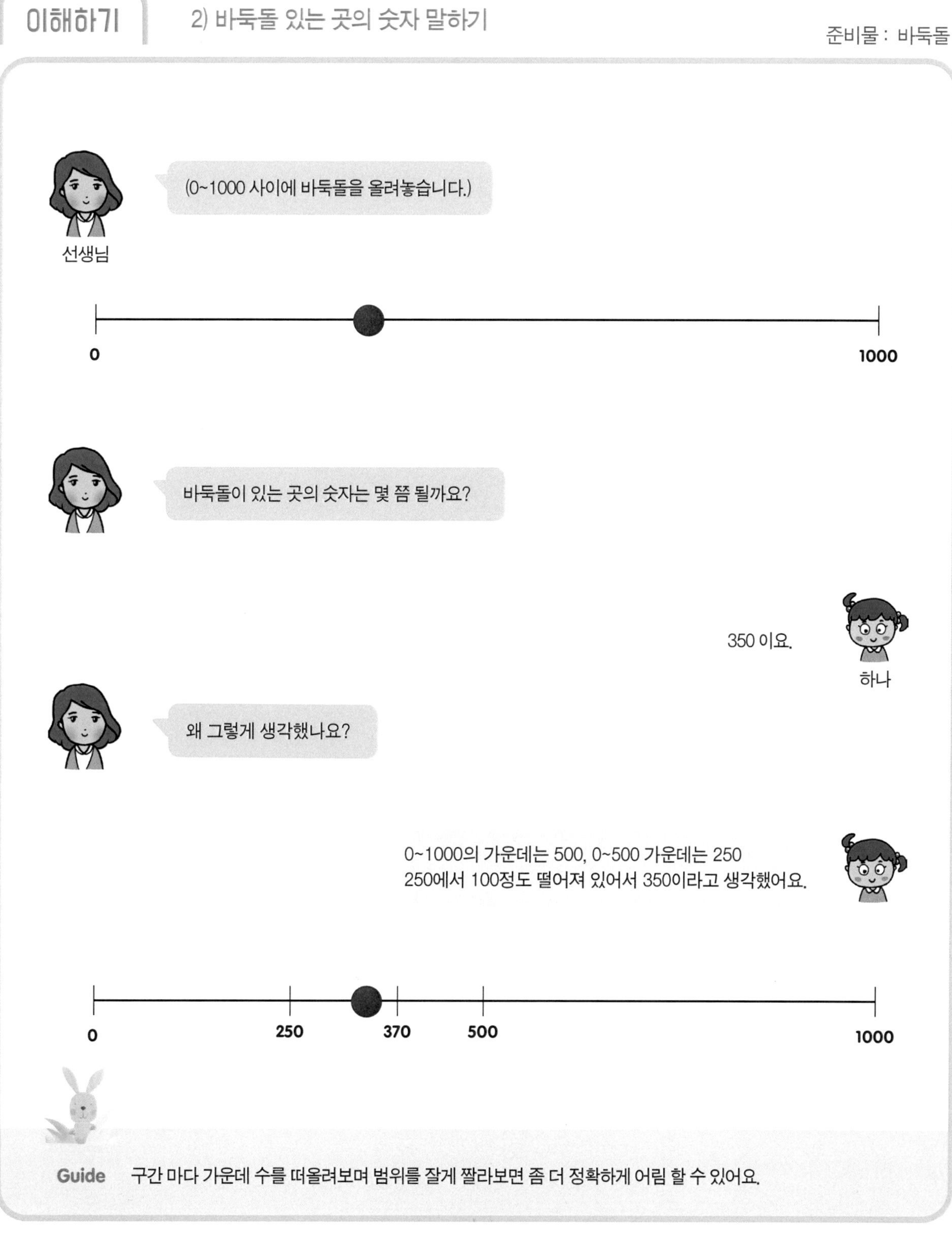

Guide 구간 마다 가운데 수를 떠올려보며 범위를 잘게 짤라보면 좀 더 정확하게 어림 할 수 있어요.

함께 하기 바둑돌이 있는 곳의 숫자가 몇 쯤 될지 써보세요.

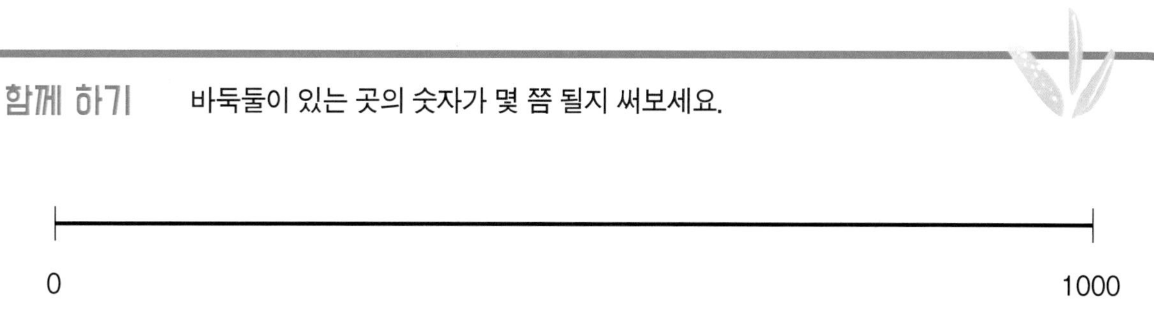

스스로 하기 바둑돌이 있는 곳의 숫자가 몇 쯤 될지 써보세요.

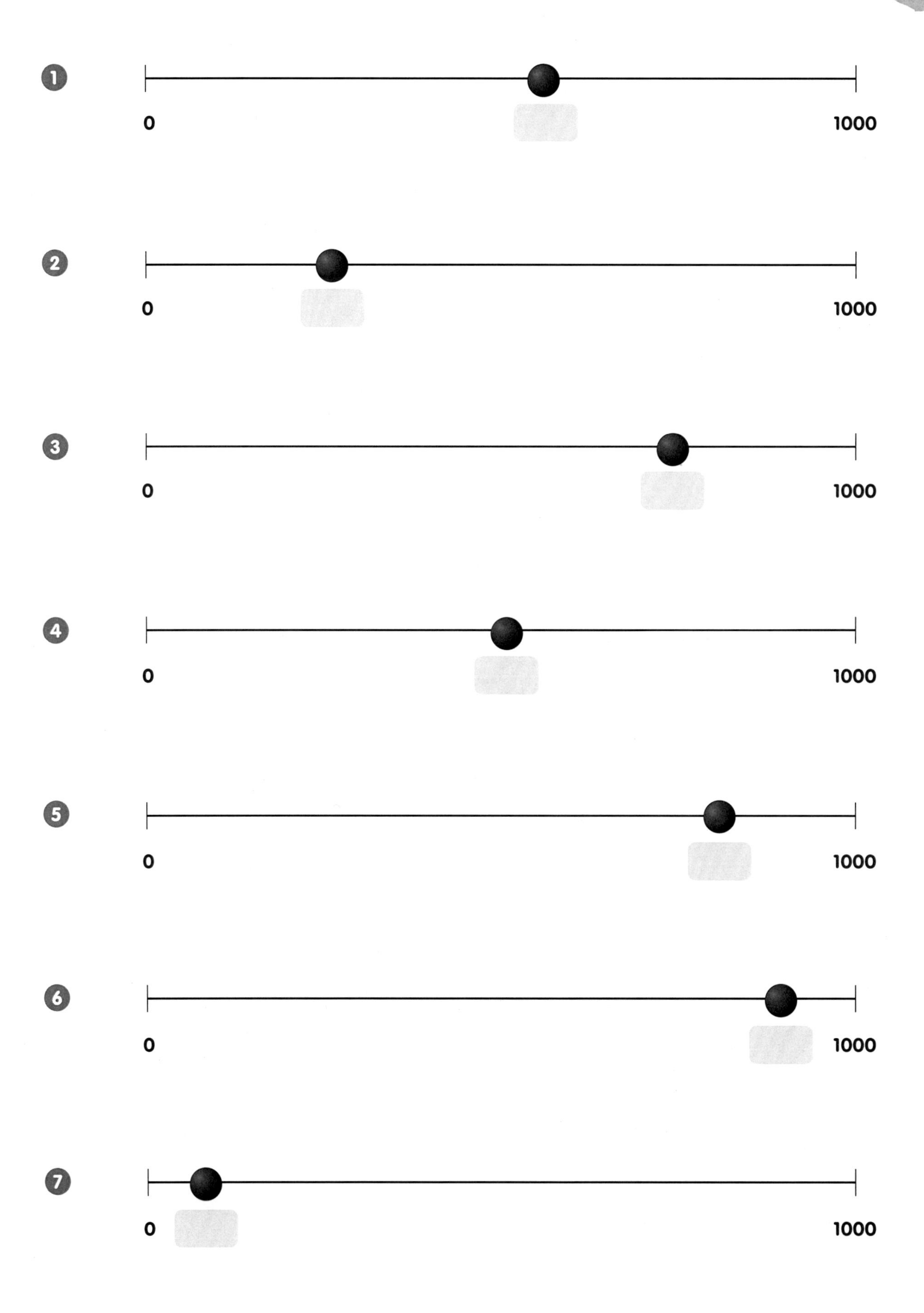

이해하기 3) 불러준 수를 수직선에 표시하기

준비물 : 바둑돌

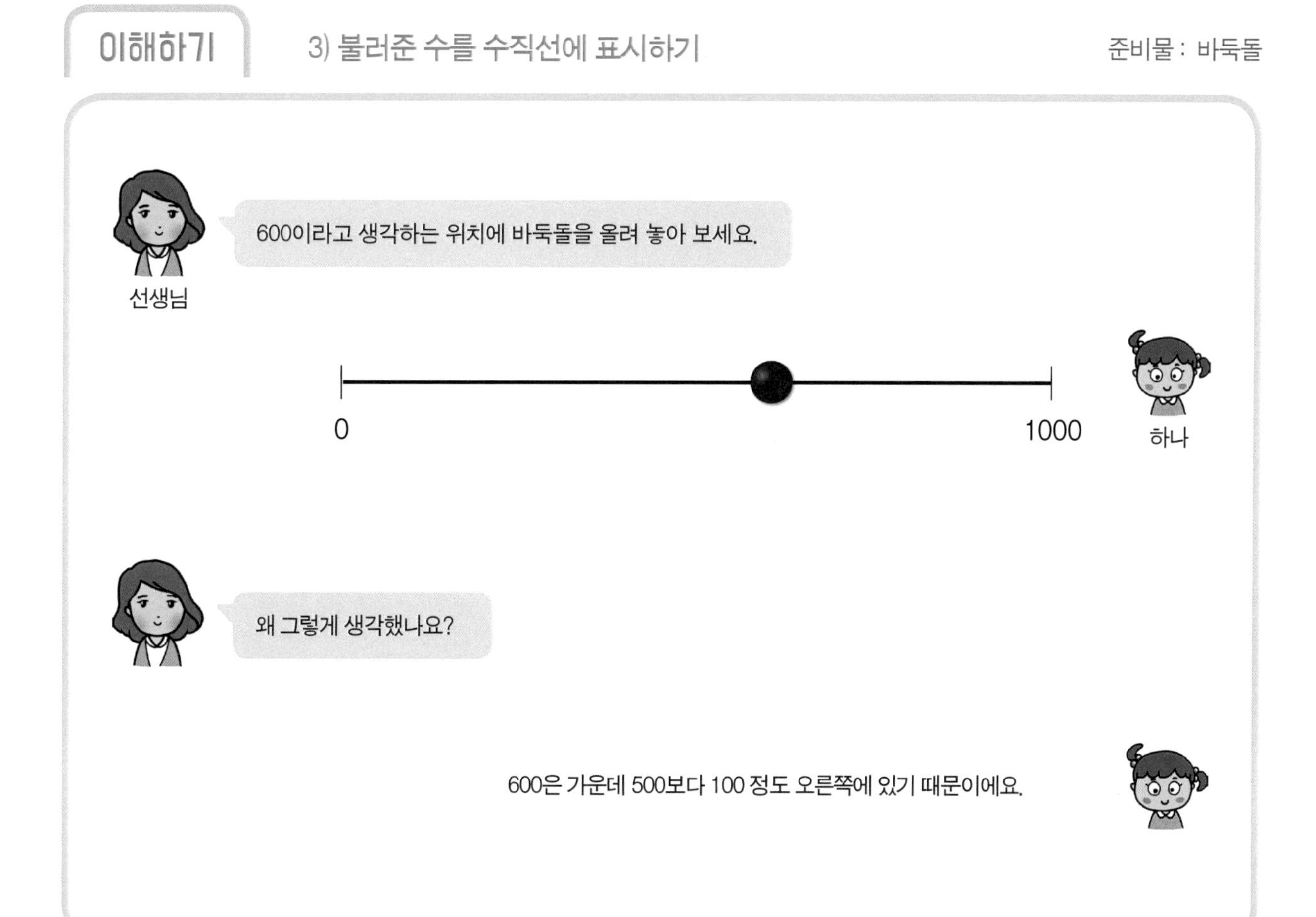

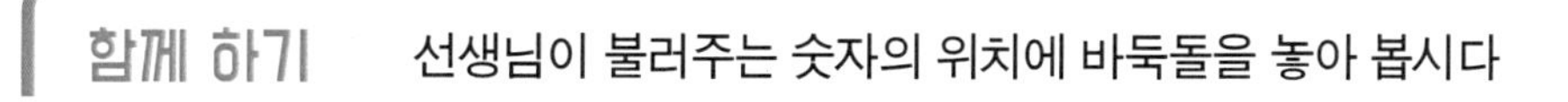

함께 하기 선생님이 불러주는 숫자의 위치에 바둑돌을 놓아 봅시다

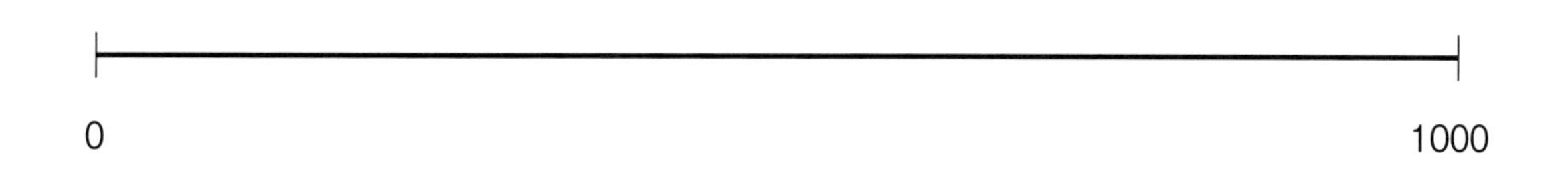

스스로 하기

❶ 500을 수직선에 표시해 보세요

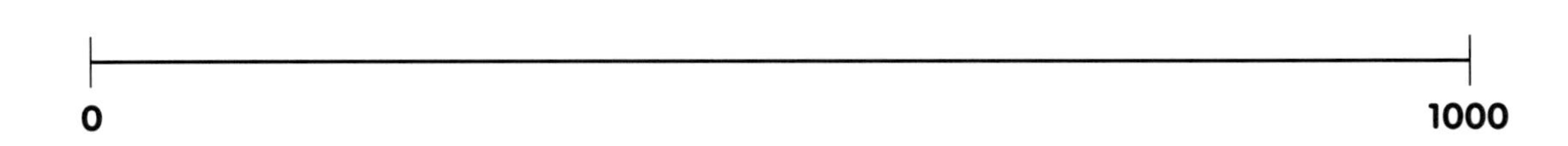

❷ 750을 수직선에 표시해 보세요.

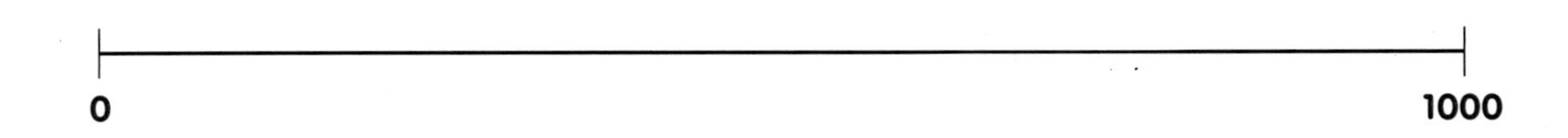

❸ 250을 수직선에 표시해 보세요.

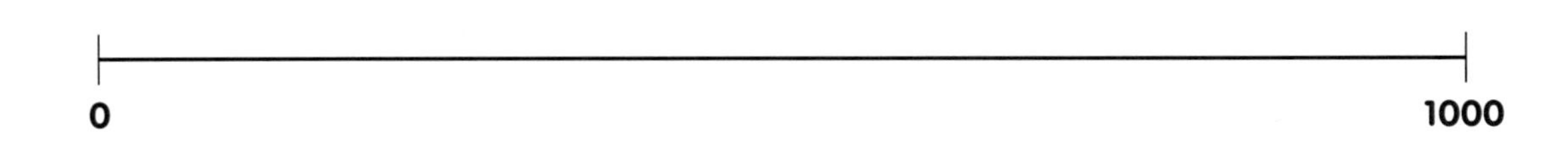

❹ 620을 수직선에 표시해 보세요.

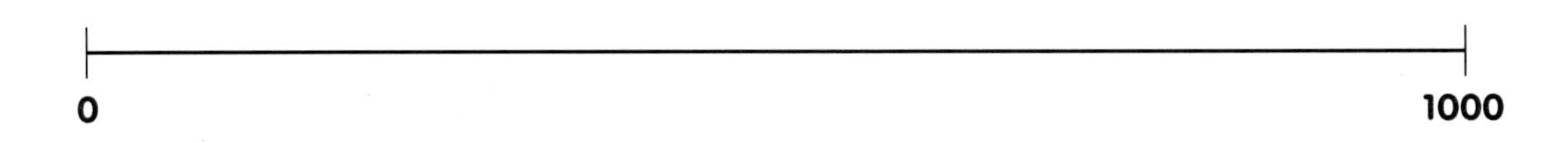

❺ 120을 수직선에 표시해 보세요.

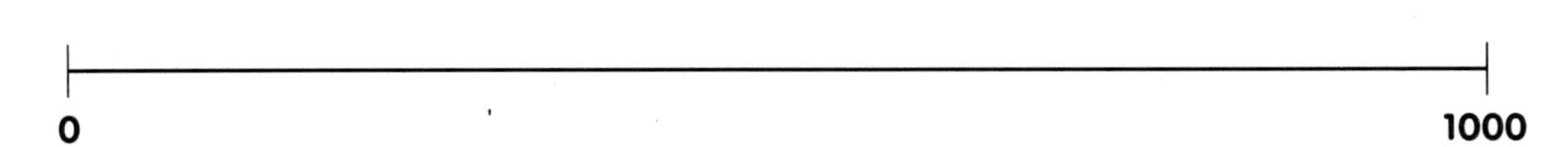

❻ 870을 수직선에 표시해 보세요.

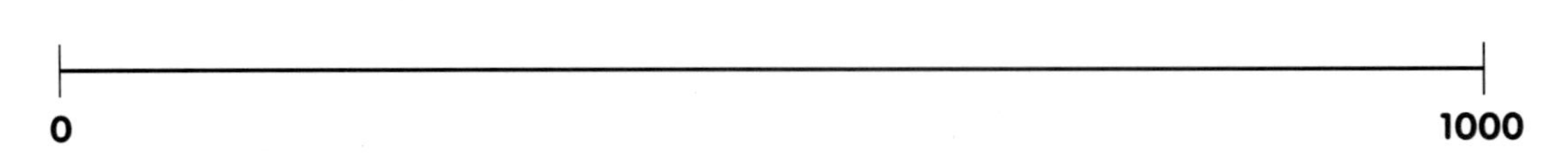

8. 수직선에서 연산의 의미

300 + 450을 수직선에 나타내면 그림과 같이 나타낼 수 있어요

선생님

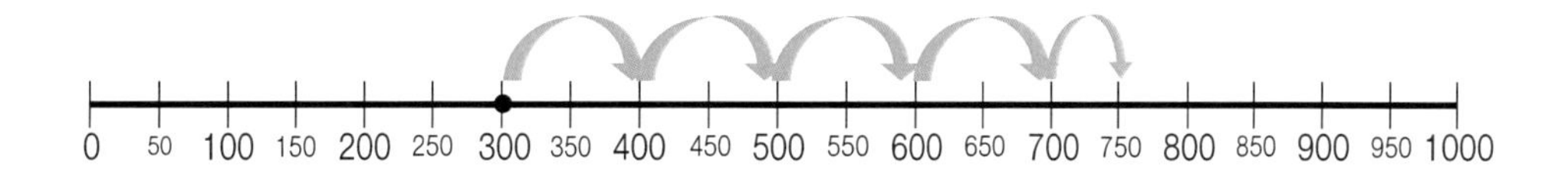

550 - 350을 수직선에 나타내면 그림과 같이 나타낼 수 있어요.

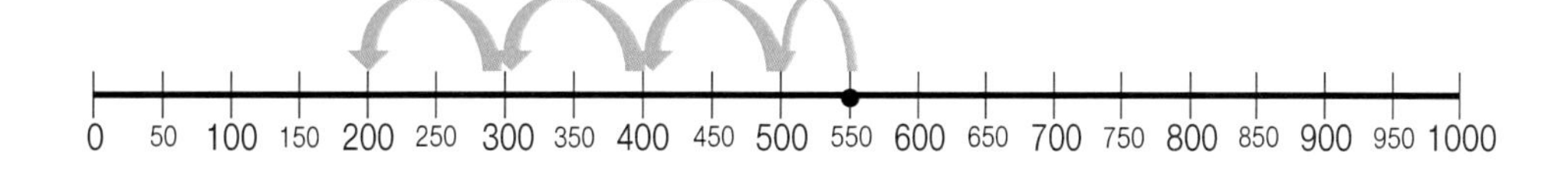

Guide 능숙하게 하면 빈 수직선에 표시해보는 활동을 해봅니다.

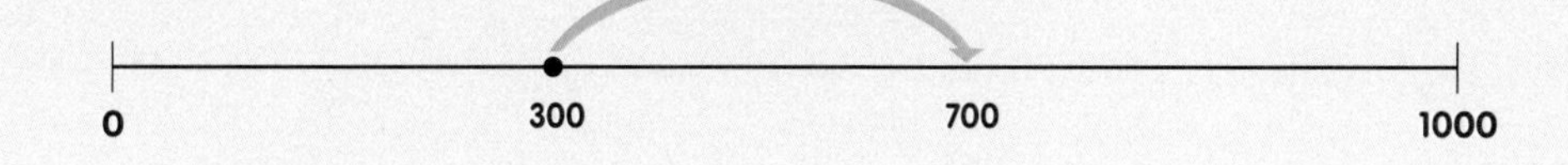

스스로 하기 주어진 식을 수직선에 나타내보세요.

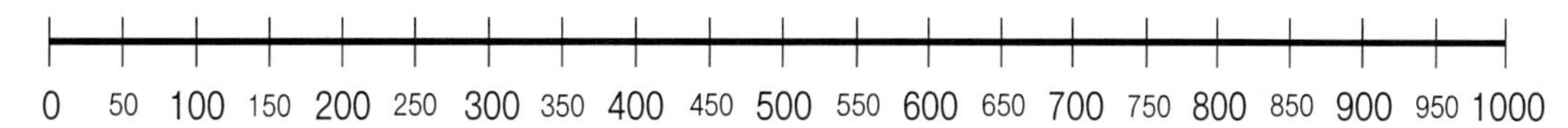

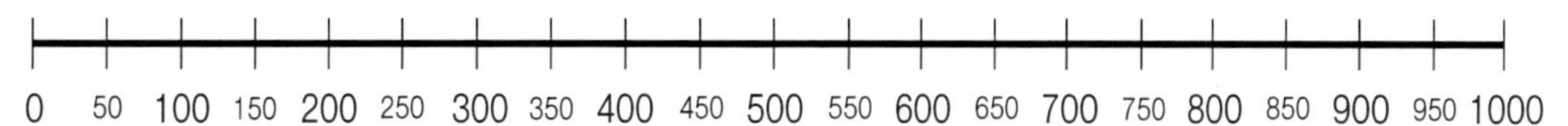

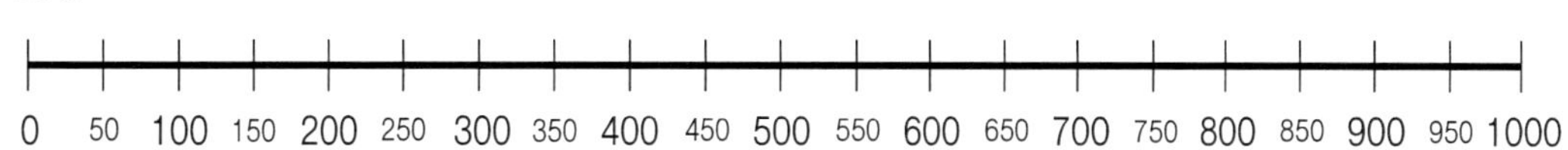

스스로 하기 주어진 식을 수직선에 나타내보세요.

❶ 500 + 250

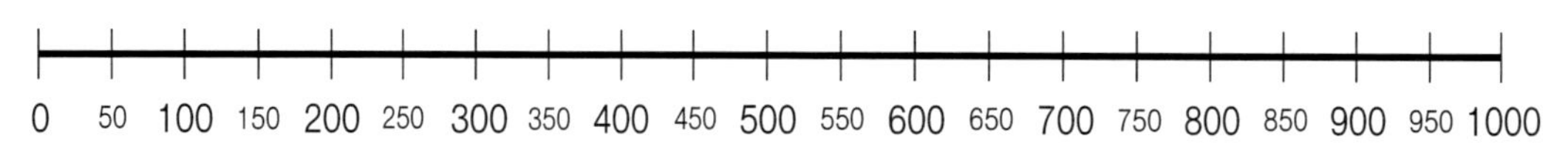

❷ 250 + 350

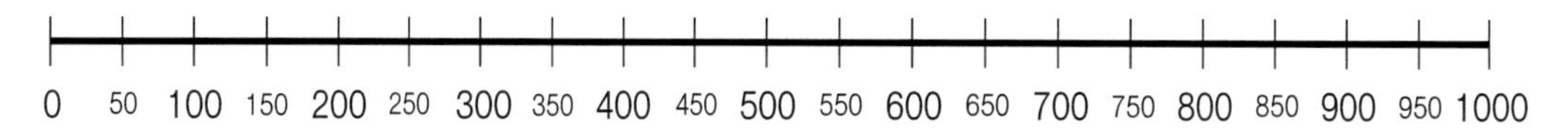

❸ 800 - 500

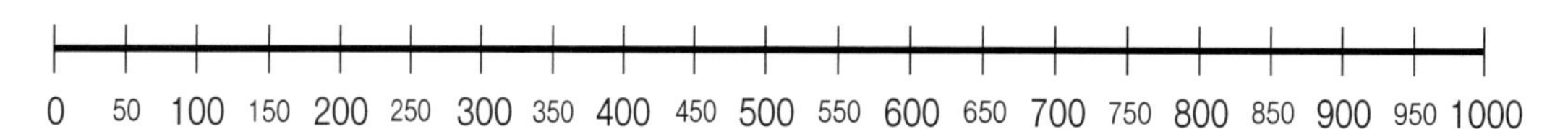

❹ 950 - 400

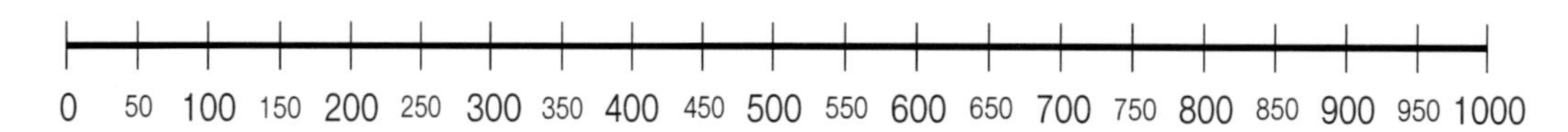

❺ 750 - 350

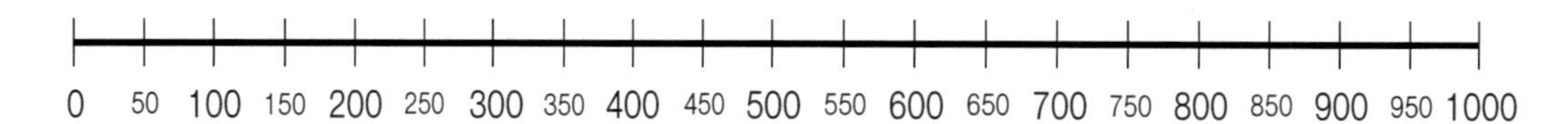

❻ 850 - 500

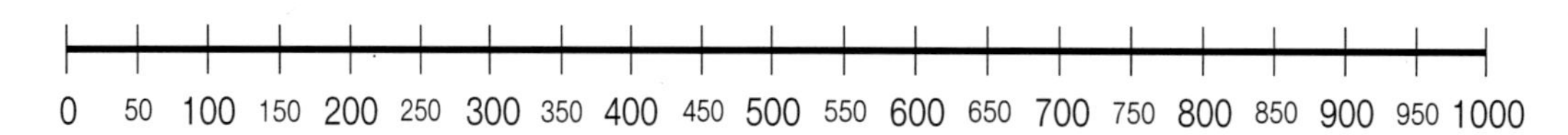

❼ 800 - 450

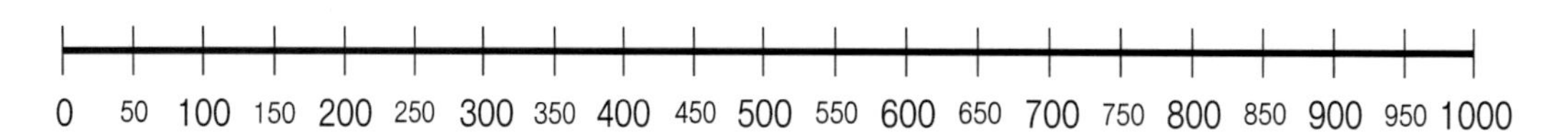

모범 답안

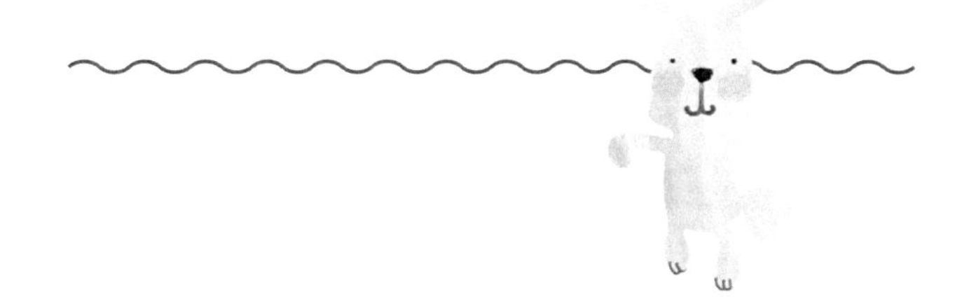

모범 답안

가. 직산과 수량의 인지

나. 수끼리의 관계